U0283679

21世纪高等学校规划教材 | 计算机应用

C/C++程序设计
(第2版)

张正明　卢晶琦　主　编
王丽娟　孟庆元　副主编

清華大學出版社
北京

内容简介

本教材以面向应用型人才培养为目标，以非传统的组织结构为创新点，以全程伴随上机实践为特色，简洁、通俗、直观、易懂地讲述C/C++程序设计。第1～5章讲述了C语言的背景知识、上机环境以及基础知识，包括数据类型、变量和表达式以及顺序、分支、循环三大结构语句及其编程。第6～9章介绍C语言的重点部分，包括数组、函数和指针。第10～12章是提高部分，从结构体引出类，介绍C++的基础知识和文件，以适应学完本书后直接参加"全国高校计算机水平考试(二级C++)"的需要。

全书直接采用C++的cin和cout进行输入输出，摒弃了C语言中的printf和scanf函数调用。在三部分内容之间两次集中讲解典型题和难题的解题思路，增加了相当篇幅的动态调试内容，非常有利于学习者上机实践以及有效地提高编程、调试能力。

本书适合作为高等学校非计算机专业学生C/C++程序设计教材，也可作为工程技术人员的自学和参考资料。

图书在版编目(CIP)数据

C/C++程序设计/张正明，卢晶琦主编. —2版. —北京：清华大学出版社，2017(2024.7重印)
(21世纪高等学校规划教材·计算机应用)
ISBN 978-7-302-45853-1

Ⅰ. ①C… Ⅱ. ①张… ②卢… Ⅲ. ①C语言—程序设计—高等学校—教材 Ⅳ. ①TP312.8

中国版本图书馆CIP数据核字(2016)第288581号

责任编辑：刘向威
封面设计：傅瑞学
责任校对：梁 毅
责任印制：曹婉颖

出版发行：清华大学出版社
网　　址：https://www.tup.com.cn，https://www.wqxuetang.com
地　　址：北京清华大学学研大厦A座　　**邮　　编**：100084
社 总 机：010-83470000　　**邮　　购**：010-62786544
投稿与读者服务：010-62776969，c-service@tup.tsinghua.edu.cn
质量反馈：010-62772015，zhiliang@tup.tsinghua.edu.cn
课件下载：https://www.tup.com.cn，010-83470236
印 装 者：三河市龙大印装有限公司
经　　销：全国新华书店
开　　本：185mm×260mm　　**印　张**：20.75　　**字　　数**：502千字
版　　次：2013年2月第1版　2017年1月第2版　　**印　　次**：2024年7月第8次印刷
印　　数：8001～8800
定　　价：59.00元

产品编号：071231-02

前言

C 语言程序设计的重要性本毋庸赘言，但在多年高校的教学工作中，编者深切体会到，对学习者而言，学习 C 程序设计的过程不仅是非常重要的专业基础训练，更应该是锻炼自己的耐心和毅力，培养独立思考、严谨缜密的逻辑思维方式，提高发现问题、解决问题的实践能力的大好时机。好好学习、认真实践，其意义远大于学会一种程序设计语言，对后续课程的学习和今后的工作都大有裨益！

本教材面向应用型人才培养，内容安排由易到难，逐步深入，免得学习者失去学习信心。另外，一开始就使学习者可以上机实践，之后全程理论和实践互补学习，有利于掌握程序设计的技巧，提高编程能力。扎实地掌握好 C 语言的编程后，自然过渡到 C++ 编程。鉴于 C++ 全国高校计算机水平考试迫切需要一本适合的教材，于是有了这本 C/C++ 结合的书。本教材所有例题的输入和输出直接采用 C++ 的 cin 和 cout，摒弃了 C 语言中的 printf 和 scanf 函数调用。仍愿意使用 printf 和 scanf 函数的学习者也可以选用本书，将例题中的输入输出换回 C 语言的函数，也是一个很好的训练。

本教材的特色之一在于面向现在的年轻人。众所周知，现在的 90 后学习者已经是“读图”一代了。他们对于传统教材的大段文字描述很不耐烦，故而本书从内容上加了阴影和警示，适时提出问题，版面上讲究编排，尽量将程序、运行结果和相关解释组织在一起，增加重点概念的图解，以便更好地帮助学习者理解 C/C++ 程序设计。

本教材的特色之二是章节的全新组织。前 5 章打破 C 语言教材按内容体系组织的传统，三大结构一起介绍，以“编程基础 Ⅰ、Ⅱ”和“编程进阶”3 章从简到难、循序渐进地增加学习难度，这样安排非常有利于尽早上机实践：从第 1 章的学习开始就可以辅以上机练习，使计算机这个程序设计最好的老师全程伴随学习者，发挥其最大的作用！对于后面繁难的内容，尽量系统化：函数和类以三部曲的方式介绍；指针部分以 4 个强大功能为线索串起来；构造类型从数组引出结构体、共用体，进而引出类；面向对象以三大特性为线索来组织，条理清晰，使学习者感受到知识的连贯性、系统性，更容易掌握这些比较烦琐的内容。

教材的特色之三是增加了大量例题和解题思路，引导学生自己学会如何编程：两次集中总结典型题目。第一次在三大结构讲完后的第 5 章增加了主要算法题目的总结；第二次在函数之后专设了第 8 章，本着“授人以鱼不如授人以渔”的思想，将编程思想、逐步完善和单步调试形象地称为“三根鱼竿”，第一根鱼竿：编程思想——顺杆“爬”，对一些感到无从下手的难题，如何去思考？第二根鱼竿：大程序的逐步完善——犹如鱼竿一节节加长，逐步完善程序代码，以及化繁为简，逐步完成复杂题目的编程技巧；第三根鱼竿：程序单步调试——如盲者用竿儿步步试探，查找程序的逻辑错误和运行错误。这样对学习者的编程、上机、调试等各方面都有促进作用。

教材还有另外两个特色。一个是强调动态调试，书中在第 5 章和第 8 章两处给出单步跟踪实例，有心的学习者可以模仿这些实例自己上机实践，自学动态调试；另一个是在大多数章最后将该章的常见错误列成表格,以便学习者仔细阅读并作为上机参考,可透彻理解各个知识点,很快成为编程高手。

全书由张正明主编并编写第7、9章,第10～12章由卢晶琦编写,第1、6、8章由王丽娟编写,第2～5章由孟庆元编写。

在本书成书的过程中,受到电子科技大学中山学院领导及清华大学出版社编辑们的大力支持,在此一并表示感谢。选用本书的教师可免费索取电子教案、所有例题代码及作业和模拟题的答案。如对本书有疑问和建议,可与编者联系,QQ:704393383。希望本书能给注重实践的学习者以切实的帮助。由于编者水平有限,时间仓促,书中可能有不足之处,殷切盼望读者提出宝贵意见。

编　者

2016年1月

目 录

第 1 章 C/C++语言概述 …… 1

1.1 计算机组成 …… 1

1.1.1 计算机的硬件系统 …… 1

1.1.2 计算机的软件系统 …… 2

1.2 计算机语言及其执行方式 …… 3

1.3 C/C++语言的发展简史与重要性 …… 4

1.3.1 C/C++语言的发展简史 …… 4

1.3.2 C 的优点 …… 4

1.3.3 C 程序设计是非常重要的基本训练 …… 5

1.4 简单的 C/C++程序示例 …… 5

1.5 在 VC++6.0 中实现 C 程序 …… 6

1.5.1 基本概念 …… 7

1.5.2 VC++6.0 集成环境介绍 …… 7

1.5.3 C/C++单文件应用程序的实现过程 …… 8

1.5.4 程序中的两类错误 …… 10

1.5.5 培养严谨的逻辑思维和工作作风 …… 12

1.6 本章知识要点和常见错误列表 …… 13

习题 …… 15

第 2 章 编程基础 I …… 16

2.1 结构化程序设计及 C 语句综述 …… 16

2.1.1 结构化程序设计 …… 16

2.1.2 C 语言中的语句 …… 16

2.2 顺序结构——三大结构之一 …… 17

2.2.1 赋值语句 …… 17

2.2.2 C 中的数据输入与输出 …… 18

2.2.3 C++中的数据输入与输出 …… 21

2.2.4 程序设计举例 …… 23

2.3 分支结构——三大结构之二 …… 24

2.3.1 if…else…语句 …… 24

2.3.2 if 语句 …… 26

2.4 循环结构——三大结构之三 …… 27

2.4.1 while 循环语句 …… 27
2.4.2 do…while 循环语句 …… 29
2.5 本章知识要点和常见错误列表 …… 31
习题 …… 33

第 3 章 C 语言的基础知识 …… 37

3.1 C 语言的标识符与关键字 …… 37
3.1.1 标识符 …… 37
3.1.2 关键字 …… 38
3.2 基本数据类型 …… 38
3.3 常量与变量 …… 39
3.3.1 常量 …… 39
3.3.2 变量 …… 42
3.3.3 变量的初始化 …… 45
3.4 运算符 …… 45
3.4.1 算术运算符和赋值运算符 …… 46
3.4.2 关系运算符和逻辑运算符 …… 48
3.4.3 条件运算符 …… 49
3.4.4 逗号运算符 …… 50
3.4.5 位运算符 …… 50
3.5 表达式 …… 52
3.6 应用举例 …… 54
3.7 本章知识要点和常见错误列表 …… 56
习题 …… 58

第 4 章 编程基础Ⅱ …… 62

4.1 C 中的条件判断 …… 62
4.2 复杂的分支结构 …… 63
4.2.1 分支结构的嵌套 …… 63
4.2.2 else if 语句 …… 65
4.2.3 if 语句注意事项 …… 66
4.2.4 多分支结构——switch 语句 …… 67
4.3 for 循环语句 …… 71
4.3.1 for 循环语句的一般形式 …… 71
4.3.2 for 语句使用注意事项 …… 72
4.3.3 三种循环语句的比较 …… 72
4.4 C++中的输出格式控制 …… 74
4.5 好程序的标准与算法的选择 …… 77
4.5.1 好程序的标准 …… 77

4.5.2 选择合适的算法 …… 78
4.6 本章知识要点和常见错误列表 …… 81
习题 …… 83

第5章 编程进阶 …… 87

5.1 复杂的循环结构 …… 87
5.1.1 循环的嵌套 …… 87
5.1.2 循环控制语句 break 和 continue …… 89
5.1.3 无限循环的应用 …… 91
5.2 典型题目的编程 …… 93
5.2.1 累加与累乘 …… 93
5.2.2 穷举搜索法 …… 93
5.2.3 数位提取问题 …… 95
5.2.4 递推与迭代 …… 97
5.3 程序的动态调试 …… 99
5.3.1 单步调试的过程 …… 99
5.3.2 单步调试的实例 …… 100
5.4 本章知识要点 …… 106
习题 …… 106

第6章 数组——批量数据的处理 …… 112

6.1 数组的概念 …… 112
6.2 一维数组 …… 113
6.2.1 一维数组的定义和引用 …… 113
6.2.2 一维数组的初始化 …… 116
6.2.3 数组的越界问题 …… 116
6.2.4 应用举例 …… 117
6.3 二维数组 …… 120
6.3.1 二维数组的定义和引用 …… 120
6.3.2 二维数组的初始化 …… 121
6.3.3 应用举例 …… 123
6.4 字符数组和字符串 …… 125
6.4.1 字符数组的定义和初始化 …… 125
6.4.2 字符串 …… 125
6.4.3 字符数组的输入和输出 …… 128
6.4.4 应用举例 …… 130
6.5 本章知识要点和常见错误列表 …… 131
习题 …… 133

第 7 章 函数及变量存储类型 …… 137

7.1 为什么要用函数 …… 137
7.1.1 模块化的优越性及 C 的实现 …… 137
7.1.2 函数概述 …… 138
7.2 函数三部曲 …… 140
7.2.1 函数声明——函数三部曲之一 …… 140
7.2.2 函数定义——函数三部曲之二 …… 141
7.2.3 函数调用——函数三部曲之三 …… 145
7.2.4 实参到形参的单向值传递 …… 147
7.2.5 函数的返回值 …… 148
7.3 变量的存储类型 …… 149
7.3.1 变量的作用域和生存期 …… 149
7.3.2 变量的动态存储和静态存储 …… 151
7.4 函数的嵌套与递归 …… 154
7.4.1 函数的嵌套调用 …… 154
7.4.2 函数的递归调用 …… 157
7.5 本章知识要点和常见错误列表 …… 158
习题 …… 161

第 8 章 编程深入 …… 164

8.1 授人以鱼不如授人以渔 …… 164
8.1.1 编程思想——顺杆儿爬 …… 164
8.1.2 大程序逐步完善——鱼竿一节节加长 …… 166
8.1.3 程序单步调试——用竿儿步步试探 …… 167
8.1.4 单步调试的三大功能及其他调试手段 …… 169
8.2 典型题目的编程思路及优化 …… 173
8.2.1 分解质因数 …… 173
8.2.2 数字字符转换成十进制数 …… 175
8.2.3 数组插入 …… 175
8.2.4 数组元素排序 …… 178
8.3 常用字符串处理函数及其应用 …… 182
8.4 编译预处理 …… 185
8.4.1 宏定义 …… 186
8.4.2 文件包含 …… 186
8.5 关于全国高校计算机水平考试 …… 187
8.6 本章知识要点 …… 189
习题 …… 189

第 9 章　指针…………………………………………………………………… 192

9.1　指针的概念与定义 ……………………………………………………… 192

9.1.1　内存地址的概念…………………………………………………… 192

9.1.2　指针变量的概念与定义…………………………………………… 193

9.2　指针的使用 ……………………………………………………………… 194

9.2.1　指针的两个运算符………………………………………………… 195

9.2.2　指针变量的初始化与安全性……………………………………… 196

9.2.3　指针运算…………………………………………………………… 197

9.3　间接访问——指针的强大功能之一 …………………………………… 199

9.3.1　利用指针变量间接访问某一个单元……………………………… 199

9.3.2　利用指针变量访问一片连续的存储区…………………………… 200

9.4　指针形参"返回"函数多个数值——指针的强大功能之二 ……………… 202

9.4.1　普通变量作函数参数……………………………………………… 202

9.4.2　指针变量作函数参数……………………………………………… 203

9.5　灵活引用数组——指针的强大功能之三 ……………………………… 206

9.5.1　数组元素的 4 种表示方法………………………………………… 206

9.5.2　数组作函数参数…………………………………………………… 207

9.5.3　指向字符串的指针………………………………………………… 209

9.5.4　字符数组与字符指针变量比较…………………………………… 211

9.6　动态分配内存——指针的强大功能之四 ……………………………… 212

9.7　复杂指针简介 …………………………………………………………… 212

9.7.1　指针数组…………………………………………………………… 212

9.7.2　指针与函数………………………………………………………… 214

9.7.3　复杂指针…………………………………………………………… 215

9.8　本章知识要点和常见错误列表 ………………………………………… 216

习题……………………………………………………………………………… 219

第 10 章　结构体和类 ……………………………………………………… 223

10.1　结构体 ………………………………………………………………… 223

10.1.1　结构体类型的定义 …………………………………………… 223

10.1.2　结构体变量的定义 …………………………………………… 224

10.1.3　结构体变量及其成员的引用 ………………………………… 226

10.1.4　结构体变量的初始化 ………………………………………… 226

10.1.5　应用举例 ……………………………………………………… 227

10.2　结构体嵌套 …………………………………………………………… 227

10.3　结构体数组 …………………………………………………………… 228

10.3.1　结构体数组的定义与引用 …………………………………… 228

10.3.2　结构体型数组的初始化 ……………………………………… 229

10.3.3 应用举例 …… 229
10.4 结构体指针 …… 230
10.4.1 结构体指针的定义 …… 230
10.4.2 结构体指针的使用 …… 230
10.5 共用体 …… 232
10.6 从结构体过渡到类 …… 233
10.6.1 结构体类型的局限性及类的引出 …… 233
10.6.2 类的声明——类三部曲之一 …… 234
10.6.3 类的成员函数定义——类三部曲之二 …… 235
10.6.4 类的应用——类三部曲之三 …… 236
10.6.5 类之实例 …… 237
10.7 本章知识要点和常见错误列表 …… 239
习题 …… 243

第11章 C++基础 …… 245

11.1 面向对象的程序设计 …… 245
11.1.1 面向过程与面向对象 …… 245
11.1.2 面向对象的三大特性 …… 246
11.2 封装性——特性之一 …… 247
11.2.1 构造函数 …… 247
11.2.2 析构函数 …… 249
11.3 函数的重载 …… 251
11.4 继承性——特性之二 …… 252
11.4.1 类的层次结构 …… 253
11.4.2 继承的访问控制 …… 254
11.4.3 派生类的构造和析构函数 …… 258
11.4.4 多重继承与虚基类 …… 259
11.4.5 继承之综合实例 …… 262
11.5 多态性——特性之三 …… 263
11.5.1 多态性 …… 263
11.5.2 虚函数 …… 264
11.5.3 多态之综合实例 …… 266
11.6 本章知识要点及常见错误列表 …… 268
习题 …… 271

第12章 C++流文件 …… 277

12.1 文件和流 …… 277
12.2 文件的打开和关闭 …… 279
12.2.1 打开文件 …… 279

12.2.2 关闭文件 …… 280
12.3 文件的读写 …… 281
12.3.1 文本文件的读写 …… 281
12.3.2 二进制文件的读写 …… 284
12.3.3 随机文件的读写 …… 286
12.4 本章知识要点和常见错误 …… 288
习题 …… 289

附录 A ASCII 码表 …… 291

附录 B VC++6.0 常见错误列表 …… 292

附录 C C 语言常用库函数表 …… 294

附录 D 各章习题部分答案 …… 297

附录 E 模拟题训练 …… 300

参考文献 …… 316

第1章 C/C++语言概述

1946 年 2 月 15 日，第一台电子计算机问世，这标志着计算机时代的到来。短短六十多年后的今天，计算机已经渗透到生活的方方面面，可谓无所不在。生活在信息时代的每个人对计算机都有一个感性的认识。我们看到的计算机是由主机、显示器、键盘和鼠标等组成的硬件，可以用它进行学习、工作和娱乐。在一台计算机上安装不同的软件，就可以完成不同的任务，体现了软件的神奇特性。软件又叫程序，是由某种计算机语言编写而成的有序指令集合。C/C++语言是计算机语言中使用最广泛的一种高级语言。本章简单介绍 C/C++语言的基本知识以及如何使用集成开发环境 VC++ 6.0 实现简单的 C/C++程序。

1.1 计算机组成

为了更好地学习程序设计，需要先了解一些计算机的基本知识。计算机是一种可以输入、存储、处理和输出各种数据的机器。完整的计算机系统由硬件系统和软件系统组成。

1.1.1 计算机的硬件系统

1946 年 6 月，被称为“计算机之父”的美籍匈牙利裔数学家，美国普林斯顿大学的著名教授冯·诺依曼提出了“存储程序”和“由程序控制计算机进行二进制运算”的思想，构建了计算机由运算器、控制器、存储器、输入设备和输出设备五部分组成的经典结构，如图 1-1 所示。

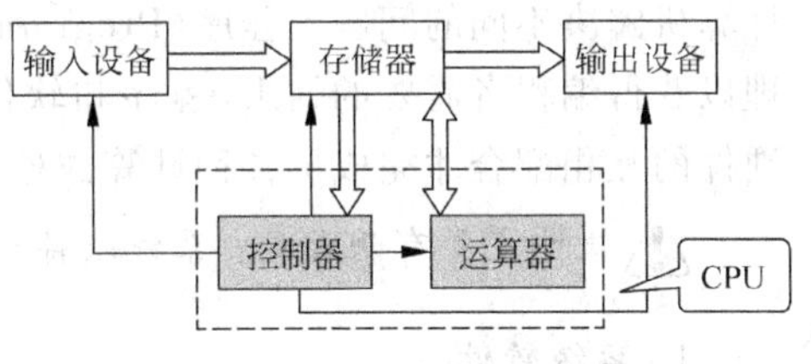

图 1-1 计算机的基本组成

1. 输入设备

为了使用计算机，必须通过某种方式把程序送入计算机或者让计算机程序得到数据。常见的输入设备有键盘、鼠标、磁盘和摄像头等，其中最常用的是键盘。标准键盘上的按键排列可以分为三个区域：字符键区（＋Shift 代表上档键）、功能键区和数字键区（数字小键盘），学习者必须先熟悉键盘的使用，以便顺利地输入程序代码及需要处理的数据。

2. 输出设备

输出设备是计算机用于输出信息的，常见的输出设备有显示器、打印机和磁盘等。显示器是人机对话的主要设备,通过它,可以很方便地查看送入计算机的程序、数据、图形等信息及经过计算机处理的中间结果和最后结果。

3. 存储器

计算机的存储器分为内部存储器(内存)和外部存储器(软盘、硬盘、光盘和U盘等)。编写的C/C++程序及编译过程中产生的各种文件都存在外存中,要运行时,可执行的程序代码必须装载到内存,程序运行中所涉及的数据也存在内存里,每一个存储单元都有一个地址,通常将结果送显示器显示。数字计算机内部进行的是二进制运算,一个二进制的0或1称为一位(bit)。存储器通常以字节(Byte)为单位来组织,一个字节由8个二进制位组成。程序代码和数据都是以字节为存储单位存储在计算机中的,如图1-2所示。

地址	内容
0x0000	0000 0000
0x0001	0000 0001
0x0002	0000 0010
⋮	⋮
0xFFFF	1111 1111

图1-2 存储器示意图

4. 中央处理单元

图1-1中阴影部分的控制器和运算器合起来称为中央处理单元(Central Processing Unit,CPU),是计算机的"大脑",硬件系统的核心。CPU执行实际的运算并控制整个计算机的运行,其中的运算器负责所有的运算;控制器负责从存储器中取出指令,并对指令进行译码,根据指令的要求,按时间的先后顺序,向其他各部件发出控制信号,保证各部件协调一致地工作,一步一步地完成各种操作。

有时又简单地称计算机的硬件系统由三部分组成,是哪三部分?

1.1.2 计算机的软件系统

为实现各种功能,计算机必须是可编程的,也就是说需要给计算机提供不同指令来控制计算机解决不同的问题。程序(Program)是指令的集合,它告诉计算机如何对数据进行处理以获得编程者需要的结果,程序和软件(Software)这两个词常常互换使用。正是软件和硬件的互相配合才完成了各种计算或处理,使计算机具有强大的功能。

⚠软件主要有两大类:系统软件和应用软件。

1. 系统软件

系统软件是指管理、监控和维护计算机资源以及开发其他软件的计算机程序,包括操作系统、程序设计语言编译程序、支持软件等。其中最重要的是操作系统,它是控制和管理计算机的核心,用来对计算机系统中的各种软、硬件资源进行统一的管理和调度。常用的操作系统有DOS、Windows、UNIX、Linux和NetWare等。

2. 应用软件

应用软件是指为解决各种实际问题而编制的计算机程序,如文字处理软件、学籍管理系统和各种游戏软件等。应用软件可以由用户自己编制,也可以由软件公司编制。如Microsoft Office就是微软(Microsoft)公司开发的办公自动化软件包,包括文字处理软件

Word、表格处理软件 Excel、幻灯片演示软件 PowerPoint 等。

1.2 计算机语言及其执行方式

计算机语言(Computer Language)是人与计算机之间进行交流的语言,它是人与计算机之间传递信息的媒介。

计算机语言是一个“符号系统”,运用这些符号编写计算机程序,就能够完整、准确地表达人们的意图,指挥或控制计算机工作。

⚠计算机语言通常分为三类:机器语言、汇编语言和高级语言。

1. 机器语言

机器语言是用二进制代码表示的计算机唯一能直接识别和执行的一种指令的集合。它具有灵活、直接执行和速度快等特点。机器语言指令是一串串由 0、1 组成的序列,例如,00100100 01010101 表示“加 85”的指令。编程人员要记住这种机器语言指令代码的操作码和操作数是非常困难的,所以很少直接用,但是所有其他语言编写的程序最终都要转变为机器语言形式才能在计算机上运行。

2. 汇编语言

机器语言难读、难记、难编并易出错,人们自然想到要用与机器指令实际含义相近的自然语言来帮助记忆,即用“助记符”来代替 0、1 序列(如用“ADD A,#0x55”代表 A 的值与数 85 相加来取代二进制机器码 00100100 01010101),由此产生了汇编语言。汇编语言是一种用助记符表示的面向机器的计算机语言,也称符号语言。汇编语言适合用来编写过程控制程序或硬件驱动程序等,所得程序占内存少,运行速度快,能面向机器,较好地发挥机器的特长,但其编程较复杂且程序的易读性不高,不适合开发大型应用系统。

3. 高级语言

不论是机器语言还是汇编语言,都是面向硬件具体操作的,对机器过分依赖,要求编程人员必须对硬件结构及其工作原理都十分熟悉,非计算机专业人员是难以做到这些的,对于计算机的推广应用不利。为此,人们设计出高级语言——与人类自然语言和逻辑思维习惯相近的语言,并最终能转换为机器语言。

常用的高级语言有很多种,如 C/C++、C#、Java、VB、FORTRAN、COBOL、Pascal、Ada、LISP 和 Prolog 等,这些不同的语言都有着自己的特色,适用于不同的领域,更有很多语言如昙花一现,已无人知晓。在众多的高级语言中,C/C++可以说独树一帜,是应用范围最广、应用时间最长的一种高级语言。就两种主导的编程思想而言,C 是“面向过程程序设计”的主要语言之一,而 C++是“面向对象程序设计”的主要语言之一。

用高级语言编写的源程序不能在计算机上直接执行。源程序在输入计算机后,必须通过“翻译程序”翻译成机器语言形式,计算机才能识别和执行。这种“翻译”的过程一般有两种方式,即解释方式和编译方式。

解释方式类似于日常生活中的"同声翻译"。一些网页脚本、服务器脚本及辅助开发接口等对程序速度要求不高、对不同系统平台间的兼容性有一定要求,通常使用这种边翻译、边执行的解释方式,如 BASIC、Java、JavaScript、VBScript、MATLAB 等。

编译方式是指在程序执行之前,将程序源代码全部"翻译"成计算机可以识别的机器语言程序。但程序一旦需要修改,必须先修改源代码,再重新编译生成新的可执行文件才能再整体执行。C 与 C++ 语言采用的是编译方式。

1.3　C/C++语言的发展简史与重要性

1.3.1　C/C++语言的发展简史

1972—1973 年间,贝尔实验室的 D. M. Ritchie 设计出了 C 语言。以 1978 年发表的 UNIX 第 7 版中的 C 编译程序为基础,Brian W. Kernighan 和 Dennis M. Ritchie(合称 K&R)合著了影响深远的名著 *The C Programming Language*,这本书描述了经典的 C 语言,是后来一切 C 版本的基础,被称为标准 C。1983 年,美国国家标准化协会(ANSI)根据 C 语言问世以来各种版本对 C 的发展和扩充,经过 6 年时间的修订,于 1989 年发布了新的标准,称为 ANSI C 或者 C89。现在 C 语言已风靡全世界,成为世界上应用最广泛的几种计算机语言之一。

美国 AT&T 贝尔实验室的本贾尼·斯特劳斯特卢普(Bjarne Stroustrup)博士在 20 世纪 80 年代初期发明并实现了 C++(最初这种语言被称作 C with Classes)。一开始 C++ 是作为 C 语言的增强版出现的,从给 C 语言增加类开始来支持面向对象的程序设计,然后不断地增加新特性:虚函数(virtual function)、运算符重载(operator overloading)、多重继承(multiple inheritance)等。1998 年,国际标准组织(ISO)颁布了 C++ 程序设计语言的国际标准,使 C++ 成为具有国际标准的编程语言,通常称作 ANSI/ISO C++。

1.3.2　C 的优点

C 语言既可用来编写系统软件,也可用来编写应用软件,是使用最广泛的计算机高级语言,如 UNIX、Linux 操作系统及 MATLAB 等软件都是用 C 语言编写的。在应用软件的编写中,如果涉及硬件操作(如打印机等各种硬件的驱动程序等),C 语言也明显优于其他高级语言;在图像处理、游戏开发和计算机通信程序的编写等方面,C 也都是首选语言,这些都源于 C 语言有如下优点。

(1) 语言简洁、紧凑,使用方便、灵活。C 语言一共只有 32 个关键字,9 种控制语句。

(2) 数据类型、运算符特别丰富,具有很强的数据处理能力。

(3) C 语言的设计使得用户自然而然地采用"自顶向下、逐步细化、模块化"的结构化程序设计思想,从而获得可靠、易于理解的程序。

(4) C 语言支持位运算,并有指针类型变量,能直接针对地址进行操作,因此能像汇编语言一样编写硬件处理程序或操作系统,这是其他高级语言无法比拟的。

(5) C 语言可移植性好。在一种系统上编制的 C 程序,只需很少的修改,甚至无须修改,即可在其他系统上运行。

1.3.3 C程序设计是非常重要的基本训练

C语言是面向过程的程序设计语言,而C++是面向对象的程序设计语言,是从C语言发展而来的,C语言是C++的内核。C++包含C语言的全部特征、属性和优点,是C语言的超集。因此学好C语言是进一步学习C++编程的基础。不仅如此,网络编程语言Java、C#(#读sharp)、EDA编程语言Verilog HDL,以及数字信号处理(DSP)和单片机(MCU)等各种程序设计,也都有C语言的特征,都要用到类似的编程语言、编程思维和编程方法。所以在C程序设计的学习过程中提高逻辑思维能力、培养良好的思维和编程习惯以及科学严谨、细致耐心的工作作风非常重要,因为这些是一切工作的重要基础,尤其在电子系统设计越来越软件化的趋势下,这些显得更为重要。目前在全世界,C语言几乎是所有高校的工科学生必修的计算机语言,是学习程序设计的入门语言,是工科学生最重要的基本训练。

1.4 简单的C/C++程序示例

本章先介绍两个简单的程序,并对比列出C和C++两种不同形式的代码。

【例1-1】 最简单的C/C++程序。

```
// C++语言的程序
#include <iostream.h>
void main()
{    cout <<"Hello World !\n";
     cout <<"My first C program!\n";
}
```

```
/* C语言的程序 */
#include <stdio.h>
void main()
{    printf("Hello World !\n");
     printf("My first C program!\n");
}
```

这两个程序的功能都是在屏幕上显示:

```
Hello World !
My first C program !
```

具体的运行结果输出如图1-3所示:最后一行提示的意思是“请按任意键继续”,是在VC++集成开发环境中每个程序运行后都会显示的提示,随意按一个键就会切换回编辑窗口。

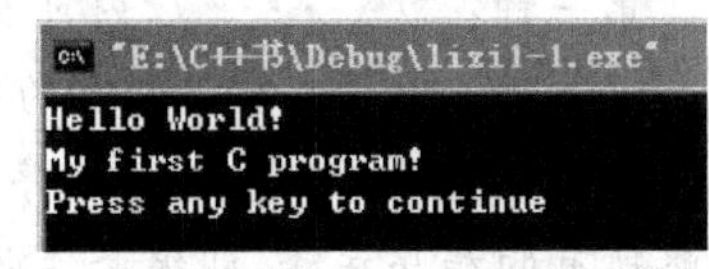

图1-3 例1-1运行结果

这个简单的程序说明了C/C++程序的基本框架。

(1) #开头的是预处理命令,其后无分号。这一行的意思是包含头文件<iostream.h>(其后可以使用cin、cout等进行输入/输出)或<stdio.h>(其后可以使用printf等标准输入输出函数)。

(2) main( )是每个应用程序都必须有的一个主函数,有且只有一个。main前的void说明主函数无返回值,main后必须带一对小括号“( )”,表示main是个函数。

(3) main后的“{}”内是函数体,是C/C++程序代码的主要部分。此例只有输出语句:左边用的是C++的输出流对象cout实现,右边用的是C语言的格式化输出函数printf实现。功能都是原样输出双引号中的信息。

该程序框架是所有 C/C++程序所共有的,再举例说明如下。

【例 1-2】 从键盘输入两数并求和,两种程序代码如下。

```
// *** C++语言的程序 ***
// *** C++add program ***
#include <iostream.h>
void main()
{   int a,b,sum;
    cin>>a>>b;
    sum=a+b;
    cout<<a<<"+"<<b<<"="<<sum<<endl;
}
```

```
/*C语言的程序  ------
-- input two integers and add -- */
#include <stdio.h>
void main()
{   int a,b,sum;
    scanf("%d %d",&a,&b);
    sum=a+b;
    printf("%d + %d= %d\n",a,b,sum);
}
```

运行结果如图 1-4 所示。

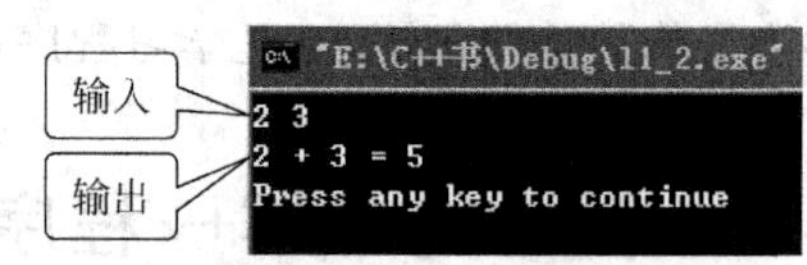

图 1-4 例 1-2 运行结果

说明:

(1) 上述程序除了有与例 1-1 相同的程序框架和输出之外,还增加了输入部分。scanf 在 C 中称为标准输入函数,在 C++中可以代之以 cin。

(2) main 内的函数体逐行解释如下。

第 1 行:"int a, b, sum;"定义了三个变量(变量是内存的若干个单元,可以简单地理解为盒子,a、b 内装加数,sum 中装求和结果,详见第 2 章),C/C++中所有的变量均要先定义、后使用。

第 2 行:输入变量 a、b 的值,为求和运算做准备。

第 3 行:"sum=a+b;"称为赋值语句,意思是将赋值号"="右边表达式的计算结果送给左边的变量 sum,即求二者的和。

第 4 行:输出结果。C 语言用格式化输出语句 printf 输出;C++用 cout 输出,其中的"<<"称为插入符,每个插入符输出其后的一项,详见第 2 章。

(3) 程序的前两行称为注释:

第一种:"/* … */"内可有若干行注释;

第二种:"//"为 C++独有的行注释符,表示当前行此符号后的内容为注释部分。

注释是写给编程者或读程序的人看的,编译器在把源代码翻译成可执行程序时,简单地忽略所有的程序注释,即编译器是"看不见"注释的。注释内的文字可以是英文,也可以是中文,主要是对源代码的用途和含义进行说明,使程序的阅读者能更好地理解程序。注释不影响编译后可执行程序的大小以及程序的执行速度。应尽可能在需要的地方对程序进行注释。

1.5 在 VC++ 6.0 中实现 C 程序

VC++ 6.0 是一种可以进行 C/C++程序设计的集成开发环境。所谓开发环境,就是一个已经开发好的工具软件,利用这个集成环境,可以很方便地编辑、编译和链接 C/C++程序，生成可执行程序，进行动态调试或运行程序，得到结果。

1.5.1　基本概念

1. 源程序(Source File)

源程序是用C/C++语言编写的程序源代码，其扩展名为c或cpp(在VC++下产生的一系列文件中，这是最基本、最重要的文件，编程者可以只将这个文件复制到U盘里就带走这个程序了)。

2. 工程(Project)

程序的实现工作是以"工程"为单位进行的，开发一个应用程序时，要建立一个工程，把与这个程序有关的所有文件都加入这个工程，统一管理整个应用程序的相关文件。只有一个源程序时可以忽略这个过程，直接编写源程序文件，由系统自动完成工程文件的建立和管理。

3. 编译(Compile)

把用高级语言编写的源程序代码"翻译"成机器语言目标代码的过程，称为编译。不同的高级语言有不同的编译器，VC++ 6.0集成了C/C++的编译器。

4. 链接(Link)

各种高级语言都会提供一些资源，链接程序把源程序目标代码、系统资源库和环境资源等融合到一起，产生了最后的可执行程序。

5. 组建(Build)

VC++环境还将编译和链接集成为一步，称为"组建"，其功能是先编译源程序，如果没有错误就进行链接，有错就给出编译错误或链接错误。

6. 调试(Debug)

通过编译和链接产生可执行程序后，可以通过调试工具对程序进行单步或分段执行，查看程序运行过程、发现逻辑错误等。具体将在5.3节和8.1节详细描述。

7. 运行(Run)

通过编译和链接产生的可执行程序，可以在集成开发环境中直接运行。运行时，程序从main函数开始一行一行自动地向下执行，像瀑布的水向下冲一样，直到最后一行结束。对于有数据要从键盘输入的程序，系统会停在一个输入输出窗口，等待用户从键盘输入数据，输入完成后，程序继续运行，并把结果显示在这个窗口中(如图1-4所示)。

1.5.2　VC++ 6.0集成环境介绍

图1-5是VC++ 6.0集成开发环境界面，编辑窗口中显示的是例1-2的程序。

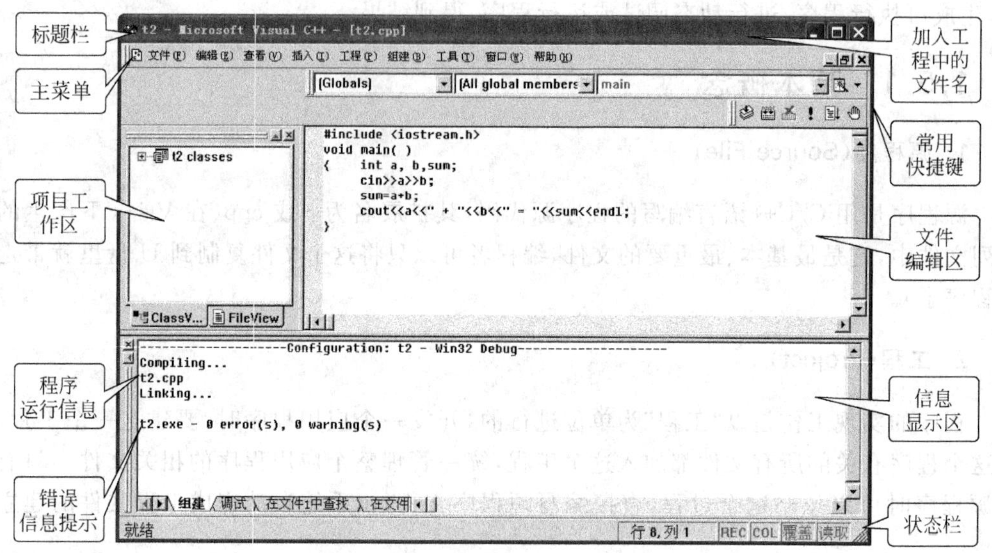

图 1-5 VC++ 6.0 集成环境主界面

此界面的布局排列具有代表性，是 Windows 软件的通用形式，最上一行为标题栏，显示所用软件系统的名称以及所处理程序的文件名。标题栏下面是主菜单，其中每项是下拉菜单，可以完成所有的操作。

在图 1-5 所示的界面中，我们可以看到以下几个主要工作区。

项目工作区：用树形目录的形式管理工程文件或程序中用到的类和函数；

文件编辑区：显示和编辑程序代码；

信息显示区：显示程序编译、链接信息等；

状态栏：显示光标所在行列位置及输入模式(按 Insert 键可切换插入、覆盖状态，覆盖状态时，用输入符号代替原光标处的字符，插入状态时，在光标处插入新字符)。

1.5.3 C/C++单文件应用程序的实现过程

利用 VC++ 6.0 集成环境实现单个 C/C++源文件应用程序的基本上机步骤可分为三步，如图 1-6 所示。

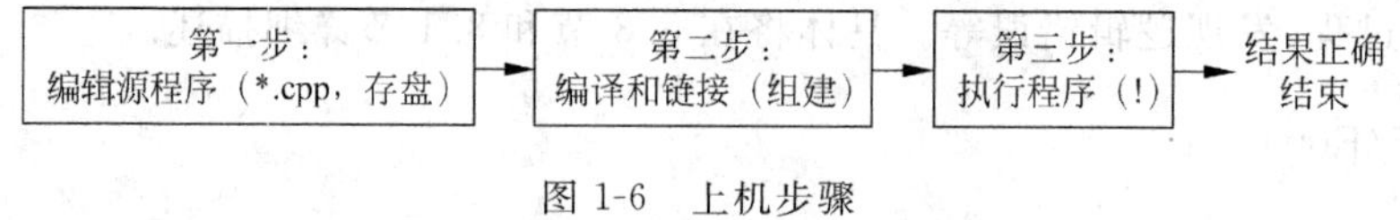

图 1-6 上机步骤

1. 第一步：编辑源程序

1) 创建新文件

(1) 在桌面上找到 Microsoft Visual C++ 6.0 的图标，双击进入 VC++ 6.0 界面，在主菜单栏中选择“文件”菜单项，在其下拉菜单中选择“新建”，系统自动弹出如图 1-7 所示的界面。

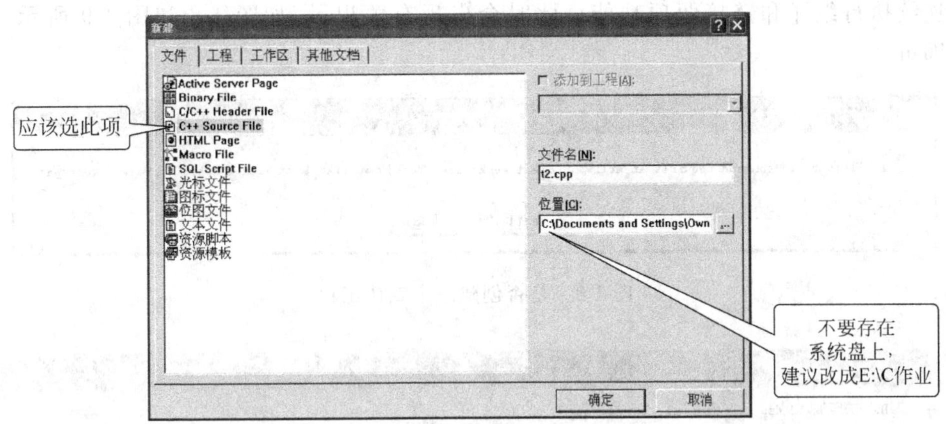

图 1-7 “新建”对话框

(2) 在界面上选择“文件”选项卡，并在其列表中单击 C++Source File 选项，意为将建立一个 C++的源程序。

(3) 在界面上输入文件名，如 t2. cpp，然后单击“确定”按钮。文件名形式是“主文件名.扩展名”，扩展名应该为 cpp，代表文件类型是 C++源程序，主文件名由编程者自己起，但是必须以英文字母开头，可包含字母、数字或者下画线，最好“见名知意”。若此时不确定文件名，可直接单击“确定”按钮进入编辑，将在存盘时要求输入文件名。若扩展名为 c，则表示该程序是纯粹的 C 程序，不能包含 C++特有的内容。

(4) 在编辑区中编辑源程序。可以将与例 1-1 或例 1-2 类似的程序代码输入计算机，其间注意成对的符号一次输入一对，可以减少出错，建议使用 Tab、Home、End 键，仿照例题按正确的对齐、缩进格式输入。

提醒：系统设置在默认情况下，编辑窗口中代码的颜色可以帮助检查输入的正确性，关键字显示为蓝颜色，如果#include 错误地输入为#inlcude，它就保持黑色，输入者就应该意识到自己输错这个命令了；注释显示为绿色，其余显示为黑色。这已经成为共识，比如单片机开发用的 C51 也是这样。

(5) 选择“文件”菜单中的“保存”命令(或单击 按钮)或“另存为”命令，将编辑窗口中的程序存盘。

2) 编辑已有文件

打开已有源程序文件的操作如下。

(1) 在桌面上先找到 VC++ 6.0 的图标，双击进入 VC++界面，然后在主菜单栏中选择“文件”菜单项，在弹出的下拉菜单中选择“打开”命令。

(2) 在弹出的对话框中，找到想要打开的源文件，比如 t2. cpp。

(3) 双击文件名 t2. cpp 或选中文件名后，单击“打开”按钮进入编辑窗口，就可以在编辑区中编辑、修改已经打开的源程序了。修改后也要存盘，替换修改之前的程序。

2. 第二步：编译和链接

在编辑区输入一个完整的程序或完成了一个程序的修改并保存后，单击 按钮，或选择“组建”菜单中的“全部组建”命令，会将所有需要重新编译和链接的文件都组建在一起，相当于连续执行编译和链接两项功能。此时会出现有关提示,如图 1-8 和图 1-9 所示,选择“是”即可。

图 1-8 是否创建一个默认工程

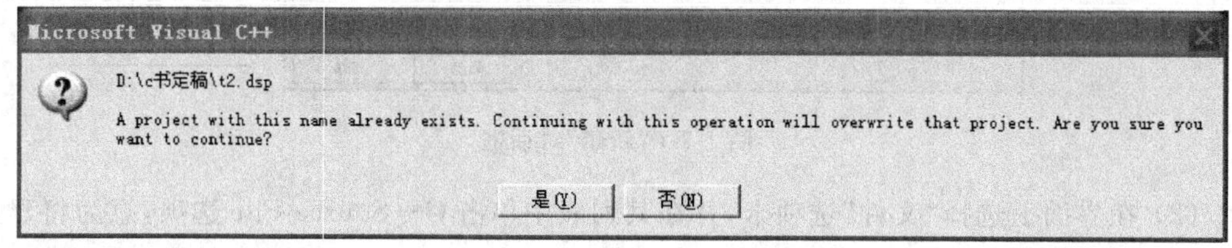

图 1-9 是否覆盖已有的工程

此后,便会在最下面的信息显示区看到编译和链接的结果,如图 1-10 所示。

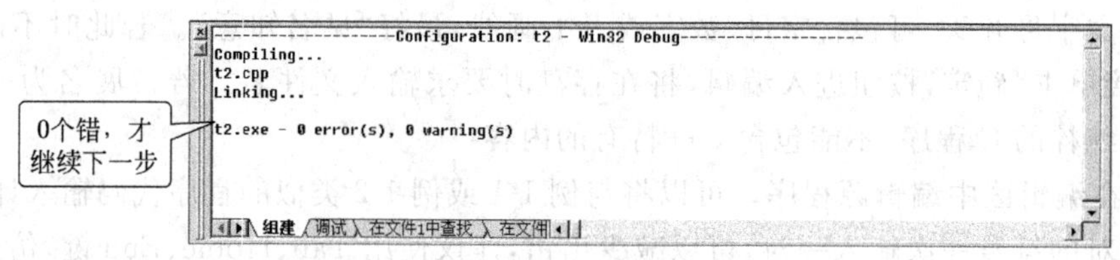

图 1-10 信息输出窗口

如果组建后有错误(常见错误信息列表见附录 B),必须查错、改错。改过错后,立即存盘,然后再次“组建”,如此反复“修改—存盘—组建”,只要还有一个错误就不会产生可执行文件(允许某些警告存在)。只有如图 1-10 所示,没有语法错误,也没有链接错误后,才可进行第三步。

3. 第三步:执行程序或动态调试

虽然第二步产生的 *.exe 文件可以脱离 VC++ 6.0 系统单独运行,但调试阶段通常在 VC++ 6.0 环境内直接运行。选择“组建”菜单中的“执行”命令,或直接单击按钮 ! ,程序就从 main 开始,执行一条条语句,当执行到输入语句(如 scanf 或 cin)时,程序会停在这一句,弹出黑色的输入输出窗口,如图 1-4 所示,要求从键盘输入数据(图中第一行即为输入的两个数),程序得到数据后,执行完输出语句(printf 或 cout),就会显示结果,直到最后一个“}”。

1.5.4 程序中的两类错误

1.5.3 节中详述了基本的程序实现过程,通常读者经过几次上机练习后,会很快熟悉。上机实践最麻烦的不是这些基本操作,而是在这些操作过程中出现的错误,这往往使初学者或没有耐心者很头疼。我们一定要知道:程序设计就是在出错中学会的,可以说 99.9%的初学者都会遇到这样或那样的错误，如果不出错，就不能真正学会程序设计。或者说，每个人都是从不断地出错、查错、改错中学会程序设计的。

查错、改错是程序设计中非常重要的能力训练。程序的错误有两大类：第一类是编译和链接时发现的，称为"语法错"（如缺少分号"；"，成对的符号如""、{}不配对，变量没有定义等）；第二类是程序运行时发现的错，称为"逻辑错"。

1. 第一类：语法错误的查找及修改

此类错误是系统在编译过程中发现的，有两种，遇到最多的一种是语法错误（错误类型为 error），信息窗口会显示出错误发生的位置、错误的类型、编号和错误的内容。其格式为：

<错误发生的位置>：<错误类型>：<错误内容>

例如：

```
e:\t1.cpp(3): error C2146: syntax error: missing '; ' befor identifier 'sum'
```

如图 1-11 中的信息窗口所示，错误发生的位置是 E:\t1.cpp 的第三行（不必数，双击此错误提示行，系统会自动跳至错误附近），错误的类型是 error，从错误提示 C2146 可以判断是 sum 变量前符号错了，对比该行的两个逗号，发现它们是不同的：后一个是非英文输入方式下的逗号，改掉之后，存盘。再编译，4 个错误都消失了。读者学完每章后宜仔细阅读每章后面的错误列表，尽量避免这些错误。编程出错后，还可参考附录 B，根据错误编号查找具体的错误解释，根据具体情况改正错误。

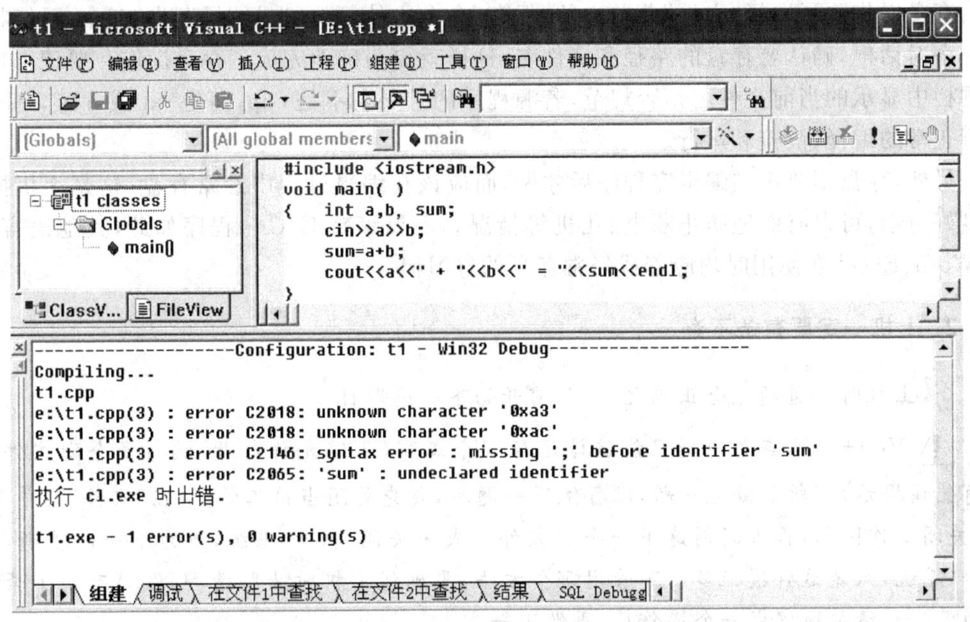

图 1-11　信息窗口中的错误提示

另一种是警告性质的错误（warning），虽然有时不影响程序的运行，但还是应该尽量改掉这种错误，使编译后显示

```
0 error(s),  0 warning(s)
```

这时才算真正通过编译。

⚠ VC++ 6.0 系统只能查找出错误的近似所在,并且将光标停留在错处附近,对错误的说明可能不十分明确,而且一个实际错误往往会引起若干条错误提示,使人不容易了解到底错在什么地方(如前面忘了定义一个变量,后面所有用到这个变量的行都会出现错误提示)。所以改错一定要上翻信息窗至最前面的错,先改第一个错(双击该条错误信息,系统会自动跳至错误可能所在处,这时,编辑窗口中的左边出现一个蓝色箭头,指向错误出现的行,但错误可能在其前后,要在周围仔细检查,试着改错)。有时可能只改一条,其他错误提示就都消失了,切忌从后面的提示开始查错。

2. 第二类:逻辑错误的查找及修改

语法错,系统会给出相关的错误提示;逻辑错,系统无提示。逻辑错的表现是:程序的运行结果不正确、死机、死循环或有错误提示等。逻辑错误的查找主要靠编程者自己,所以难度要大一些。方法很多,但最重要的是自己要熟知所编程序的思路和细节,并勤于思考、分析,才能找到错误所在。学习者可从简单的单步运行入手,对于入门学习的小程序非常有效,详细参考第 5 章和第 8 章。

1.5.5 培养严谨的逻辑思维和工作作风

1. 养成经常存盘的好习惯

存盘操作除了选择“文件”菜单中的“保存”命令之外,还可选择“另存为”命令,系统将弹出一个对话框,确认要存盘的路径和文件名,这样就更明确地完成了存盘操作。要记得检查标题栏中显示的当前文件名是否规范,若源程序的扩展名不是 cpp,而是 txt 或 h 等,则不会进行正常的编译、链接和运行。

另外,存盘不要仅在编辑完程序后才做,而应该在编辑过程中经常存盘,这是上机操作的良好习惯,可以有效地防止断电、死机等情况。不仅编辑 C/C++程序如此,其他语言,甚至 Word、Excel 在使用时均应养成经常存盘的好习惯。

2. 上机一定要有条不紊

上机时一道题完全正确之后,如何开始下一道题目?

⚠ VC++ 6.0 在某一刻只能编译运行一个工程(系统允许打开、编辑多个源文件,并没有错误提示)。所以做完一题,准备做下一题时,要先关闭当前工作区(在“文件”菜单下选择“关闭工作区”),再重新创建下一个新文件。或先关闭 VC++ 系统,再为下一题重新打开 VC++ 系统,只是这样慢很多。不管用哪个方法,要确保上机时头脑清醒,做事有条不紊、步步为营——清楚地完成一个操作后,再做下一步。

有些初学者在完成一个题目后,直接编辑下一个程序,导致一个工程中有两个甚至更多个 main 函数,出现 main already defined 的错误提示。或者表面编辑的是一个程序,编译和运行的却还是前一个程序,结果混乱。这时可按图 1-12,在项目工作区展开树状目录,如果有两个以上的main就错了。双击main函数，跳到编辑区该函数对应代码处，可以检查一下它是否是自己所需要的程序。

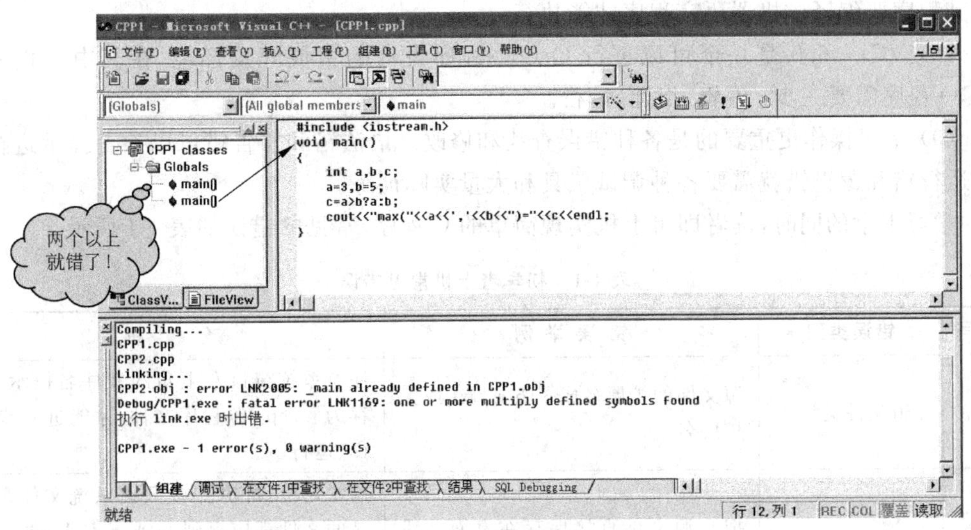

图 1-12　管理所编辑的文件

3. 验证结果的正确性

编写了一个程序，上机运行后，应想办法自己验证程序的正确性。比如例1-2的求和，设计两个小一点儿的数，可一眼看出结果是否正确。对于某些复杂的程序，只运行一次正确，是不足以说明程序正确的，要多次运行，专门设计一些测试数据，通过人工计算得出正确结果，再逐一把这些数据输入待检验的程序，看它是否能给出正确的结果。若每次运行都正确，才算完成了一个程序。

1.6　本章知识要点和常见错误列表

本章作为开篇，首先介绍了程序设计需要了解的计算机相关知识，然后简单介绍了C和C++语言，引入了两个简单的小程序并介绍了VC++ 6.0集成开发环境及基本的上机步骤。

本章知识点总结如下。

(1) 计算机是一种可以输入、存储、处理和输出各种数据的机器。

(2) 计算机系统由硬件系统和软件系统组成。

(3) 冯·诺依曼思想："存储程序"和"由程序控制计算机进行二进制运算"决定了计算机是由运算器、控制器、存储器、输入设备和输出设备五部分组成的经典结构。

(4) 程序(Program)是指令的有序集合，它告诉计算机如何对数据进行处理以获得编程者需要的信息，也是计算机在完成某项任务时必须严格遵循的操作命令。

(5) 软件主要有两大类：系统软件和应用软件。

(6) 计算机语言(Computer Language)是人与计算机之间进行交流的语言，它是人与计算机之间传递信息的媒介。

(7) 计算机语言通常分为三类,即机器语言、汇编语言和高级语言。C 和 C++是高级语言,其程序要编译成机器语言程序才能执行。

(8) VC++ 6.0 是一个可以进行 C/C++程序设计的集成开发环境,在其中实现一个 C/C++程序需要三步:编辑、组建、运行。

(9) 上机操作更重要的是各种错误查找和修改。语法错和警告错可以参考提示进行修改,运行错和逻辑错就需要各种调试工具和大量实际训练。

学习本章的同时,读者即可上机实现简单的 C 程序,常见的错误如表 1-1 所示。

表 1-1 初学者上机常见错误

序号	错误类型	错误举例	分析
1	编辑文件类型错	源文件的扩展名成了 h 或 txt 或无扩展名	注意系统窗口左上角的文件名提示,保存为 *.cpp 源程序文件,才能进一步编译、运行
2	工作目录不妥	把 C 源文件直接保存在桌面、"我的文档"等 C 盘或 U 盘上	通常,公用机房 C 盘只装系统文件。自己的文件都应存到 D 或 E 盘上,最后只需将源文件 *.cpp 复制到自己的 U 盘上,就可带走,直接存到 U 盘速度慢

3	输入程序时拼写错误	C 程序的格式灵活,但容易丢三落四,如下例:
		# include<iostraem.h
		Void mian(
		{
		}
			(1) #后不该有空格,include 之后该有空格。
			(2) iostream,main 都拼写错了。C 语言中是区分大小写的,Void 首字母 V 应该小写。
			(3) 程序中成对的符号,如""、< >、()或{},建议输入时就成对输入,否则容易遗失另一半

4	不清楚 VC++ 6.0 系统的操作	做完一个题目后,直接编辑第二个程序,导致一个工程里有两个 main 函数;或只编译、运行第一个程序,结果不是新题的结果	做完一题,准备编辑下一题时,一定要先关闭当前工作区,再"新建"下一个文件
5	存盘次数太少	初学者只等输入所有程序后才存一次盘	在编辑过程中,建议多次存盘。每次修改后,只要确认编辑窗口中是正确内容,都可以存盘
6	改错顺序反了	编译后,箭头停留在最后的错误处,初学者容易直接从出错窗口最后面开始改错。不知道把信息窗口向上滚动到第一个错误提示处	由于前面的一个错可能引起后面的一大批错,所以必须从前往后逐条改错。 要大量学习、练习改错。可以参考附录 B 的错误列表,认真思考,细心检查,训练自己严谨、耐心的工程素养
7	语句结尾少了分号";"	int n,i n=1	分号";"在 C/C++语句中表示一个语句的结束,在单独的语句中一定要加";"
8	预处理命令后多了分号";"	#include < iostream.h>;	预处理命令不是语句,不能加分号";"

习题

一、选择题

1. 计算机工作时，内存储器用来存储(　　)。

A. ASCII 码和数据　　B. 数据和信号

C. 程序和数据　　D. 程序和指令

2. 中央处理器是由运算器和(　　)组成的。

A. 存储器与控制器　　B. 控制器

C. I/O 接口　　D. 存储器

3. C 程序编译后有很多错时，应该(　　)修改这些语法错。

A. 从最后的错误提示处　　B. 从前向后逐条

C. 随便哪条提示处　　D. 从后向前逐条

4. C 程序中注释的作用不含以下(　　)。

A. 帮助编程者理解程序的功能和操作

B. 帮助用户理解程序的功能和操作

C. 有助于对程序的调试和测试

D. 参加编译，并会出现在最终的程序结果中

5. C 语言是一种(　　)。

A. 汇编语言　　B. 高级语言　　C. 机器语言　　D. 解释性语言

二、简答题

1. 计算机的五大组成部分是什么？
2. 什么是计算机软件？有哪几类软件？
3. C 的上机步骤是什么？
4. C 程序产生的可执行文件(*.exe)是如何在计算机内运行的？
5. C 程序有哪两类错误？如何发现？
6. 汇编语言或高级语言程序是如何变成机器语言程序的？

三、编程题

1. 从键盘输入 4 个整数，然后在显示器上显示出来。
2. 在 1 题的基础上，求 4 个数的和并显示出来。
3. 输入两个数，进行四则运算，输出其和、差、积、商。
4. 用 cout 语句打印一个三角图形，如图 1-13 所示。

```
  *
 * *
* * *
```

图 1-13　三角图形

第2章 编程基础 I

程序设计就是编程，本书介绍用C/C++语言进行程序设计的方法，第1章通过两个简单的C/C++程序例子，介绍了C程序的框架，本章学习程序结构的基本概念和一些最基本的语句，以帮助读者能够进行简单程序设计。本章注重上机实现，一些细节和概念请“不求甚解”，或结合第3章去理解。

2.1 结构化程序设计及C语句综述

2.1.1 结构化程序设计

结构化程序设计(structured programming)是以“模块化处理过程”为主的程序设计原则，其概念最早由E. W. Dijkstra在1965年提出。结构化程序设计被称为软件发展中的第三个里程碑(第一个是子程序，第二个是高级语言)，它对以前可以随意跳转的程序进行了规范，使程序结构清晰、层次清楚。

结构化程序设计的要点如下。

(1) 不用goto语句随意跳转(在C语言中有goto语句，但要谨慎，严格控制goto语句的使用，最好不用)。

(2) 每个模块只有一个入口和一个出口。

(3) 自顶向下、逐步细化、模块化。

(4) 编程者宜分工合作。

其中，(1)、(2)是解决程序结构规范化问题；(3)是解决将大化小、化繁为简、化难为易的求解方法问题；(4)是解决软件开发的人员组织管理问题。

已经证明，任何程序都可由顺序、分支、循环三种基本控制结构构造而成，这三大结构可以看作是程序设计中的最小模块，是程序设计最基本的内容。

2.1.2 C语言中的语句

C语言中的语句可分为5类。

(1) 表达式语句。表达式语句由表达式加上分号“；”组成。其一般形式为：

```
表达式;
```

例如“x+y+z;”表示求三个数 x、y 和 z 的和。

(2) 控制语句。控制语句用于控制程序的流程,以实现程序的各种结构方式。它们由特定的语句组成。C 语言有 9 种控制语句,可分成三类:①条件语句,包括 if 语句和 switch 语句;②循环语句,包括 for 语句、while 语句和 do…while 语句;③转向语句,包括 break 语句、goto 语句、continue 语句和 return 语句。

(3) 复合语句。把多个语句用大括号“{}”括起来组成一条语句称为复合语句。在程序中应把复合语句看成是单条语句,而不是多条语句。如下例在程序中可看作一条语句:

```
{   x = y + z;
    a = b + c;
    cout << x << a;
}
```

复合语句内的各条语句都必须以分号“;”结尾,在括号“}”外不必再加分号,因为“}”本身也有结束之意。“{”和“}”必须成对出现,通常写在同一列,上下对齐。

(4) 空语句。只有分号“;”的语句称为空语句。空语句什么也不执行,只在语法上起一条语句的作用,可以配合控制类语句实现一些算法。

(5) 函数调用语句。由函数名、实际参数加上分号“;”组成。其一般形式为

```
函数名(实际参数表);
```

函数调用语句就是执行被调用函数,根据实际参数完成函数的功能(第 7 章有详细介绍)。

后面各节将从顺序、分支、循环三种基本程序结构出发,由简到难、循序渐进地介绍相应的各种语句及其编程。

2.2　顺序结构——三大结构之一

C 程序的执行部分由若干条语句组成,程序的功能也由语句的执行一步步实现。在没有分支和循环的时候,程序是顺序结构的,执行完语句 1,顺序执行语句 2,如图 2-1 所示。一般程序都从 main 函数的第一条语句开始,从前往后按顺序逐条执行。

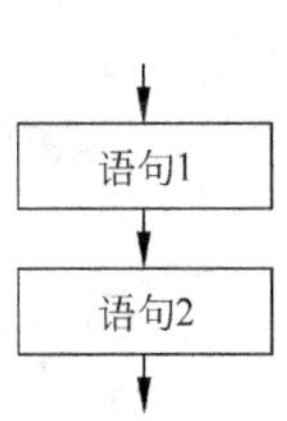

图 2-1　顺序结构程序执行顺序

2.2.1　赋值语句

赋值语句是顺序结构中的重要语句,由赋值号“=”和表达式等构成。其一般形式为:

```
变量 = 表达式;
```

表达式是包含+、-、*、/等各种运算符和变量、常量等的式子。

赋值语句的功能是计算赋值号“=”右边表达式的值,将其送给“=”左边的变量(变量可

以理解为一个盒子,在程序运行过程中装不同的值)。

例如:

```
x = 1;
```

不管之前 x 的值是多少,执行此语句后,x 的值为 1。如果接着执行

```
x = b + c + 2;
```

则先求赋值号"="右边表达式的值:变量 b 的值加上变量 c 的值,再加 2,然后把和送给变量 x,冲掉了变量 x 中之前的"1"。

注意:由于在赋值号"="右边的表达式又可以是一个赋值表达式,因此,"变量=(变量=表达式);"是合法的,从而形成嵌套的情形。其一般形式为"变量=变量=…=表达式;"。例如"a=b=c=d=e=5;",按照赋值运算符的右结合性(从右往左算),实际上等效于"e=5; d=e; c=d; b=c; a=b;"。

2.2.2 C 中的数据输入与输出

数据输入是程序运行时把计算机外部的信息或数据送到计算机内存中,如从键盘、磁盘文件、鼠标等输入数据。最常用的是把控制台(键盘)上的数据输入到内存中。

数据输出是把计算机内存中的某些数据送到外部设备上去,如送到显示器、打印机等。

数据的输入输出如图 2-2 所示。从键盘输入的键盘码要转换成对应的 ASCII 码或对应数值的二进制码存储在内存中,在显示时,还要再转换为对应的显示形式。

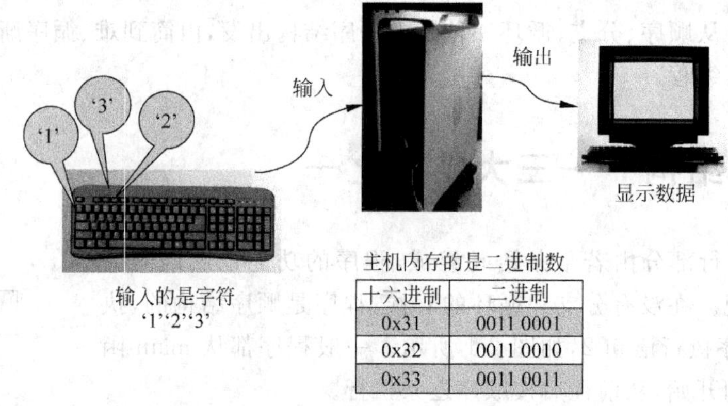

图 2-2 数据输入输出图示

C 与 C++中的输入输出方式是不同的。凡从事 C 程序设计教学的教师都会有这种头疼的经历:从课程开始到结束,总会有不少学生因掌握不了 scanf 的各种细节而不能正确读入数据,导致错误的程序运行结果。本书采用 C++的流操作 cin 和 cout 进行输入输出,摒弃了 C 中的 scanf 和 printf 函数。这一改变避免了学生使用这两个函数编程时遇到的种种麻烦,将注意力直接放在程序设计上,更好地学习程序设计。

为了理论体系的完整性,下面简单介绍几个 C 语言中常用的标准输入输出库函数。

1. getche 函数

函数功能是从键盘上输入一个字符，返回它的值，并在屏幕上自动回显该字符，用法如下：

```
char ch;
ch = getche();
```

getche 有两个变体。

第一个变体是 getch，作用和 getche 基本一致，区别是把读入的字符不回显在屏幕上，很适合在输入密码时使用。

第二个变体是 getchar，它是 UNIX 系统的字符输入函数原型，与现在使用的编程环境很不协调，容易出错，建议不要使用。

2. putchar 函数

putchar 是字符输出函数，其调用形式为：

```
char ch;
putchar (ch);
```

putchar 函数在显示屏上输出字符变量 ch 所代表的字符，putchar 也有一个变体函数 putch。

【例 2-1】 单个字符的输入和输出。

```
#include <conio.h>
void main()
{
    char ch;                //定义字符变量 ch
    ch = getche();          //从键盘上输入一个字符存入 ch
//putch(ch);
}
```

程序运行到 getche()函数时，会等在输入输出窗口，如图 2-3 所示。这时需输入一个字符，如'A'，然后程序将该字符的 ASCII 码赋给字符变量 ch，程序结束，结果窗口显示如图 2-4 所示。

图 2-3 输入输出窗口

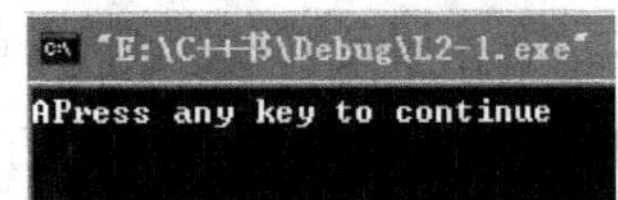

图 2-4 例 2-1 运行结果

注意：以上使用 getche 和 getch 时需在程序开始处使用文件包含命令"#include <conio.h>"，使用 getchar、putchar 和 putch 时需在程序开始处使用文件包含命令

“#include <stdio.h>”。包含 stdio.h 头文件后,就可以使用格式化输入输出函数 scanf 和 printf 了。

读者上机把例 2-1 改一下,就可以体会这些函数的功能了。若阴影行去掉注释符,即可看到 putch 的显示效果,多显示一个 A。

3. scanf 函数

scanf 函数用于输入具有某种指定格式的数据(如整数、实数、字符等)。其调用形式为:

```
scanf("控制字符串",变量地址表);
```

例如“scanf("%d,%d",&a,&b);”,若在键盘上输入“12,34”,再按 Enter 键,就会将 12 送给变量 a,34 送给变量 b。两个“%d”之间的逗号必须原封不动照样输入。

“控制字符串”是由多个格式说明符组成的,格式说明符由一个百分号“%”加上一个字母组成。每个字母都有不同的含义,代表不同的格式说明,如表 2-1 所示。格式说明符%d 表示按整数格式输入一个整数,送给变量地址表里对应位置的变量。控制字符串内可以使用逗号或空格等间隔符分隔不同的变量格式说明。在键盘输入数据时,数据间的间隔符必须和格式控制符中的一模一样,稍有不对,就会出错,要相当小心。

表 2-1 scanf 函数格式控制符

说明符	格式
%c	读入一个字符
%d	读入一个十进制整型数
%f	读入一个浮点数
%o	读入一个八进制数
%x	读入一个十六进制数
%s	读入一个字符串,以间隔字符作为结束

scanf 函数括号中的变量地址表,要求在变量名前加取地址运算符“&”,如不加“&”,系统没有错误提示,但运行时却得不到正确的输入数据,导致结果错误,会给编程者带来很多麻烦和困扰。

4. printf 函数

putchar 函数仅能输出一个字符,当要输出具有某种格式的数据(如实型数、十六进制数等)时,就要使用格式输出函数 printf 了。其调用形式为:

```
printf("控制字符串",参量表);
```

其中,参量表是要输出的变量、常量、表达式等,参量表有多个参量时,用逗号分隔,也可以没有参量。

“控制字符串”由两种不同类型的内容组成。第一类是字符或字符串，函数将它们原样输出到屏幕上，一般用于提示。第二类是格式说明，也是%后加一个字母，它们定义参量的显示格式，一个参量需要一个对应的格式说明，它与 scanf 函数的格式说明符含义相似，如表 2-2 所示。

表 2-2 printf 函数的控制符

说明符	格式
%c	输出一个字符
%d	输出一个十进制整型数
%f	输出一个浮点数
%o	输出一个八进制数
%x	输出一个十六进制数
%s	输出一个字符串，以间隔字符作为结束
%p	输出一个指针

举例程序段如下：

```
printf("Please input x: ");
scanf("%d", &x);
printf("The output x = %d\n",x);
printf("The output x + 1 = %d\n",x + 1);
```

此 4 行程序的运行结果为：

```
Please input x:10
The output x = 10
The output x + 1 = 11
```

scanf 和 printf 功能比较强大，但由于格式要求复杂严格，初学者很容易出错。

2.2.3 C++中的数据输入与输出

输入输出是数据传送的过程，数据如流水一样从一处流向另一处，所以 C++中的输入输出操作形象地称为“流”处理。流是指数据序列，流的操作可以分为提取操作和插入操作。

C++中常用的输入输出头文件 iostream. h 中的流对象有三种：cin、cout 和 cerr。

cin：用来处理标准输入，完成提取操作，即键盘输入。

cout：用来处理标准输出，完成插入操作，即屏幕输出。

cerr：用来处理标准出错信息。

C++中的 cin 和 cout 功能类似于 C 中的 scanf 和 printf，但初学者更容易掌握。

1. cout

使用 cout 可以向显示器输出数据，它的基本用法形式如下：

```
cout <<输出量;
```

“<<”称为插入操作符，意思是将其后输出量(可以是变量、常量或表达式)的值插入到输出流中，每一个符号“<<”完成一次插入操作，向输出流中添加一个数据，然后这个数据就会显示在显示器上(箭头的方向可形象地理解为输出数据的流向，cout 可以想象为显示器)。

【例 2-2】 用 cout 进行输出的例子。

```
#include <iostream.h>
void main()
{   int  i=5;
    cout <<"Hello World!\n";                        //双引号内为字符串，其内容原样显示
    cout <<"Here is i:"<< i <<'\n';
    cout <<"Here is a very big number:\t"<< 7000 << endl;
    cout <<"Here is the sum of 8 and 5:\t"<< 8 + 5 << endl;
    cout <<"Here's a fraction:\t\t"<< 5.0/8 << endl;
    cout <<"And a very very big number:\t"<<(double)7000 * 7000 << endl;
}
```

字符串 变量 常量 表达式

运行结果：

```
Hello World!
Here is i:5
Here is a very big number:      7000
Here is the sum of 8 and 5:     13
Here's a fraction:              0.625
And a very very big number:     4.9e+007
```

程序中的“\n”和“endl”都表示换行的意思。“\n”写在字符串中或单独插入均可。

此例可以看到多种形式的输出项，每项前都需要一个插入符，以第二个 cout 为例解释运行结果，上面运行结果的第二行相当于以下输出的结果：

```
cout <<"Here is i:"            //原样显示
    << i                       //送显 i 的值 5
    <<'\n';                    //换行到下一行,为显示下一行做准备
```

从第三个 cout 开始的 4 行都用转义字符“\t”跳到下一个显示区，来对齐 4 行显示的数据，在屏幕上每个显示区有 8 个字符位置。

2. cin

使用 cin 可以从键盘读取数据，它的基本用法形式如下：

```
cin >>变量;
```

“>>”称为提取符，一个符号就是一次提取操作，即从流中提取一个数据送给其后的变量(箭头的方向可形象地理解为数据从 cin 代表的键盘流到其后的变量)。当输入多个变量值时都可以写在一个 cin 的后面，用多个提取符，如“cin >> x >> y >> z;”，在键盘上输入 3 个数分别送给 3 个变量 x、y 和 z。从键盘输入的多个数要用间隔符号分隔开，间隔符号通常是空格键、Enter 键或 Tab 键，最后一个数据输入后要用回车结束本次输入。

【例 2-3】 用 cin 从键盘读入一个整数并输出。

```
#include <iostream.h>
void main( )
{   int i;
    cout<<"Please input a number:";          //在屏幕输出一行提示
    cin>>i;                                  //从键盘输入一个整型数据,存入 i
    cout<<"i = "<<i<<endl;                   //在屏幕显示"i = "和 i 的值
}
```

输出结果：

```
Please input a number:35
i=35
```

输入提示及输入的数据

此例的提示行“Please input a number：”是用户友好编程界面的通常做法，这样结果窗口上就不会像例 2-1 那样空白着让人不知所措。此例 i 是整数，所以输入 35 后，输出“i=35”。

cin 不对输入的数据类型进行检查，在例 2-3 中，如果输入的是一个字符，如'a'，那么它也允许，但输出的结果将是什么？读者可以上机试一下，体会结果。

【例 2-4】 用 cin、cout 输入输出常用的三种类型的数据。

```
#include <iostream.h>
int main()
{   char ch;                                 //定义了三种类型的三个变量
    int myInt;
    float myFloat;
    cin>>ch;                                 //输入三种类型的数据
    cin>>myInt;
    cin>>myFloat;
    cout<<"char:\t"<<ch<<endl;               // 输出三个变量的值
    cout<<"int:\t"<<myInt<<endl;
    cout<<"float:\t"<<myFloat<<endl;
    return 0;
}
```

运行结果：

```
x 1234567891 3.14159
char:   x
int:    1234567891
float:  3.14159
```

```
a 123456789 1.23456789
char:   a
int:    123456789
float:  1.23457
```

注：myInt 是整型变量，如其他程序中的 i、j 等，myFloat 类似。用 cin 输入数据时，要严格按照数据类型来输入，否则后面变量得到的数据要出错。

2.2.4 程序设计举例

【例 2-5】 输入三角形的三条边长，求它的周长。

分析：求三角形的周长，首先定义三个变量 a、b、c 存放三条边长，再定义一个变量 s 存放周长这个结果，然后按“输入数据→处理数据→输出结果”三个步骤写出程序代码。

这是顺序程序的例子,麻雀虽小,五脏俱全,它代表了C程序的框架结构和编程思路:按照问题的解决过程写出相应的程序代码。

```
#include <iostream.h>
void main()
{   float a,b,c,s;                          //a、b、c为三角形三边长,s为周长
    cin>>a;                                 //输入三条边的长度
    cin>>b;
    cin>>c;
    s=a+b+c;                                //求周长
    cout<<"三角形周长="<<s<<endl;            //输出结果
}
```

运行结果:

```
3 4 5
三角形周长=12
```

程序用了三个cin分别输入三角形的三个边长,也可以写成"cin >> a >> b >> c;",数据处理在此处就是求周长,输出结果后通常加endl使结果单独成行。

总结:此例代表了简单C/C++主程序设计的基本步骤。

第一步:定义需要的变量。

第二步:输入数据。

第三步:完成具体的处理。

第四步:输出结果(尽量放在程序的最后)。

绝大部分程序都需要这4步,学习者可按这4步体会后续的例题并编写自己的C程序。

注意:程序中的提示和注释可以写成英文或中文。学习者在中英文间转换输入方式时特别容易出错,所以建议不用中文,只用英文或拼音。若要使用中文,则一定要注意在输入完中文后,应及时换回英文输入格式(也就是不能使用全角符号)。一般情况下,除了字符串和注释部分可以使用中文外,其他部分都要使用英文。编译系统不认识除此之外的中文符号,编译时会出现错误。这种错误很隐蔽,不易被发现,上机时应特别注意(图1-12所示程序,粗看起来没错,细观察才能看出两个逗号的不同,这肯定是中文输入方式引起的,必出错)。

2.3 分支结构——三大结构之二

分支就是程序运行时按条件选择两条或多条路径中的一条执行。主要有两种分支语句:if…else…和switch。

2.3.1 if…else…语句

if…else…语句的基本形式如下:

```
if(表达式)
{    语句1
}
else
{    语句2
}
```

都是一条语句

if…else…是最重要的一条分支语句，意思是："如果(if)条件满足，那么执行语句 1，否则(else)就执行语句 2"。此为双分支、二选一的情况，必选其一，只选其一，用图 2-5 所示的流程图说明更直观。

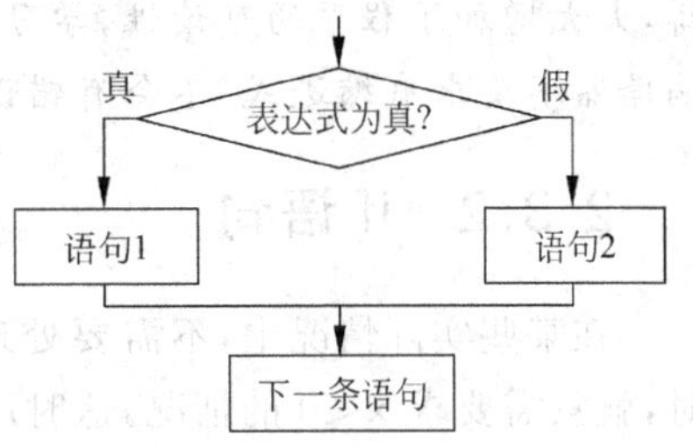

图 2-5　双分支结构程序执行顺序

if 后的表达式将在 3.5 节详细描述，这里可简单理解为一个条件，如"(5>3)"，条件成立，表达式为真。或者理解为一个表达式，计算机要先求出这个式子的值，当它的值为非 0 时为"真"，表示条件满足；它的值为 0 时为"假"，表示条件不满足。

此处的语句 1、语句 2 语法上要求是"一条复合语句"。所以只有一条语句时，"{}"可省略，但多于一条时，必须用"{}"复合成一条语句。建议养成用"{}"的习惯。

【例 2-6】 编程求数学上的符号函数：$\text{sign}=\begin{cases}1 & 当\ x\geqslant 0\ 时\\-1 & 当\ x<0\ 时\end{cases}$

分析：按前面所述写主程序的 4 步骤完成本程序。

第一步：定义需要的变量，此例应该是实型变量 x 和整型变量 sign。

第二步：输入数据，输入 x 的值。

第三步：完成具体的处理，根据 x 的值求出 sign 的值，要处理两种情况，自然想到用 if…else…语句。

第四步：输出结果，即输出 sign 值。

```
#include <iostream.h>
void main()
{   float x;
    int  sign;
    cin>>x;
    if (x>=0)
    {   sign = 1;        缩进
    }
    else
    {   sign =-1;        缩进
    }
    cout<<"sign("<<x<<") = "
        <<sign<<endl;
}
```

```
#include <iostream.h>
void main()
{       float x;
        int  sign;
        cin>>x;
        if (x>=0)
        {sign = 1;
        }
        else
        {sign =-1;
        }
        cout<<"sign("<<x<<") = "
            <<sign<<endl;
}
```

运行结果：

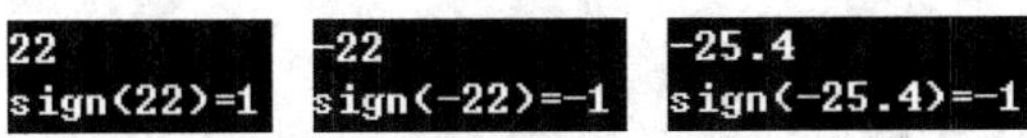

⚠**注意**：C 语言的编辑很灵活，上下行可随意对齐，一行可以写多个语句，一个语句也可以写成多行，因此学习者易随意编辑，形成坏习惯。例 2-6 编辑时左边的代码将 if 内的语句"sign=1;"前面空 4 个字符，称为"缩进式"，表示"该语句包含在 if 内部"。同理，语句"sign=-1;"缩在 else"内部"。这样使程序结构清晰，层次清楚，并符合计算机的运行逻辑,大大增加了程序的可读性,学习者务必注意模仿,养成好习惯。若写成右边的代码,虽然编译器不要求有缩进式,不会有错误提示,但对后续的学习相当不利。

2.3.2 if语句

在某些实际情况中,不需要处理"否则"分支,即单分支情况,比如给出 x,求其绝对值时,就只需要求 x<0 的情况,这时用 if…else…的简化形式,即 if 语句,形式如下:

```
if(表达式)
{
    语句        一条语句
}
```

意即"如果表达式条件为真,就执行该语句"。这个过程用如图 2-6 所示的流程图说明更直观。

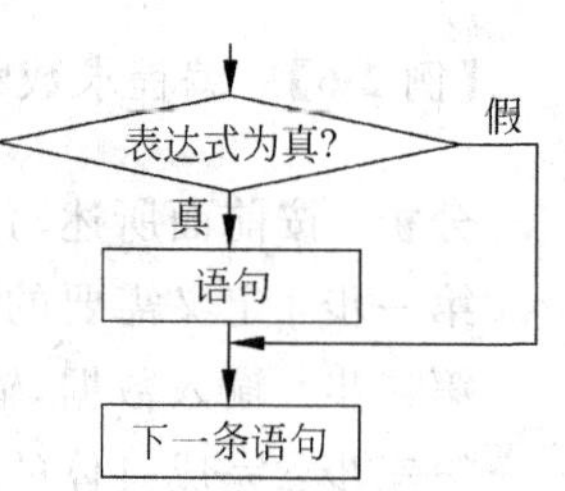

图 2-6 if 单分支结构程序执行顺序

同样,条件是否满足,要根据表达式的值来判断,先求出表达式的值,非 0 时为"真",表示条件满足,就执行其内的语句,否则就什么也不执行,跳至下一条语句。

【例 2-7】 编程求某数 x 的绝对值。

首先定义变量,输入数据是可变的,设实型变量为 x,结果也是一个可变的数值,设实型变量为 y。然后按照数据输入、处理、输出顺序编写程序。

```
#include <iostream.h>
void main()
{   float  x,y;                          //第一步: 定义需要的变量
    cin>>x;                              //第二步: 输入数据
    y=x;
    if (x<0)                             //第三步: 具体处理,负数求绝对值
    {   y =-x;      缩进
    }
    cout<< "绝对值是"<< y << endl;       //第四步: 输出结果
}
```

运行结果:

```
9
绝对值是9
```

```
-9
绝对值是9
```

```
-25.4
绝对值是25.4
```

⚠**注意**:在有了赋值语句"y=x;"之后,若再写出代码"if(x>=0)y=x;"显然多余,只需改写 x<0 的情况即可,然后直接输出结果就可以了。

【例 2-8】 随机输入两个整数,按 a 小 b 大输出。

分析:此例输入两个整数放在变量 a、b 中,a、b 值的大小是随意的,程序要将 a 里放较小的值,b 里放较大的值,然后输出 a、b 的值。如果输入时就已经是 a 小 b 大,则不需要处理,因此只需编程处理 a 大 b 小的情况,将 a、b 两变量值互相交换即可。

为了实现两个变量数值的交换,要多设置一个变量 t,进行数据的暂存。

```
#include <iostream.h>
void main()
{   int a,b,t;                                    // 第一步：定义需要的变量
    cin>>a;
    cin>>b;                                       // 第二步：输入数据
    if(a>b)
    {   t=a;
        a=b;
        b=t;
    }                                             // 第三步：具体处理，二者互换使 a 小 b 大
    cout<<"处理后的 a="<<a<<" b="<<b<<endl;    // 第四步：输出结果
}
```


运行结果：

```
12 15
处理后的a=12 b=15
```

```
15 12
处理后的a=12 b=15
```

```
-12 -12
处理后的a=-12 b=-12
```

(1) 阴影行三句形成的一条复合语句实现了 a、b 两个变量值的交换，三句应左对齐，复合后一起缩进 if 语句内部，此三句若换成一句“a=b;”是否可以？

(2) 如果去掉阴影行三条语句外的大括号，编译时是否有错误？是否还能完成交换任务？

(3) 此例是否需要写出 if(a<b)…的情况？

注意：以上三例显示，分支程序有几个分支，就至少要设计几组数据，运行几次。唯有各个分支均运行正确时，才能基本确定程序正确。

2.4　循环结构——三大结构之三

计算机运行的最大特点是可以不知疲倦地重复进行各种运算，程序员只要编好程序，告诉计算机如何重复，如何运算，计算机就会自动解算出需要的结果。因此，循环结构的使用非常广泛。在循环语句中给定循环次数或给定循环条件，在满足循环条件情况下，重复执行某段程序，这个反复执行的程序段称为循环体。本节先介绍两种循环语句。

2.4.1　while 循环语句

while 循环的意思是“当条件满足的时候，重复做……”，其形式如下：

```
while(表达式)
{
    语句(循环体)
}
```

while 语句的流程图如图 2-7 所示，先计算 while 后面圆括号内表达式的值，如果其值为真(非 0)，即满足循环条件时，执行循环体，然后回头再计算表达式的值，并重复上述过

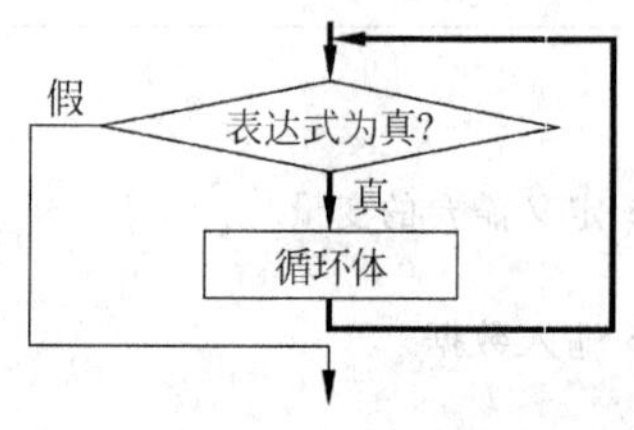

图 2-7　while 循环流程图

程，直到表达式的值为假(0)，即不满足循环条件时，结束循环，继续执行循环结构的下一条语句。

此处循环体与 if 中的语句一样，在语法上要求是“一条语句”，要用“{}”复合成一条复合语句。只有一条语句时，“{}”可以省略，但是不建议这样做。

【例 2-9】 求 1 到 10 的和。

分析：本例要求从 1 加到 10，需要编程指挥计算机重复 10 次，分别加 1、2、3、4…，这种多次重复自然想到用循环语句。在程序中定义两个变量，i 是循环控制变量，同时也表示所加的数，sum 存放各数所加的和，通常称为累加和。

```
#include<iostream.h>
void main()
{   int i,sum;                      //i 作循环控制变量,sum 将存放累加的结果
    sum=0;                          //和变量 sum 必须先清零
    i=1;                            //设循环控制变量的初值,以上是循环准备工作
    while(i<=10)                    //当 i 小于等于 10 时,就执行循环体
    {
        sum=sum+i;                  //将 i 与 sum 的当前值相加再赋给 sum
        i=i+1;                      //i 值加 1,准备下一个数,同时,控制循环趋向结束
    }                               //程序至此上跳,回到 while 条件判断
    cout<<"1 到 10 的和是: "<<sum<<endl;   //循环结束,输出结果
}
```

对齐缩进

运行结果：

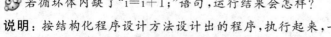

1到10的和是：55

该例的执行过程用流程图表示如图 2-8 所示：阴影部分和左边向上的线构成“循环”，只要 i≤10，就一直重复。

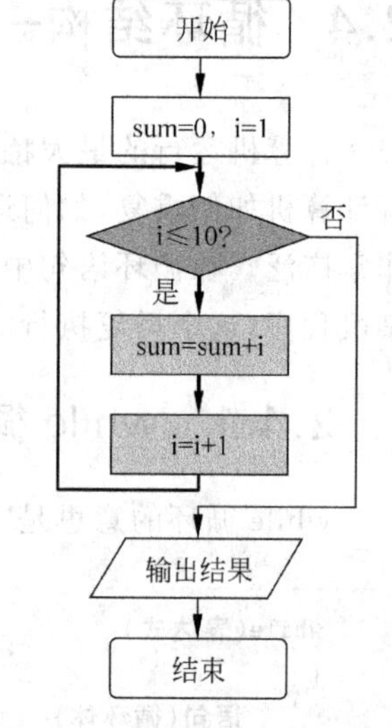

图 2-8　求和程序的执行过程

“sum=sum+i；”是求累加和最常用的语句，“=”是赋值号，不是数学上的等号。“=”右边 sum 加上 i 的值，送给“=”左边的 sum 变量，这样 sum 就得到了当前的累加和。下一次循环，再重复这个过程，得到下一个累加和，如此循环，得到所有数的和。

⚠**注意**：循环体的一对“{}”要上下对齐，写在一列上。其内的两个语句(阴影部分)也要上下对齐，并“缩进”while 内部(缩进不是随便做的，而是要符合计算机的运行逻辑，作为循环体时才缩进)。这是应该养成的良好的编程习惯：严谨认真，条理清晰，层次分明，为有条不紊地调试查错做好充分的准备。

若循环体内缺了“i=i+1;”语句，运行结果会怎样?

说明：按结构化程序设计方法设计出的程序，执行起来，一般会像瀑布一样从 main 的第一条一直向下，流到最后。这是以一条条语句为单位的，执行完某条语句，就不可能再回来了。但执行每一条语句时，分支语句会导致瀑布的水从不同的

分支流过，循环语句则像水泵一样，在满足循环条件时，会回头反复执行循环体，不停地重复、循环执行，直到不再满足循环条件了，才继续往下执行。

总结：

使用 while 语句时除完成需要的格式外，必须注意以下三点。

(1) 要有循环准备工作，即循环初始化。

(2) 要正确书写循环条件。

(3) 要在循环体内修改循环控制变量，使循环条件逐渐趋向假，能结束循环。

【例 2-10】 求 1～50 中 7 的倍数的数值之和。

分析：此例与例 2-9 不同的是只需要将某些数(7 的倍数)求和，则循环的初值、循环控制变量的改变就都不同了，程序编写时同样要注意 while 的三点。

```
#include<iostream.h>
void main()
{    int i,sum;
     sum=0;
     i=7;
     while(i<=50)            //② 循环条件是 i≤50
     {
         sum=sum+i;
         i=i+7;              //③ 修正循环控制变量，即 i 的值取 7、14、…，渐渐逼近 50
     }
     cout<<"1 至 50 中是 7 的倍数的数值之和是: "<<sum<<endl;
}
```

① 循环初始化是必需的

循环体缩进

运行结果：

```
1至50中是7的倍数的数值之和是: 196
```

2.4.2 do…while 循环语句

do…while 循环语句的意思是“重复做……当条件满足的时候”，其形式如下：

```
do
{
    语句(循环体)
} while(表达式);
```

其中，do 和 while 是关键字。循环体语法上要求是一条复合语句，多条时也必须用“{}”构成复合语句。

其流程图如图 2-9 所示。先执行一次循环体，再计算表达式的值，如果表达式值为真(非 0)，条件成立，则再执行循环体，否则退出循环，执行该循环语句后面的语句。该种循环不管条件如何，至少要执行一次循环体，这是 do…while 循环语句的特点。

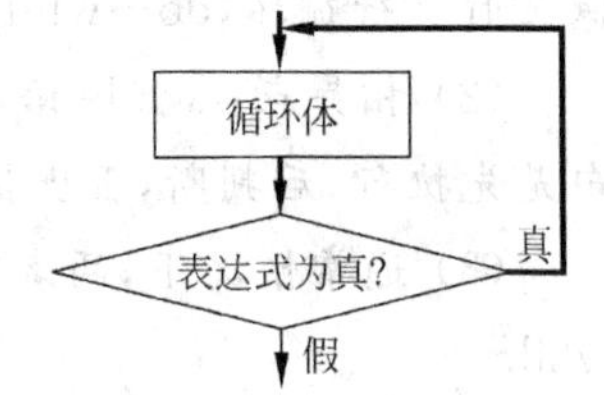

图 2-9 do…while 循环流程图

⚠"while(表达式);"的这个分号";"一定要加,否则出错。

【例 2-11】 从键盘输入整数 $n(n>0)$,求 $\prod_{i=1}^{n}\left[1+\frac{(-1)^{i+1}}{2i-1}\right]=\left(1+\frac{1}{1}\right)\left(1-\frac{1}{3}\right)\left(1+\frac{1}{5}\right)\cdots$。

分析:此例是求多项乘积,要准确地表示出每一项的值,$i=1$ 时,第一项为(1+1.0/1) $i=2$ 时,第二项为(1−1.0/3)……所以,用一个变量 t 表示 $(-1)^{i+1}$ 这个正负号的变化,用 do…while 语句实现,程序清单如下:

```
#include<iostream.h>
void main()
{
    int i,n;
    double mul,t;                        //mul 是累乘积变量,t 表示每项后面的符号
    cout<<"请输入 n:";
    cin>>n;                              //① 为循环准备工作
    i=1;
    mul=1;
    t=1;
    do
    {
        mul=mul*(1+t/(2*i-1));
        t=-t;
        i=i+1;                           //③ 修正循环控制变量
    }while(i<=n);                        //② 循环条件是 i≤n
    cout<<"1 到"<<n<<"项的累乘积是: "<<mul<<endl;
}
```

运行结果:

```
请输入n:1
1到1项的累乘积是: 2
```

```
请输入n:100
1到100项的累乘积是: 1.41245
```

```
请输入n:10000
1到10000项的累乘积是: 1.4142
```

从程序运行结果可以看出,n 值越大,累乘积越接近 2 的平方根。计算机在不增加代码量的情况下,可以通过更多次的重复运算、更长运算时间换取更准确的结果。

可以看出,do…while 语句的使用和 while 语句一样也必须注意三个同样的问题。

⚠ while 与 do…while 比较。

(1) 相同点:两个都有 while 关键字,都是循环语句。while 的意思都是"当……时候",所以其后的"( )"内写的都是循环条件,而不是结束条件。两个语句都是当 while 后的条件满足时进行循环,do…while 语句后的条件容易错写为结束条件,应注意。

(2) 相异点:while 语句是先判断、后执行,可能一次都不执行循环体;而 do…while 语句是先执行、后判断,至少执行一次循环体。

(3) 通常情况下,两者可以互换使用,但有些必须先处理循环体的情况就要用到 do…while。

2.5 本章知识要点和常见错误列表

本章主要是希望读者了解C语言编程的基本方法，以及如何进行简单的程序设计。首先介绍了三种基本程序结构：顺序、分支和循环，然后详述了相应的C语句。读者通过学习，应该能够完成一些简单的编程，掌握C语言编程的基本过程和步骤。

(1) 结构化程序设计是面向过程程序设计的基本原则。其观点是采用“自顶向下、逐步细化、模块化”的程序设计方法，任何程序都由顺序、分支、循环三种基本程序结构构造而成。

(2) 顺序结构是最基本的程序结构。本章主要介绍了几种基本输入输出函数，重点掌握cin、cout和赋值语句，要理解赋值号“＝”将右边的值赋给左边变量的实质。

(3) 分支结构在编程中很常见，主要进行不同情况的不同处理，要掌握if…else…语句的基本用法：如果条件满足，就执行if后的语句，否则执行else后的语句。

(4) 循环结构有三种语句：while、do…while、for。本章先介绍了前两种，形式比较单一，难点在于循环条件的使用和循环体的编写：当while后的条件满足时去执行循环体，不满足时退出循环。

(5) 简单的C语言主程序设计有4个基本步骤。

第一步：定义需要的变量。

第二步：输入数据或变量赋初值。

第三步：完成具体的处理。

第四步：输出结果(尽量放在程序的最后)。

(6)“缩进式”是良好的代码书写习惯，应正确反映计算机执行的逻辑关系。

常见错误列表如表2-3所示。

表2-3 本章知识常见错误列表

序号	错误类型	错误举例	分析
1	变量使用前没定义	`n = a + b;`	变量必须先定义后使用，否则出现语法错误
2	赋值语句写错	`n + 1 = n;`	赋值号左边只能是变量，不能是表达式，这一点和数学上的等号是不同的
3	变量没有赋值就使用	`int n,a,b;` `n = a + b;`	变量a、b在使用之前一定要有明确的值，否则会出现一个随机数

4	if语句少了大括号	`if(条件)`
		`{ x = 2;`
		`y = 4;`
		`}`
		
		`if(条件)`
		`x = 2;`
		`y = 4;`
			这两个语句在编译时都能通过，但是由于左边有“{}”，所以y=4在if的分支之内，而右边的则在if语句之外，表面缩进不改变计算机的运行逻辑，编程时缩进应表示真实的语法关系。当满足条件后要执行多条语句时，一定要用“{}”将多条语句复合成一条语句

续表

序号	错误类型	错误举例	分析

5	if…else…格式写错	if(x>=0)
		    y=y+1; z=z-1;
		else
		    …
			按语法要求,if 和 else 之后都只能有一条语句,多条时一定要复合起来,此处缺了"{}",z=z-1;语句隔在 if…else 中间,else 没有配对的 if,出现错误提示 illegal else without matching if

		if(x>=0) … else(x<0)	else 的意思是"否则",就是 if 后条件的否定,不需要再写条件

6	简单 if 语句用错	if (score>=60.0)
		  cout<<"及格";
		  cout<<"不及格";
			简单 if 语句,每句都要写自己的条件,不像 else 之后可以不写条件。
			左例不管 score 是多少,都会输出"不及格",不合理

7	在不该加分号的位置加了分号	情况 1:
		if(a>b);
		  cout<<"a 比 b 大";
		情况 2:
		if(x>=0);
		  …
		else …
		情况 3:
		while(t<0.001);
		{ … }
		情况 4:
		do
		{ … };
		while();
			";"是一条语句的结束符,不能加在语句中间,否则如情况 2 和 4 的分号";"隔断了完整的语句,会出错。
			";"也是一条空语句,有时加错可能不给出任何错误提示,而是按计算机"认为"的逻辑来执行,如:
			情况 1,如果满足 a>b,执行空语句";",然后不管 a、b 的大小如何,都输出"a 比 b 大",计算机的运行实质是将 cout 和 if 看成并列的两条语句。相当于 if 没有起作用就结束了,这种错误不容易被发现。
			情况 3,无错误提示,while 后若 t 满足条件,直接循环无数次的空语句(形成死循环);其后的循环体也成了并列关系

8	while 语句循环体内缺少循环控制变量修改语句	while(i<=3)
		{ sum=sum+i;
		}
			i 值为 1,i≤3 进入循环后,加到 sum 变量上,然后又判断 1≤3,又进入循环……左例运行后,会进入死循环,即程序无法正常结束,"死"在循环执行中

9	while 语句或 do…while 语句条件设置不合理	while(e<0.0001)
		{
		  …
		  e=fabs(x1-x2);
		}
		i=1;
		do
		{
		  …
		}while(i>10)
			while 的条件是继续循环的条件,不能当成结束循环的条件,如本例中本想判断是否满足误差精度,但写成了退出循环的条件,无法进入循环体本想从 1 加到 10,却因条件写错执行一次就退出循环了。
			按字面理解记住 while 的意思就可以避免这种错误

续表

序号	错误类型	错误举例	分析
10	do…while 结构少了分号";"	do { … }while(条件)	这里的 while(条件)已经是这个结构的最后部分,表示了结束,因此一定要加分号";

11	do… while 结构少了 while	do
		{
		…
		}
			do 必须要有 while 进行条件的判断

12	运行程序一次正确后误以为程序正确	程序只运行一次得到正确结果就以为完成一个题目了	专门设计一些输入数据(如分支程序要检查每个分支、循环程序要检查循环边界等),要多次运行均能得到正确的结果

习题

一、选择题

1. 若 a、b、c 和 d 都是 int 型变量且初值均为 10,不正确的赋值语句是(　　)。

   A. a=b=c=d;　　B. a=b;

   C. a+b=c+d;　　D. d=(a=b=125)-c;

2. 以下程序运行的结果是(　　)。

```
#include <iostream.h>
void main()
{   int x = 1,y = 2,z = 3;
    if (x == y + z)              // == 是相等判断,当两边相等时为真
        cout << "***";
    else
        cout <<"###";
}
```

   A. 有语法错误,不能通过编译

   B. 输出:***

   C. 可以编译,但不能通过链接,所以不能运行

   D. 输出:###

3. 对下述程序,(　　)是正确的判断。

```
#include <iostream.h>
void main()
{   int x,y;
    cin >> x;cin >> y;
    if (x > y)
    {   x = x - y;
```

```
        y = x + y;
    }
    else
    {   x = x + y;
        y = x - y;
    }
    cout << x << "," << y;
}
```

A. 有语法错误,不能通过编译　　B. 若输入 3 和 4,则输出 7,3

C. 若输入 4 和 3,则输出 4 ,1　　D. 若输入 4 和 3,则输出 7,3

4. 对以下程序段描述正确的是(　　)。

```
x = -1;
do
{
    x = x * x;
} while (x == 0);
```

A. 是死循环　　B. 循环执行两次　　C. 循环执行一次　　D. 有语法错误

5. 对下面程序段描述正确的是(　　)。

```
int k = 2;
while (k < 0)
{   cout << k;
    k = k - 1;
}
```

A. while 循环执行 10 次　　B. 循环是无限循环

C. 循环体语句一次也不执行　　D. 循环体语句执行一次

二、程序分析题

1. 给出下面程序的输出。

```
#include <iostream.h>
void main()
{   int x = 2;
    while (x > 0)
    {   x = x - 1;
        cout << x;
    }
}
```

2. 程序改错题:以下程序是比较键盘输入的两个数的大小,并输出较大的数。请找出程序中的错误,并改正。

```
#include <iostream.h>
void main()
{   int  x, y;
    cin >> x;
```

```
    if(x>y);
    {   cout<<x
        else
        cout>>y;
    }
}
```

3. 以下程序的功能是：从键盘上输入若干个学生的成绩，统计并输出最高成绩和最低成绩，当输入负数时结束。请填空。

```
#include<iostream.h>
void main()
{   float x,amax,amin;
    cin>>x;
    amax=x;  amin=x;
    while(________)
    {   if(x>amax)
            amax=x;
        if(________)
            amin=x;
        cin>>x;
    }
    cout<<"amax= "<<amax<<"  amin="<<amin;
}
```

三、编程题

1. 输入矩形的长与宽，求矩形的周长和面积。

2. 从键盘输入两个电阻的值，求它们并联和串联的电阻值。

注：并联和串联的电阻值计算公式如下：并联电阻 RP=R1×R2/(R1+R2)，串联电阻 RS=R1+R2。

3. 输入任一整数，判断此数是正数还是非正数。

4. 求出任意三个数 a、b、c 中最小的一个数。

5. 用 do…while 语句编程求任意 1～n 之间偶数的和(n 先输入，然后求 2+4+6+8+…)。

6. 输入成绩，若成绩≥60 分，则输出“及格”，否则输出“不及格”。

7. 在题 6 的基础上加一条循环语句，循环输入 5 个学生的成绩，判断每个学生是否及格。

8. 已知 a、b 均是整型变量，编程将 a、b 两个变量中的值互换，并输出结果。在两条星线间填入相应的内容，使得程序完成该功能(注意：不要改动其他代码，不得更改程序的结构)。

```
#include<iostream.h>
void main()
{   int  a,b,temp;
    cin>>a; cin>>b;
   //************** 请在两条星线之间填入相应的内容 ************

   //************** 请在两条星线之间填入相应的内容 ************
}
```

9. 设圆半径 r=1.5,求圆周长和圆面积。输出时要求有文字说明。在两条星线间填入相应的内容,使得程序完成该功能(注意:不要改动其他代码,不得更改程序的结构)。

```
#include <iostream.h>
void main()
{
    float  r,round,area;          //round 保存周长的值,area 保存面积的值
    cin >> r;
    //************** 请在两条星线之间填入相应的内容 ***********

    //************** 请在两条星线之间填入相应的内容 ***********
}
```

10. 编程实现,求 1+2+3+…+50 的和并输出结果(注意:必须使用 while 循环语句)。

```
//注意:补充语句不限一句,可多句
#include <iostream.h>
void main()
{
//请在两条星线之间填入相应的代码(必须使用 while 循环语句)
    /*****************************************************/

    /*****************************************************/
}
```

第3章 C语言的基础知识

本章讲述C程序设计的基础知识,内容比较多,但有了前两章的铺垫,本章的内容完全可以编程上机体会。对于第2章已经反复用到的变量、表达式等重要概念,本章会详细讲述。如此两相补充:学会了第1、2两章的编程基础,可以上机运行体会、帮助理解第3章的各种知识和概念;而第3章的具体概念理解透了,又可以更深入地理解第2章的程序,如分支、循环语句中作为条件的关系表达式等,请学习者多多上机,细心体会。学习程序设计,计算机本身就是最好的老师。

3.1 C语言的标识符与关键字

3.1.1 标识符

在C语言中,所谓标识符,就是用一串字符起一个名字用来标志和识别变量、常量、函数等。ANSI C规定有效标识符的构成规则如下:

(1) 第一个字符必须是字母或下画线"_"。

(2) 后跟字母、下画线"_"或数字。

(3) 标识符中的大小写字母有区别。如sum、Sum、SUM代表三个不同的标识符。C程序中基本上都采用小写字母,大写字母只用来定义宏名等,用得不多。C++中名字偏长,单词间用大写字母分辨,如curLen代表当前长度(current length),用maxLen代表最大长度等。

(4) 不同的C语言系统对标识符的长度有不同的限制,有的要求最多为6个字符,有的允许使用最多8个字符,而VC++系统下的有效长度为1~32个字符。

(5) 不能与C编译系统的保留标识符(即3.1.2节所讲的32个关键字)同名。

表3-1所示是正确标识符和错误标识符的举例。

表3-1 标识符举例

正确的标识符	错误的标识符
count	1 count
test123	hi! there
high_balance	high. . balance
PI	a+b
a_1	a=1

请思考表 3-1 右列中的标识符的错误之处。

在程序编写时,标识符的命名原则是"见名知意",看到名字就可以联想到它所代表的意思,建议采用相应英文或者汉语拼音首字母等,如代表姓名的标识符可以起名为 name 或 xm,而不要随便取名 abc。无意思的名字虽然不会产生语法错误,但会降低程序的可读性,不是一个良好的编程习惯。

3.1.2 关键字

关键字也叫保留字,是 ANSI C 规定的用于 C 编程中有特定含义的名字,不能再用来表示其他含义。下面列出 32 个关键字:

auto, break, case, **char**, const, continue, default, **do**, double, **else**, enum, extern, **float**, **for**, goto, **if**, **int**, long, register, **return**, short, signed, sizeof, static, **struct**, switch, typedef, union, unsigned, **void**, volatile, **while**。

它们用来表示 C 语言本身的特定作用,每个都有自己特定的含义。阴影部分是比较常用的,应该首先掌握。

C 语言还使用下列 12 个保留字作为编译预处理命令:

define, endif, error, if, else, ifdef, ifndef, **include**, line, pragma, undef。

这些命令使用时前面应加"#"并有一定的格式,如"#define PI 3.1415 "。读者开始时不必全部去理解和记忆,遇到例题时明白即可。

3.2 基本数据类型

在前两章中已经看到,在 C 程序中,所有变量都应"先定义、后使用"。对变量的定义可以包括两个方面:存储类型、数据类型。本章先介绍数据类型的说明,存储类型将在第 7 章介绍。

数据类型是按计算机内数据的表示形式、占据存储空间的多少、构造和运算特点等来划分的。在 C 语言中,数据类型可分为基本类型,构造类型,指针类型三大类。图 3-1 是数据类型的分类。

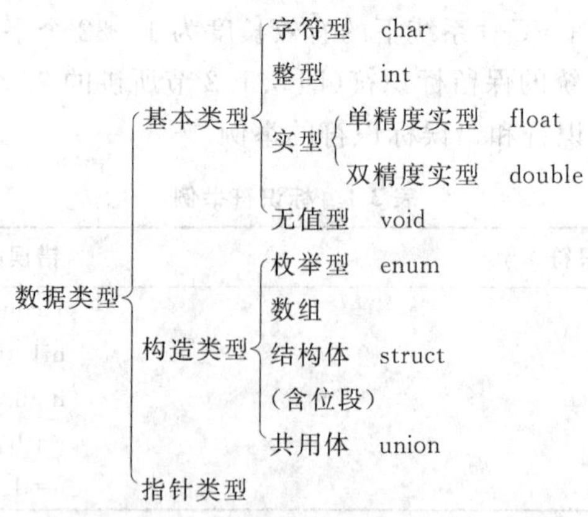

图 3-1 C 数据类型

不同类型的数据占用内存单元的字节数不同,表 3-2 说明了不同类型数据的字节数和取值范围(值域)。

表 3-2 标准 C 主要数据类型占用内存情况和取值范围

数据类型	字节数	二进制位数	值 域
char	1	8	−128～127
int	2	16	−32 768～32 767
float	4	32	0,1.4e−45～3.4e+38(绝对值)
double	8	64	0,4.9e−324～1.8e+308(绝对值)

下面从常量和变量两个角度介绍 C 编程中常用的基本数据类型。

3.3 常量与变量

3.3.1 常量

在 C 语言中,常量具有固定的值,且在程序运行过程中保持不变。下面介绍常用的数值常量、字符常量和字符串常量。

1. 数值常量

数值常量就是我们平时所称的常数,有整型常量和实型常量。

1) 整型常量

整型常量也称为整型常数或整数。

整型常量按进制可分为十进制整数、八进制整数和十六进制整数。在程序中后两者是用前缀来区分的。详述如下。

(1) 十进制整数。

十进制整数是人们最熟悉的,也是最常用的。在 C 语言中的表示方法与数学中一样,以正(常省略)、负号开头,后跟若干位 0～9 的数字,如 123、−459、0 等。0～9 共 10 个数称为基数,其运算规则是逢十进一。

一个整数在内存中存储时要占一定数量的内存单元。若占用二进制位数为 n,则该整数的取值范围为 $-2^{n-1} \sim 2^{n-1}-1$。标准 C 中用 2 个字节来表示一个整数,即 16 位二进制数,则其取值范围是−32 768～32 767。VC++ 6.0 里用 4 个字节来表示整数,范围要大得多。

(2) 八进制整数。

八进制整数用 8 个基数 0～7 来表示,运算规则是逢八进一。在 C 中用数字 0 作前缀,作为八进制数的标志,后面跟若干位 0～7 的数字。如,015(十进制为 13)、0101(十进制为 65)是合法的八进制数;但 256(无前缀 0)、03A2(包含非八进制数字)是非法的八进制数。

(3) 十六进制整数。

十六进制整数有 16 个基数 0,1,…,9,A,B,C,D,E,F(其中 A 代表 10,B 代表 11,以此类推),运算规则是逢十六进一。在 C 中用 0x 作前缀,后面跟若干位 0～F。0x2A(十进制为 42)、0xA0(十进制为 160)、0xFFFF(十进制为 65 535)是合法的十六进制数;以下各数是非法的十六进制数：5A(无前缀0x)、0x3H(H不是有效的十六进制基数)。

计算机内所有的信息都用0和1来表示，在表示数值时用二进制表示。二进制只有两个基数0和1，运算规则是逢二进一。由于二进制数位数太长，不易使用，习惯上用十进制、八进制或十六进制来表示。0～15这16个数的4种进制的对应关系如表3-3所示，不同的进制可表达同一大小的数值。阴影两列是4位二进制数与1位十六进制数的对应，可以理解为互换关系：计算机内是二进制，编程时写成十六进制或其他进制，方便了人们的书写与阅读。

表3-3 4种进制对照表

十进制	二进制	十六进制	八进制
0	0000	0	00
1	0001	1	01
2	0010	2	02
3	0011	3	03
4	0100	4	04
5	0101	5	05
6	0110	6	06
7	0111	7	07
8	1000	8	10
9	1001	9	11
10	1010	A	12
11	1011	B	13
12	1100	C	14
13	1101	D	15
14	1110	E	16
15	1111	F	17

2) 实型常量

实型常量就是平常所说的带小数点的常数，按其存储方式的不同分为单精度实型常量和双精度实型常量。

单精度实数在内存中占4个字节，其数值范围是：0及$1.4\times10^{-45}\leqslant|x|\leqslant3.4\times10^{38}$，当绝对值小于$1.4\times10^{-45}$时按0对待，而大于$3.4\times10^{38}$时发生溢出错误。它的十进制有效位数最多有7位。

双精度实数在内存中占8个字节，取值范围是0及$4.9\times10^{-324}\leqslant|x|\leqslant1.8\times10^{308}$，范围大，精度高。它的十进制有效位数最多有16位。

一个实数的范围很大，但是它的有效数字位数是有限的，超过其有效位数时则不能精确表达，会带来一定误差。

单、双精度数在表示时都有小数形式和指数形式两种。

(1) 小数形式。

一个实数可以是正、负号开头，有若干位整数部分，后跟一个小数点，再有若干位小数部分，如123.456、−21.37，常数12用实数表示时必须写成12.或12.0。

(2) 指数形式。

一个实数可以表示成 $a\times10^n$ 形式,这个指数形式在C语言中就是aEn或aen,a称为尾数,n称为指数。尾数部分可以是整数形式或小数形式,指数部分是一个整数。例如,以下是合法的指数形式:2.1E5(等于 2.1×10^5)、3.7E−2(等于 3.7×10^{-2})、0.5E7(等于 0.5×10^7)、−2.8E−2(等于 -2.8×10^{-2});以下是不合法的指数形式:E7(E前无尾数)、53.−E3(负号位置不对)、2.7E(无指数)。

对于实型常量,在系统中默认是双精度型的,如要声明为单精度型的则要在数字后加f或F,比如2.1f、3.14159F、2.1E5f、−3.4E−5f等。

2. 字符常量

'a','A','+','7','?'等用单引号括起来的一个字符是字符常量,它们以其ASCII码形式存储在内存中,每个字符在内存中占一个字节。

ASCII码是由美国国家标准委员会制定的一种包括数字、字母、通用符号、控制符号在内的字符编码集,全称为美国国家信息交换标准码(American Standard Code for Information Interchange),被国际标准化组织(ISO)指定为国际标准。ASCII码表如附录A所示,是一种7位二进制编码,能表示 $2^7=128$ 种国际上最通用的西文字符。它常用于输入输出设备。如从键盘输入字符'0',在计算机内存储的是其ASCII码值48;输出ASCII码值为65的字符到显示器,显示的是字母A,97就显示字母a。'A'和'a'是不同的字符常量。记住这三个字符的ASCII码,自然可以推出其他数字和字母的ASCII码。

⚠注意:字符常量表示显示字符时,在单引号内只能是一个字符,多于一个字符,如'ab'、'a '或'a'都引起错误。

C的字符常量除了用单引号括起来的一个字符外,还有一类称为控制字符常量或转义字符常量,在单引号内以"\"开头后跟转义字符或八进制数或十六进制数来表示。"\"表示后面的字符不是原来的含义,是C语言中表示字符的一种特殊形式,常用的如表3-4所示。

表3-4 常用的转义字符及含义

符号	意义	ASCII码值(十进制)
\a	响铃(BEL)	7
\b	退格(BS)	8
\f	换页(FF)	12
\n	换行(LF)	10
\r	回车(CR)	13
\t	水平制表(HT)	9
\v	垂直制表(VT)	11
\\	反斜杠	92
\?	问号字符	63
\'	单引号字符	39
\"	双引号字符	34
\0	空字符(NULL)	0
\ddd	任意字符	三位八进制
\xhh	任意字符	两位十六进制

3. 字符串常量

当要使用一个字符序列时，就要使用字符串常量。字符串常量是用一对双引号括起来的字符序列。如"A"，"x+y=6"，"How do you do?"，"1234"等都是字符串常量。

3.3.2 变量

在程序运行过程中，其值可以改变的量称为变量。如前所述，变量可以形象地理解为一个“盒子”，盒子的名字和其中装的数值就是变量的两个要素。一个是变量名，用标识符来表示，一般由小写字母组成，另一个是变量的值，内存中几个单元的数值。在C语言中，程序待处理的数据、中间结果、最终结果等一般都放在变量中，所有的变量都需要先定义，后使用，并在同一层次中不能与其他标识符重名。

变量定义的一般形式如下：

```
数据类型 变量名表;
```

这里的数据类型是C语言的数据类型，如图3.1所示数据类型的英文形式。变量名表可以是一个变量名，也可以是多个变量名，有多个变量时，中间用逗号分隔。最后以分号结束。以下是一些变量定义的例子：

```
int      i,j,num;          //定义了三个整型变量 i,j,num
char     ch,ch1;           //定义了两个字符型变量 ch,ch1
float    f,a;              //定义了两个单精度实型变量 f 和 a
double   x,y,total;        //定义了三个双精度实型变量 x,y,total
```

说明：

(1) 变量名应当是C语言中允许的合法标识符，不要与系统的保留字重名，用户定义时应尽量遵循“见名知意”的原则，例如保存分数的变量可以命名为 score，fenshu 或 fshu，长度用 length 或 len 而不用 l，因为它看起来又像“1、2、3”中的 1，又像大写的 I，容易混淆(今后所有标识符均如此，不再重复)。另外，命名标识符时，初学者应该模仿例题，按照传统的命名习惯，不要自己杜撰、创造不合习惯的标识符，这样编写的程序才易读，也方便编程者间的合作交流。如 i、j、k、m 和 n 一般用于标识整型变量，尤其是循环控制变量；x、y、z 和 f 一般用于标识实型变量等。

(2) 计算机中因为要用存储单元来放置数据，所以数据类型的概念比数学中重要得多。为此必须先定义变量，并确定它的数据类型，在内存中为它分配相应字节的存储单元。如标准C中，char 型为 1 字节，int 型为 2 字节，float 型为 4 字节，double 型为 8 字节(不同的系统可能有所差异)。这样就可以保证程序中变量的正确使用。若还没有定义变量就使用它，编译器就不知道要为这个变量开辟几个字节单元，会出错。

(3) 变量可以在程序内的三个地方定义：在函数内部、在函数的参数(形参)中或在所有函数的外部。前 6 章只学习在 main 函数中定义变量，第 7 章将详细说明其他两种位置定义变量的方法。

C 语言中基本数据类型变量有如下几种。

1. 整型变量

整型变量用来存放整型数值。整型变量可分为整型(int)、短整型(short int 或 short)、长整型(long int 或 long)和相应的无符号整型(unsigned int,unsigned short,unsigned long)。

以上不同的标识符定义了不同整型数的类型和范围,比如 unsigned int,代表其后定义的是无符号整型变量,也就是此变量存储单元的所有位均表示数值,比如 16 位时,最小的数是 0x0000(整数 0),最大的数是 0xFFFF(整数 65 535)。用 int 定义整型变量,这个变量可以存放正整数、0 或负整数,用补码形式表示。正负数的符号用存储单元的最高位来表示,0 代表正数,1 代表负数,16 位二进制的另外 15 位表示数值,数的范围是−32 768～+32 767。整型变量的数值范围如表 3-5 所示,超过该变量允许的使用范围将导致错误的结果。

表 3-5 整型量所分配的内存字节数及数的表示范围

类型标识符	标准 C 分配的字节数	标准 C 中数的范围	VC++ 中分配的字节数
int	2	−32 768～32 767	4
unsigned int	2	0～65 535	4
short int	2	−32 768～32 767	2
unsigned short	2	0～65 535	2
long int	4	−2 147 483 648～2 147 483 647	4
unsigned long	4	0～4 294 967 295	4

从表中可以看出:标准 C 的长整型数范围要大得多,所以当处理的数较大(如大于 3 万)时,可选长整型变量。如果要说明一个整型常量是长整型,要在数值后加字母 L,如 158L (长整型十进制 158)、358 000L(长整型十进制 358 000)。

在 VC++中,只有 short 型为两个字节,其他都是 4 个字节。

2. 实型变量

实型变量也称为浮点型变量,分为单精度型(float)和双精度型(double)两类。标准 C 和 VC++6.0 中,单精度变量占 4 个字节内存单元,有 6～7 位十进制有效数字,其绝对值范围为 0 及 $1.4e^{-45}$～$3.4e^{+38}$。双精度变量占有 8 个字节内存单元,可提供 15～16 位十进制有效数字,数值精度高,数值范围大,其绝对值是 0 及 $4.9e^{-324}$～$1.8e^{+308}$。

一个实型常量可以赋给单精度型变量,也可赋给双精度型变量,在选择使用哪一种实型变量的时候,主要看要求的精度和范围。

3. 字符型变量

字符型(char)变量存放字符型数值,在内存中仅占一个字节,存放的是字符的 ASCII 码,可以是−128～127 之间的整型常数。在某些运算中把字符型变量直接当作整型变量进行处理。

【例 3-1】 用程序说明各种变量的范围及其精度。

为了让读者对各种主要类型变量的数值范围和精度有一个大致了解,例子中设置了

short 型、float 型和 double 型三种变量,请对照程序中的数值、注释和输出结果,理解数据的精度和范围。还设置了 char 型变量,演示字符型变量的运算以及从字符型变量向整型变量赋值的现象。

```
#include<iostream.h>
void main()
{   short int m1,m2,m3,m4,c1,c2;
    float f1,f2,f3,f4;
    double d1,d2,d3,d4;
    char ch1,ch2;

    m1 =- 32768;     //m1 设为最小的 short 数
    m2 = m1 - 1;     //m2 在 m1 基础上再减 1,结果出错
    m3 = 32767;      //m3 设为最大的 short 数
    m4 = m4 + 1;     //m4 在 m3 基础上再加 1,结果出错
    cout <<"m1 = "<< m1 <<'\t'<<"m2 = "<< m2;
    cout <<"\tm3 = "<< m3 <<'\t'<<"m4 = "<< m4;
    cout << endl;

    f1 = 0.6e - 45;   //f1 比最小的非零单精度数一半还小些,系统将它当做 0
    f2 = 0.8e - 45;   //f1 比最小的非零单精度数一半稍大些,系统将它当做最小非零单精度数
    f3 = 2.e + 38;    //f3 设为接近单精度数最大值
    f4 = f3 * 2;      //f4 是 f3 的 2 倍,超过最大值,系统输出为正无穷大
    cout <<"f1 = "<< f1 <<"\t\tf2 = "<< f2;
    cout <<"\tf3 = "<< f3 <<"\tf4 = "<< f4;
    cout << endl;

    d1 = 2.4e - 324;  //d1 比最小的非零双精度数一半还小些,系统将它当做 0
    d2 = 2.5e - 324;  //d2 比最小的非零双精度数一半稍大些,系统将它当做最小非零双精度数
    d3 =- 1.0e308;    //d3 设为接近双精度数最小负值
    d4 = d3 * 2;      //d4 是 d3 的 2 倍,小于双精度最小负值,系统输出为负无穷大
    cout <<"d1 = "<< d1 <<"\t\td2 = "<< d2;
    cout <<"\td3 = "<< d3 <<"\td4 = "<< d4;
    cout << endl;

    ch1 = 'a';        //ch1 设为小写字母 a
    ch2 = ch1 + 2;    //ch2 在 ch1 基础上 2,变成小写字母 c
    c1 = ch1;         //将 ch1 送给 c1,c1 值为 ch1 的 ASCII 码值 97
    c2 = ch2;         //将 ch2 送给 c2,c2 值为 ch2 的 ASCII 码值 99
    cout <<"ch1 = "<< ch1 <<"\t\tch2 = "<< ch2;      //以字符形式输出
    cout <<"\t\tc1 = "<< c1 <<"\t\tc2 = "<< c2;      //以整型数形式输出
    cout << endl;
}
```

运行结果:

```
m1=-32768          m2=32767           m3=32767           m4=-13107
f1=0               f2=1.4013e-045     f3=2e+038          f4=1.#INF
d1=0               d2=4.94066e-324    d3=-1e+308         d4=-1.#INF
ch1=a              ch2=c              c1=97              c2=99
```

给出此例的另一个目的是要提醒大家,在编程时一定要知道每个数都是有精度和范围

的，选择合适的类型，就可以得到正确的结果。比如 f4 是 float 型时会出错，如选择 double 型，出错的机会就小得多。

3.3.3 变量的初始化

有时，程序中需要对一些变量预先设置初始值，C 可以在定义变量的同时给变量设初值，称为初始化。初始化是在编译阶段完成的，程序中形式如下：

```
数据类型 变量名 = 常量表达式;
```

例如：

```
char   ch = 'a';
int    first = 1, sum = 0;      变量的初始化
float  x = 3.1415926/2;
```

以变量 sum 为例，在定义为整型变量的同时，将初值设为 0，这是最具实际意义的，如前面的例 2-9 和例 2-10 等，因为累加和变量开始时应该等于 0，犹如选举箱要先清空。

变量不一定非要在定义变量时初始化，也可以在定义以后，在程序中再进行赋值，其区别如表 3-6 所示。

表 3-6 变量初始化与赋值语句的区别

变量的初始化	变量的赋值
变量定义的同时完成赋值	变量定义之后赋值
不允许连续赋初值	允许连续赋值
示例代码： int a = b = c = 5;　　//错误的初始化 int a = 5, b = 5, c = 5;　　//正确的初始化	示例代码： int a, b, c;　　//变量的定义 a = 5;　　//一个变量的赋值 b = c = 6;　　//变量的连续赋值

若只定义了一个变量，却没有初始化，它的值是多少呢？

3.4 运算符

运算符是执行某种操作的特定符号。C 语言的运算符很丰富，除了控制语句和输入输出以外，几乎所有的语句都可用运算符实现。C 语言的运算符有以下几类。

(1) 算术运算符(+，-，*，/，%，++，--)。

(2) 关系运算符(<，>，<=，>=，==，!=)。

(3) 逻辑运算符(&&，||，!)。

(4) 位运算符(<<，>>，&，|，~，^)。

(5) 赋值运算符(=)及其扩展赋值运算符(+=、-=等)。

(6) 条件运算符(? :)。

(7) 逗号运算符(,)。

(8) 指针运算符(＊,&)。

(9) 求字节数运算符(sizeof)。

(10) 强制数据类型转换运算符((数据类型))。

(11) 成员运算符(.,－＞)。

(12) 下标运算符([])。

(13) 圆括号运算符(( ))。

3.4.1 算术运算符和赋值运算符

算术运算符和赋值运算符是最常用也是最重要的一类运算符,如表 3-7 所示,赋值运算符的含义与人们熟悉的数学上的等号含义不同,要特别注意。

表 3-7 算术运算符和赋值运算符

操 作 符	作 用	运算对象个数	优 先 级	结合方向
＋＋	自增,加 1	1	2	自右向左
－－	自减,减 1	1	2	
－	负号	1	2	
＊	乘	2	3	自左向右
/	除	2	3	
%	取余(取模)	2	3	
＋	加	2	4	自左向右
－	减	2	4	
＝	赋值	2	14	自右向左

说明:

(1) ＋,－,＊,/与数学中的运算类似,先乘除后加减。改变运算顺序要加圆括号。除法运算符“/”在用于两个整型数运算时,其运算结果也是整数,余数总是被截掉,如 1/2 得到的不是 0.5 而是 0;1/3 得到的也不是 0.333 33,而是 0,至少有一边是实数或实型变量时,结果才是实数,如 10.0/3,结果是实数 3.333 33,使用时要特别注意。

(2) 求余运算符(取模运算符)“%”仅用于整型数据,不能用于实数。它的作用是取整数除法后的余数,余数的正负号与被除数一致。如,9%2 的结果是 1(如图 3-2 所示),3%(－8)的结果是 3,－15%8 的结果是－7。

⚠ “/”和“%”两个运算符在整数处理程序中很有用,如判断某整数 x 的奇偶性可以用“x%2”判断;取出某数 x 的个位用“x%10”,取出除个位以外的高位数可以用“x/10”,如图 3-3 所示。

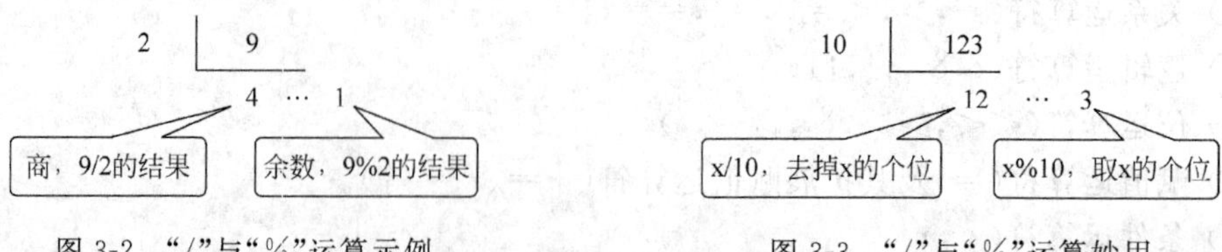

图 3-2 “/”与“%”运算示例　　　图 3-3 “/”与“%”运算妙用

(3) 赋值运算符=是将右边表达式的值送给左边的变量。赋值运算符左边必须是变量,而不能是常量或表达式。如"x=x+1;"是合法的,而"x+1=x;"是非法的,赋值号不同于数学中的等号。

(4) +、-、*、/和%可以与赋值号=组成扩展赋值运算符,如+=、-=、*=、/=和%=。这样"a=a+b;"可以写成"a+=b;","a=a*b;"可以写成"a*=b;",以此类推。这样书写简练,指令效率高,运行速度快。

(5) ++和--的功能是在变量原值上加1或减1后再赋给该变量,不能作用于常量,只能作用于变量。

++和--是单目(只有一个操作数)运算符,既可出现在变量前,也可出现在变量后,运算符号位置不同,结果也不同。

如果运算符在变量前面,如++i,就先对变量作加1运算,然后再"引用",即使用该变量加1以后的值。

如果运算符在变量之后,如i++,则先"引用",然后再对它作加1运算,即使用该变量未加1之前的值。

在很多题目中容易"混淆视听",使学习者产生混乱,这是学习难点之一。掌握了以不变应万变的原则,就容易正确处理,原则是"先加1还是后加1,顺其自然"。

请对比下面三个例子中左右两个程序的输出结果,体会++、--的用法。

【例3-2】　"赋值"即为"引用"。

<table>
<tr>
<td>

```
#include <iostream.h>
void main()
{   int x, y;
    x = 10;
    y = ++x;      //先自加,再赋值
    cout << x <<','<< y << endl;
}
```

</td>
<td>

```
#include <iostream.h>
void main()
{   int x, y;
    x = 10;
    y = x++;      //先赋值,再自加
    cout << x <<','<< y << endl;
}
```

</td>
</tr>
</table>

运行结果:

```
11,11
```

运行结果:

```
11,10
```

【例3-3】　"输出"即为"引用"。

<table>
<tr>
<td>

```
//先自加,再输出
#include <iostream.h>
void main()
{   int   x = 10;
    cout <<++x <<',';
    cout << x << endl ;
}
```

</td>
<td>

```
//先输出,再自加
#include <iostream.h>
void main()
{   int   x = 10;
    cout << x++<<',';
    cout << x << endl;
}
```

</td>
</tr>
</table>

运行结果:

```
11,11
```

运行结果:

```
10,11
```

【例 3-4】 没有任何引用操作。

```
#include <iostream.h>
void main()
{   int  x = 10;
    ++x;
    cout << x << endl;   //x 已加成 11
}
```

```
#include <iostream.h>
void main()
{   int  x = 10;
    x++;
    cout << x << endl;       //x 已加成 11
}
```

运行结果：

```
11
```

运行结果：

```
11
```

例 3-4 中的“++x；”或“x++；”自成语句，执行过这个语句(过了分号)，自加就都完成了，即++符号在前在后都一样了。

自加 1 和自减 1 运算在一个语句或表达式中最好只使用一次，不要连续使用。

3.4.2 关系运算符和逻辑运算符

当比较两个数的大小关系时，需用到关系运算符；当两个逻辑量进行与、或、非逻辑运算时，需要用到逻辑运算符。C 语言的关系和逻辑运算符如表 3-8 所示。

表 3-8 关系和逻辑运算符

运 算 符		作 用	运算对象个数	优 先 级	结合方向
关系	>	大于	2	6	自左向右
	>=	大于等于	2	6	
	<	小于	2	6	
	<=	小于等于	2	6	
	==	等于	2	7	自左向右
	!=	不等于	2	7	
逻辑	!	逻辑非	1	2	自右向左
	&&	逻辑与	2	11	自左向右
	||	逻辑或	2	12	自左向右

说明：

(1) 当关系运算符两边的值满足关系时结果为 1，也称为真；当关系不满足时，结果为 0，称为假。例如：

```
x = 10;
cout <<(x >= 9);          //"10 >= 9"成立,结果为 1,输出 1
```

字符比较按其 ASCII 码值进行，与字典顺序一致，如'A'>'B'为 0(假)。小写字母的 ASCII 码比大写字母的大，所以'a'>'A'为 1(真)。

(2) ==是比较二者是否相等的符号，很容易与赋值号=混淆，要特别注意。

例如，想表达如果 x 是否等于 10，错写成 while(x=10)，不管 x 具体是多少，条件都为真，因为 10 赋给 x 后，x 非 0，为真，永远满足条件，可能造成死循环。正确的写法应该是

while(x== 10)。

(3) 逻辑运算是除算术运算之外的一类重要运算形式，它表示事物间的因果关系，它在现代数字系统设计中具有重要的作用。基本逻辑运算有与、或、非三种。

参与逻辑运算的数据称为逻辑量，又称为布尔量。在C语言中，没有专门的布尔量，所以进行逻辑运算时就很灵活，各种类型数据或表达式均可当成逻辑量参与运算，C把所有的非0当成1(真)，只有0才是0(假)。逻辑运算的结果只有1和0两个值(1为真，0为假)。

⚠逻辑运算的真值表如表3-9所示，逻辑值只有两个值1(真)和0(假)。

与(AND)运算&&：当两个条件都满足时结果才成立，运算规则是"见0为0，否则为1"。

或(OR)运算||：当两个条件中的任意一条满足时结果就成立，运算规则是"见1为1，否则为0"。

非(NOT)运算!：当条件不满足时结果就成立，表达"否定"的意思。运算规则是"1变成0，0变成1"，

表3-9 逻辑运算真值表

p	q	p&&q	p||q	!p
0	0	0	0	1
0	1	0	1	1
1	0	0	1	0
1	1	1	1	0

(4) 注意表3-8中各运算符的优先级，通常单目运算符级别高，如逻辑非!级别是2，高于优先级为6的>、>=、<、<=4种关系运算符，==与!=的优先级为7，与运算为11，或运算为12，级别更低。

例如，若"x=2;y=3;z=4;"则"! x>y>z"的计算步骤如下：①"! x"，x=2参与逻辑运算，因其非0，当成逻辑真，取非，即为假，得0；②"! x>y"即"0>3"，为假，结果是0；③"0>z"，即0再与z比较(0>4)，最后得出逻辑值为0(假)。写成"cout<<(! x>y>z);"，上机运行结果为0。

3.4.3 条件运算符

条件运算符是唯一的三目运算符，一般形式是：

```
表达式1?表达式2:表达式3
```

功能是：先求表达式1的值，如果为真(非零)，则求表达式2的值，并把它作为整个表达式的值，否则求表达式3的值，并把它作为整个表达式的值。

例如，"x=10; y=x>9 ? 100:200; "运行后y值为100。

它可以看作是if…else…语句的简短形式，以上语句也可以写成

```
if (x>9)
   y=100;
```

```
else
    y = 200;
```

有多个条件运算符时,自右至左结合,如“a>b? a:c>d? c:d”相当于“a>b? a:(c>d? c:d)”。

3.4.4 逗号运算符

逗号运算符“,”也称顺序求值运算符,其运算优先级是最低的,结合方向是自左至右,也就是从左向右依次计算各表达式的值。用逗号运算符连接多个表达式时,逗号运算符左边表达式的值总是不返回的,只将最右边表达式的值作为整个表达式的值。

例如,“x=(y=3, y+1,y);”的运算过程是:先将 3 赋给 y,y 值为 3,然后计算表达式 y+1,其值为 4,但最后是将最右边的 y 的值 3 赋给 x。由于逗号运算符的级别最低,所以整体求值时一般均需加圆括号。

3.4.5 位运算符

C 语言和其他高级语言不同,它完全支持位运算。C 语言可用来代替汇编语言完成针对硬件的编程工作,其中位运算功不可没。位运算是对字节或字中的实际二进制位进行运算,完成检测、设置或移位等功能。这些字节或字必须是字符、整型数据或它们的变体,不能用于 float、double、void 及指针等数据类型。

位运算符有 &(与)、|(或)、~(非)、^(异或)、>>(右移)、<<(左移)6 种。位运算的对象一定是整数的二进制形式,逐位进行运算,而逻辑运算符 &&(与)、||(或)、!(非)是把整个数当成一个逻辑值的运算。

1. 按位与(AND)逻辑运算符“&”

位与运算是对两个整数的二进制形式的对应位分别进行“与运算”,运算规则还是“见 0 为 0,否则为 1”,其结果还是一个多位二进制数。常用于对指定的位清零及检测某二进制位的值是 1 还是 0。

例如,将字符变量 p 从高位起开始的第三位清零:p=p&0xDF,0xDF 的二进制表示为 1101 1111,运算结果用竖式表示为(按位表示):

$$
\begin{array}{ccccccccc}
 & p_7 & p_6 & p_5 & p_4 & p_3 & p_2 & p_1 & p_0 \\
\& & 1 & 1 & 0 & 1 & 1 & 1 & 1 & 1 \\
\hline
 & p_7 & p_6 & 0 & p_4 & p_3 & p_2 & p_1 & p_0
\end{array}
$$

就达到了 p_5 位清零的目的了。

例如,要检测变量 p_5 位是否为 1:sign=p&0x20(0x20 的二进制表示是 0010 0000),运算结果用竖式表示:

$$
\begin{array}{cccccccc}
p_7 & p_6 & p_5 & p_4 & p_3 & p_2 & p_1 & p_0 \\
0 & 0 & 1 & 0 & 0 & 0 & 0 & 0 \\
\hline
0 & 0 & p_5 & 0 & 0 & 0 & 0 & 0
\end{array}
$$

上例中,若 sign 的结果是 0x20,则 p_5 就是 1,否则 sign 的结果为 0,说明 p_5 位是 0。

2. 按位或(OR)逻辑运算符“|”

位或运算是对两个整数的二进制形式的对应位分别进行“或运算”，运算规则还是“见 1 为 1，否则为 0”，其结果还是一个多位二进制数。可用于指定某些位为 1。如要使 10011100 的低 4 位全为 1，只要取 00001111 和原数按位相或，p=p|0x0F，即得 10011111，其他位不变。

3. 按位异或(XOR)逻辑运算符“^”

位异或运算是对两个整数的二进制形式的对应位分别进行“异或运算”，运算规则是“相异为 1，相同为 0”，其结果还是一个多位二进制数。

作用：

(1) 使特定位反转，只要将该位与 1 异或即可。如要将 10011101 低两位都反转，只要取 00000011 与其按位异或，p=p ^ 0x03，即得 10011110。

(2) 整个数清零，只要本身异或一次即可，如 x 为 10011100，则 x ^x 得 000 0000。

(3) 交换两个非浮点型变量的值，不用临时变量，“a=a ^b; b=b ^a; a=a ^b; ”三条语句后，就完成了 a、b 值的交换，如 a=3，b=4，则三条运算语句运行后 a 变成 4，b 变成 3。

4. 按位取反(NOT)逻辑运算符“～”

这个运算符对数的每一位都取反。如若有“char cc=1;cc=～cc;”，则 cc 变成了 1111 1110，而不是 0。

5. 左移运算符“＜＜”

左移运算符“＜＜”使整型表达式值二进制形式中的每一位向左移动若干位，移出的最高位丢失(溢出)，右端补入 0。左移表达式的形式为：

```
整型表达式<<移位的位数
```

设有“char a=0x0F;”，则 a 的值为 15，运行“a=a＜＜2;”后，a 左移两位，变成 00111100，即十进制数 60。在正常值范围内，每左移一位相当于乘以 2。

6. 右移运算符“＞＞”

右移运算符“＞＞”使整型表达式值二进制形式中的每一位向右移动若干位，符号位不变，移出的最低位将丢失，数值位最高位以符号位填充。右移表达式的形式为：

```
整型表达式>>移位的位数
```

设有“char a=15;”，运行“a=a＞＞2;”后，即 a 右移两位，变为 00000011，即十进制数 3。在正常值范围内，每右移一位相当于除以 2，取整数部分。

左移和右移运算符还可以构成扩展赋值运算符“＜＜=”和“＞＞=”。

其他运算符就不一一介绍了。各种运算符混合运算时，要特别注意它们的优先级，自然排列的优先级如表 3-10 所示，应记住大概次序：括号最高，其次是单运算符目，然后是算术→关系→逻辑→条件→赋值→逗号。

表 3-10 运算符的功能、优先级、运算结合方向

优先级	运 算 符	结合规则
1	[ ] ( ) -> .	从左至右
2	! ~ ++ -- - * & sizeof	从右至左
3	* / %	从左至右
4	+ -	从左至右
5	<< >>	从左至右
6	< <= > >=	从左至右
7	== !=	从左至右
8	&	从左至右
9	^	从左至右
10	|	从左至右
11	&&	从左至右
12	||	从左至右
13	? :	从右至左
14	= += -= *= /= %= &= ^= |= >>= <<=	从右至左
15	,	从左至右

3.5 表达式

运算符、常量以及变量构成表达式，表达式是这些成分的有效组合。C 语言的表达式非常丰富，也有人称 C 语言为表达式语言。在 C 语言中有算术表达式、关系表达式、逻辑表达式、条件表达式、逗号表达式、赋值表达式等。这里介绍前三种常用的表达式。

1. 算术表达式

算术表达式是由算术运算符、变量和常量等组成的，基本满足代数运算规则，如“a+b*2-d/3”。这类表达式要注意括号“( )”的使用，在运算对象和运算顺序容易混淆的情况下可以加括号“()”加以限定，其用法与数学中的一样。

2. 关系表达式

关系表达式由关系运算符、变量和常量等组成，其结果为 0 或者 1。如“3>2”，结果为 1。

学习者常犯的错误是多项关系的连续表达，如想表示“x 大于 3 并且小于 6”，用数学关系式 3<x<6 写在 C 程序中是错误的，3<x<6 的结果永远是 1(为什么？请读者自己考虑)，而且编译时不产生语法错误，导致结果出错，很难发现，请读者注意。

3. 逻辑表达式

逻辑表达式由逻辑运算符、变量和常量等组成,其结果为 0 或 1。

以上表达式中的变量或常量位置又可以是任何一种表达式,所以 C 中的表达式可以非常复杂,举例如下。

(1) 表示"x 大于 3 并且小于 6",可以写成(x>3)&&(x<6)。

(2) 判断字符变量 ch 是否是数字的表达式是 ch>='0' && ch <='9',其实质是 ch>=48 && ch <=57,而不是 ch>=0 && ch <=9。

(3) 判断字符变量 ch 是否是英文字母的表达式应既包含"与"运算,又包含"或"运算,可以写成(ch>='a'&&ch<='z')||(ch>='A'&&ch<='Z')。

"&&"和"||"运算时,根据逻辑,计算机会"偷懒",在从左到右的计算过程中,一旦能够确定表达式的值,就不再继续运算下去了。如有"x=0; y=1;",计算表达式"x&&(x+y)&&y;"时,在计算机知道第一项 x 是 0 时,就已经知道其后的任何数与之相"与"的结果都是 0,就根本不进行 x+y 运算,更不再与 y 相与了;"或"的处理一样:"x||y||y++|x++;"在知道第二项 y 是 1 后就得出结果 1 了,不再作后面的自加运算。

下面几行程序的执行结果是什么?

```
int  m=1,n=1,x,y;
x=-- m && -- n;                //执行完本行后,m=? n=?x=?
y= m++|| n-- ;                 //执行完本行后,m=? n=? y=?
```

4. 混合运算

当不同数据类型的常量和变量在表达式中混合使用时,每一步运算的数据都被自动转换成同一类型数据。在自动类型转换时采用向"大数"类型"靠拢"的原则,也就是转换成内存字节较多、数据范围较大的那个数据类型,因为结果的存储要满足所有类型的数据都得到正确的保存。举例如下:

```
int   i=10,j;
float   x,y=3.5;
double   dx=2.5,dy;
j=i+10 ;                //i是整型数,加10的结果还是整型的
dy= dx * y;             //dx是double型,相乘后的结果仍然是double型的
x=1/2*40.5;             //"1/2"都是int型运算,为int型值0,然后转换成double型
                        //和double型40.5相乘,结果为double型,再赋给float型x,x=0.0
x=40.5*1/2;             // "40.5*1"是double型运算,结果为double型,然后除以2
                        //结果为double型,再赋给float型x,x=20.25
```

若强行将存储单元多、数值范围大的数据类型赋值给存储单元少、数值范围小的变量,就有可能出错,如上例若加"i= dx-y;"会出现警告提示:

```
conversion from 'double' to 'int', possible loss of data
```

一个"大数"(double 型)放进一个小盒子里(int 型变量),可能截掉数据,导致错误。但

当处理的数据不是很大时,对此警告可以忽略。

还可以强制进行数据类型转换,强迫表达式的值转换为某一特定的数据类型,这是使用C语言中的数据类型强制转换运算符来实现的:

```
(数据类型标识符) 变量或表达式
```

假如有“int x=1;”,则“(float)x/2”得到0.5,“(float)(x/2)”得到0.0。

3.6 应用举例

【例3-5】 输入三角形的三条边长,求三角形的面积。

提示:

(1) 利用海伦公式求面积:area= $\sqrt{s(s-a)(s-b)(s-c)}$,其中 s=(a+b+c)/2。

(2) 要判断a、b、c能否构成三角形(任意两边和要大于第三边)。

(3) 求平方根可以调用系统提供的库函数sqrt(),文件开始加“include < math. h >”即可。

```
#include<iostream.h>
#include<math.h>                              //用到数学函数时一定要包含头文件 math.h
void main()
{   float a,b,c,area,s;
    cin>>a;
    cin>>b;
    cin>>c;
    if(a<=0||b<=0||c<=0||a+b<=c || a+c<=b|| b+c<=a)  //判断 a、b、c 能否构成三角形
    {   cout<<"您输入的数据不能构成三角形! " << endl;
    }
    else
    {   s = (a+b+c)/2;                        //此处有多条语句, {}不可省略
        area = sqrt(s*(s-a)*(s-b)*(s-c));
        cout<<"三角形面积 = "<<area<<endl;
    }
}
```

运行结果:

```
3 4 5
三角形面积=6
```

```
1 2 4
您输入的数据不能构成三角形!
```

此例具有经典意义的是对输入数据有效性的检查,这是应用系统开发必须考虑的,值得学习者模仿。

此例变量可否都定义成整型变量?结果会怎样?

【例3-6】 鸡兔同笼问题,已知笼子里共有20个头、60只脚,编程求鸡、兔各多少只。

分析:本例可以按数学上传统思路,列线性方程,然后给出线性方程解的表达式,最

后代入系数,求出解。用计算机来求解,可以不用这种数学方法,而是利用计算机能够循环处理,穷尽所有可能性的长处,一一去试验,对所有可能的情况进行检验,找出最后的答案。

设 i 代表鸡的数量,则兔有 20－i 只,i 最小是 0,最大是 20。编程从 i=0 开始,逐一检验脚的数量是否满足要求,如果满足,则 i 和 20－i 就分别是鸡和兔的数量。


```
#include <iostream.h>
void main()
{
    int i = 0;
    while(i <= 20)                                    //i 代表鸡的数量
    {     if( 2 * i + 4 * (20 - i)   ==   60)         //判断脚的数量是否是 60 只
          cout << " 鸡 = "<< i <<"  兔 = "<< 20 - i << endl;
          i++;
    }
}
```

运行结果:

```
鸡=10   兔=10
```

【例 3-7】 循环输入若干个字符,用 $ 作为输入结束符,统计其中小写字母的个数。

程序首先要循环输入字符,循环体内对输入的每个字符进行判断,满足条件的就计数,遇到 $ 则不再处理,输出统计结果。请注意输出结果中 $ 后面的已经不再处理,因为 $ 是输入结束符。

```
#include <iostream.h>
void main()
{   int n = 0;
    char cha;
    do
    {     cin >> cha;                          //读入一个字符,送入变量 cha
          if(cha >= 'a'&&cha <= 'z')           //判断字符是否为小写字母
              n++;
    } while(cha!= '$ ');                       //输入字符不是结束符时,继续循环
    cout << "输入字符中有 "<< n <<" 个小写字母 "<< endl;
}
```

运行结果:

```
ab$
输入字符中有2个小写字母
```

```
12a7ABd$
输入字符中有2个小写字母
```

```
AB12cd$ef34
输入字符中有2个小写字母
```

把例中 do…while 语句换成 while 语句是否可以?有什么问题?怎样解决?

【例 3-8】 从键盘输入一个整数,判断能不能被 5 和 7 都整除,输出相应信息。

程序首先设 3 个整型变量,分别表示输入整数 i、i 除以 5 的余数 m 和 i 除以 7 的余数 n,然后根据 m 和 n 的情况判断 i 是否都能被 5 和 7 整除。

```
#include <iostream.h>
void main()
{
    int i,m,n;
    cin>>i;
    m=i%5;
    n=i%7;
    if(m==0 && n==0)
        cout<<i<<"能够被 5 和 7 都整除"
            <<endl;
    else
        cout<<i<<"不能够被 5 和 7 都整除"
            <<endl;
}
```

```
#include <iostream.h>
void main()
{
    int i,m,n;
    cin>>i;
    m=i%5;
    n=i%7;
    if(m || n)
        cout<<i<<"不能够被 5 和 7 都整除"
            <<endl;
    else
        cout<<i<<"能够被 5 和 7 都整除"
            <<endl;
}
```

运行结果：

```
35
35能够被5和7都整除
```

运行结果：

```
21
21不能够被5和7都整除
```

上面左右两个程序的功能是等价的，左边的更直观。还可以有多种写法，请读者自己多用几种方法实现。

此例中的变量 m 和 n 可省去否？编程熟悉后在保证程序易读的前提下可酌情减少变量。

3.7 本章知识要点和常见错误列表

(1) 本章主要介绍了 C 语言中的基本数据类型及常量、变量和表达式。在 C 语言的初学阶段，首先要掌握 4 种最基本也是最常用的数据类型：int、float、double 和 char。在熟悉了 C 编程的基本技巧之后，读者完全可以根据需要去使用各种类型的数据。

(2) 标识符是 C 中所有名称的总称，一定要按规则取名。

(3) C 语言编程中有特定含义的 32 个关键字和 12 个保留字，不能再作为表示其他含义的标识符。

(4) 常量是程序运行过程中其值固定不变的量，有数值常量(整数、实数)、字符常量和字符串常量三大类型。

(5) 变量是程序运行过程中其值可变的量，最常用的变量有整型(int)、单精度实型(float)、双精度实型(double)和字符型变量(char)。

(6) 运算符及表达式是编程者实现编程要求的基本手段，读者要在充分掌握各类运算符的情况下，综合运用它们以达到自己的编程目的。

本章常见错误列表如表 3-11 所示。

表 3-11　本章常见错误列表

序号	常见错误	错误举例	分　析
1	不注意程序的书写格式	除以“#”开头的预处理命令不是C语句外；C的每个单语句均以分号“;”结束，否则会有“missing ;”错误提示	将程序代码逐行输入计算机时，多使用Tab、Home、End键，模仿例题每行的语句认真输入，并注意各行之间的对齐方式，凡包含在内部的，一定要用缩进式
2	标识符不规范	随意起名为111或aaa	应该不与系统内保留字重名，并“见名知意”：通常，整型变量用i、j、k、m、n等，实型变量用f、x、y，字符型变量用ch，字符串型常用str、string这些约定成俗的名字，初学者不宜乱改。另外，C中常用一个小写单词作标识符，如和用sum，平均值用average或ave，个数cnt或n；C++则用多个单词间以大写字母组成标识符，如curLen代表当前长度（current length），用maxLen代表最大长度，用maxStr代表最长字符串等
3	定义变量数据类型的时候出错	float i,j; k; 　　　l,m,n;	在同时定义多个变量的时候，中间要用“,”进行间隔。若是变量比较多，要换行，就必须重新定义，第二行也要有数据类型定义符
4	变量在使用之前没有定义	int m; m = n + 1;	这里n没有定义是不能够使用的，在编译的时候会有“undeclared identifier”的错误提示。 所有变量都要“先定义、后使用”
5	变量在使用之前没有赋值	int m,n; m = n + 1;	这里n有定义但是没有赋值，在编译的时候会提示警告，但不提示出错，运行结果会是一个不确定的数，比如−858 993 458

6	除号使用错误	float x
		int m = 5,n;
		x = 2/m + 3/m + 4/m;
			这里的每一项都是0，如2/m的结果是0而不是0.4…，所以此语句执行之后，x为0。不是实际需要的结果。
			一边有实数时，即2.0/m+3.0/m+4.0/m才能算出实际的实数结果赋给x

7	关系表达式写错	3 < x < 10	C中不能如此表示，需借助于逻辑运算符x>3 && x<10。 这一点在if、while、do…while语句中尤其重要

8	在表达式中的表达方式不能够达到自己想要的结果	x1 =- b + sqrt(dlt)/(2 * a);
		或
		x1 =- b + sqrt(dlt)/2 * a;
			正确的表达式应该是
			x1=(−b+sqrt(dlt))/(2 * a);
			要正确使用括号“( )”

续表

序号	常见错误	错误举例	分析

9	if语句条件不正确	if(score=100) n++;
		本意是想统计得100分的同学的个数
		if (score>60)
		    cout<<"及格";
		else
		    cout<<"不及格";
			错用赋值号"="代替了相等比较号"=="。编译系统不会"错想",它忠实地将100先赋给score,然后判断它不是0,就执行其后的n++,不管原来的score是多少,都被冲掉了,并使n值加了1,这是学习者常犯的错误
			条件应该写成if (score>=60)
			否则60分的同学就被统计成不及格的了

10	不注意数据类型的值域	比如求阶乘,若阶乘结果定义为短整型变量,最大只能是32 767	阶乘的结果应该定义成长整型或实型,否则结果很容易溢出

11	变量未初始化或while语句前未做好准备工作	void main()
		{ int i,sum;
		    i=1;
		    while(i<=3)
		    { sum=sum+i;
		        i++ ;
		    }
		    …
		}
			这是初学者最易犯的错,结果出错,不是6,原因是和变量sum忘记初始化了,犹如选票箱在选举前未清空,即求和时的基数是内存中的随机数,所以结果可能是一个不确定的数,如-858 993 460

习题

一、选择题

1. 合法的可显示字符常量是(　　)。

   A. '\t'　　B. "A"　　C. 'a'　　D. '\0'

2. (　　)是C语言提供的合法的数据类型关键字。

   A. float　　B. Double　　C. integer　　D. Char

3. 若t为double型变量,表达式(t=1, t+5, t+1)的值是(　　)。

   A. 1.0　　B. 2.0　　C. 6.0　　D. 7.0

4. 下面选项中,不是合法整型常量的是(　　)。

   A. 160　　B. -1　　C. 0x48h　　D. 0x48a

5. 在C语言中,要求参加运算的数必须是整数的运算符是(　　)。

   A. /　　B. *　　C. %　　D. =

6. 下列各组中不全是字符常量的是(　　)。

   A. '2', '%', '\x43'　　B. 'x', 'π', '0'

   C. '4', '\t', 'y'　　D. '#', '\01', 'K'

7. 如x、y、m、n都是实型变量,与代数式(x*y)/(m*n)不等价的C语言表达式是(　　)。

   A. x*y/m*n　　B. x*y/m/n　　C. x*y/(m*n)　　D. x/(m*n)*y

8. 在标准 C 中,为了计算阶乘,结果变量最好定义为(　　)。

A. int　　B. unsigned int

C. unsigned long　　D. unsigned short

9. 设变量 x 为 float 型,m 为 int 型,则能实现将 x 中的数值保留小数点后两位,第三位进行四舍五入运算的表达式是(　　)(加 0.5 再取整是常用的整型变量四舍五入的方法)。

A. x=(x*100.0+0.5)/100.0　　B. m=x*100+0.5,x=m/100.0

C. x=x*100+0.5/100.0　　D. x=(x/100+0.5)*100.0

10. 在以下一组运算符中,优先级最高的运算符是(　　)。

A. <=　　B. =　　C. %　　D. &&

11. 在 C 语言中,下列表达式能正确表示 a≥10 或 a≤0 的是(　　)。

A. a>=10 or a<=0　　B. a>=10 | a<=0

C. a>=10 || a<=0　　D. a>=10 && a<=0

12. 下列表达式中,x 为整型,不满足"当 x 的值为偶数时值为真,为奇数时值为假"要求的是(　　)。

A. x%2==0　　B. x%2!=0

C. (x/2*2-x)==0　　D. !(x%2)

13. 若有条件表达式(exp)? x++ : y--,则以下表达式中能完全等价于(exp)的是(　　)。

A. (exp==0)　　B. (exp!=1)　　C. (exp==1)　　D. (exp!=0)

14. 下面程序的输出结果是(　　)。

```
#include <iostream.h>
void main()
{    int x, y, z;
     x = y = 1; z = x++, y++, ++y;
     cout << x <<',' << y <<',' << z
}
```

A. 2,3,1　　B. 2,3,3　　C. 2,3,2　　D. 1,1,1

15. 下面程序的运行结果为(　　)。

```
#include <iostream.h>
void main()
{    int i = 0, sum = 1;
     do
     {      sum += i++;
     }while(i < 6);
     cout << sum;
}
```

A. 15　　B. 16　　C. 17　　D. 18

二、运算题(此题建议先书面做完后,再编程上机验证结果)

1. 若 x、y 为 double 型,x=1,则表达式 y=x+3/2 的值是________。

2. 设 a=2,b=3,x=3.5,y=2.5,则(float)(a+b)/2+(int)x%(int)y 为________。

3. 已知"int a=12;",下列表达式运算后 a 的值各为多少?(每个表达式分别独立,不相关。)

```
a += a;
a -= 2;
a * = 2 + 3;
a/ = a + a;
a % = (a/ = 2);
a += a -= a * = a;
```

4. 定义"int m=5,n=3;",则表达式 m/=n+4 的值是________,表达式 m=(m=1,n=2,n−m)的值是________,表达式 m+=m−=(m=1)*(n=2)的值是________。

5. 设整型变量 a=1,b=2,c=3,写出下列关系表达式的值。

(1) (a<b)<(c<a+b)

(2) (c<b)>(a<c)

(3) a+b==c

(4) a+b>=c

6. 设整型变量 a=1,b=2,c=3,d=4,写出下列逻辑表达式的值。

(1) a && b && c

(2) a || ! b || ! c

(3) ++a || b++ && ++c || d++

(4) (! (a+b)+c−1)&& (b+c/2)

(5) a != 11 && b<4

7. 设整型变量 x=y=z=−1,则执行逻辑表达式++x || ++y && ++z 后,x、y、z 的值分别为________。

8. 设整型变量 x=y=z=1,执行逻辑表达式++x && y−− || ++z 后,x、y、z 的值分别为________。

9. 设整型变量 a=1,b=2,c=3,d=4,x=1,y=1,则执行逻辑表达式(x=a>b) && (y=c>d)后,x、y 的值分别为________。

10. 若 a、b 均为 int 型变量,设 a=1,b=2,若 c=a>b? a:b;,则 c 的值为________。

三、判断题

1. 在 C 程序中对用到的所有变量都必须指定其数据类型。 ( )

2. 一个变量在内存中占据一定的存储单元。 ( )

3. 一个实型变量的值肯定是精确的。 ( )

4. 对几个变量在定义时赋初值可以写成:int a=b=c=3;。 ( )

5. 自增运算符(++)或自减运算符(−−)既能用于变量,又能用于常量或表达式。 ( )

6. 在 C 程序的表达式中,为了明确表达式的运算次序,常使用括号"()"。 ( )

7. %运算符要求运算数必须是整数。 ( )

8．已知 int i，j;，则 i/j 的结果一定是整型的。　（　）

9．在 C 语言程序中，逗号运算符的优先级最低。　（　）

10．C 语言不允许混合类型数据进行运算。　（　）

四、编程题

1．输入整数 a 和 b，若 a、b 同为正数或负数时，输出二者之和，否则输出 0。

2．输入一个字符，判断其是字母，还是其他字符。

3．用迭代法求 $x=\sqrt{a}$。求平方根的迭代公式为 $x_{n+1}=\frac{1}{2}\left(x_n+\frac{a}{x_n}\right)$，要求前后两次求出的 x 的差的绝对值小于 10^{-5}。

4．求 100 以内的自然数中能被 14 整除的所有数之和。

5．编程实现从键盘读入任意三个数，并按从小到大的顺序打印出来。

6．编程求下列表达式的值：s＝1＋1×2＋1×2×3＋…＋1×2×3×…×n。

（运行程序，分别将 n 的值 2、3、4 从键盘输入，验证结果正确与否）。

7．循环输入若干个字符，以 $ 作为结束符，将其中小写字母转换为大写字母输出，其他字符不变输出。

8．求 1000 之内能够被 13 和 17 同时整除的数。

9．求一元二次方程 $ax^2+bx+c=0$ 的实数根（a、b、c 从键盘输入，且 a 不等于 0）。

10．编写一个程序，输入一个三位整数，在窗口打印输出其个位数、十位数和百位数。

第4章 编程基础Ⅱ

第2章已经介绍了顺序、分支和循环三大结构的基本语句，本章继续介绍编程所需要的更多语句，包括分支结构的else if语句和switch语句，以及循环结构的for语句，最后用一节介绍如何选择合适的算法，使学习者可以在理论指导下编写高质量的程序。

4.1 C中的条件判断

三大结构中的分支结构和循环结构中都有条件判断，如if(表达式)…，while(表达式)…，以及do…while(表达式)中的表达式，都是条件判断。在其他高级语言中，这种条件多用关系表达式和逻辑表达式表示，在C语言中这种条件的表示形式要灵活得多，可以是任何有效的表达式，如算术表达式、赋值表达式、逗号表达式、条件表达式等，还可以是任意类型的数据。C的处理原则是：不管什么类型的表达式，只要值不是0就表示真，如1、−1、0.5、'a'，都表示真，表示条件满足。只有0才表示假，表示条件不满足。

比如：if(3.3)，while(1)，if('1')，do…while(−8+2)；这些条件都满足，因为表达式的结果都为非0。若有“x=3;”，则while(x)…就满足循环条件，while(x−3)…就不满足循环条件，因为这时x−3为0。

C语言对条件真、假的这种处理策略，使得所有类型的表达式都能在分支和循环语句中作条件使用，允许编制效率极高的程序，如例4-1右边的代码将条件判断写成一个变量，是常用的简洁方式。实际应用时，条件可能比较复杂，要注意表达清楚其关系，如例4-2的闰年问题。

【例4-1】 输入一个大于0的整数n，求n的阶乘n!。

阶乘运算是累乘运算，设置累乘积变量，此例起名为jc，即“阶乘”拼音的首字母，其初值应该为1，设计每项表达式进行累乘，这里每项表达式就是循环变量i。阶乘可以从最前面一项开始，一项一项向后累乘(左边的代码)；也可以从最后一项开始，一项一项向前累乘(右边的代码)。要注意控制两个循环方向的条件表达式的不同。

```
#include <iostream.h>
void main()
{
    int i,n,jc = 1;
    cout <<"Please input a number:";
    cin >> n;
    i = 1;
```

```
#include <iostream.h>
void main()
{
    int i,n,jc = 1;
    cout <<"Please input a number:";
    cin >> n;
    i = n;
```

``
    while(i<=n)
    {
        jc=jc*i;
        i=i+1;
    }
    cout<<n<<"!="<<jc<<endl;
}
``
	``
	    while(i)
	    {
	        jc=jc*i;
	        i=i-1;
	    }
	    cout<<n<<"!="<<jc<<endl;
	}
	``

运行结果：

```
Please input a number:4
4!=24
```

```
Please input a number:20
20!=-2102132736
```

本例两种方法中左边常见些，右边的程序从 n 开始乘到结果上，逐一减到 i 为 0 时结束循环。循环条件只有一个整型变量也是完全可以的，其值是否为 0 决定着循环是否结束。while(i)等效于 while(i!=0)或 while(i>0)。

输入 20 的时候，运行结果显然不对，为什么？

这是因为 4 的阶乘是 24，而 20 的阶乘是 2 432 902 008 176 640 000，远远超出了 int 类型值的范围，因此结果显示为一个错误的不合理的数，这时应将变量 jc 定义为 double 型，但是也会带来因有效位数问题而引起的误差。

【例 4-2】 任意输入一个年份，判断该年是不是闰年。闰年的判断条件是：能被 4 整除但是不能被 100 整除，或者能被 400 整除的年份。

按题目的描述，闰年的条件是两个条件的或运算，第一个条件是能被 4 整除和不能被 100 整除这两个条件的与运算，第二个条件是能被 400 整除。按照题意，把上述条件用 C 语言的表达式写清楚就可以了。

```
#include <iostream.h>
void main()
{
    int year;
    cin>>year;
    if((year%4==0)&&(year%100!=0)||(year%400==0))
        cout<<year<<"是闰年"<<endl;
    else
        cout<<year<<"不是闰年"<<endl;
}
```

运行结果：

```
2000
2000是闰年
```

```
2010
2010不是闰年
```

```
2100
2100不是闰年
```

```
2400
2400是闰年
```

4.2 复杂的分支结构

4.2.1 分支结构的嵌套

第 2 章介绍了双分支的 if…else…语句，其中每个分支的语句又可以是一个 if…else…

语句,这样就构成了分支结构的嵌套。

下面的例子就是在 if 和 else 中各嵌套了一个完整的 if…else…语句。

【例 4-3】 输入一个学生的百分制成绩,用 A、B、C、E 表示成绩档次。当成绩≥90 时,输出 A;当 80≤成绩<90 时,输出 B;当 60≤成绩<80 时,输出 C;当成绩<60 时,输出 E。

```
#include <iostream.h>
void main()
{   float score;
    char ch;
    cin>>score;
    if(score >= 80)
    {   if(score >= 90)              //嵌套在外层 if 的语句 1 中
            ch = 'A';
        else
            ch = 'B';
    }
    else
    {   if(score >= 60)              //嵌套在外层 if 的语句 2 中
            ch = 'C';
        else
            ch = 'E';
    }
    cout << ch << endl;
}
```

运行结果:

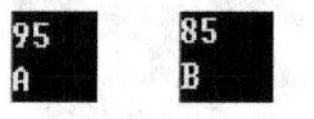

用 if 语句的嵌套时要小心,容易出错,原因在于有时搞乱哪个 else 与哪个 if 配对。C 语言提供了一个简单规则:从内层开始,else 总是与它上面最近的未曾配对的 if 配对(就近原则)。例如程序段:

```
if(x)
    if(y)
        cout <<"A";
    else
        cout <<"B";
```

其中,else 语句是与 if(y)相匹配的。如果想让 else 语句与 if(x)相匹配,则 if(y)语句必须加花括号写成

```
if(x)
{   if(y)
        cout <<"A";
}
else
    cout <<"B";
```

为了不出错，在多个 if…else…嵌套过程中，尽量规范使用{}。目前的 VC++ 6.0 版本中，最多嵌套可达 15 层。

4.2.2　else if 语句

如 4.2.1 节所示，如果 if 语句嵌套在 if 中，很容易出现内外层的 if…else…配对错误，为了少出错，建议尽量嵌套在 else 中，这样就形成了 else if 语句形式，实际上是 if 语句嵌套在 else 分支中，形式如下：

```
if  (表达式 1)      语句 1
else if(表达式 2)   语句 2
   ⋮
else if(表达式 n)   语句 n
else                语句 n + 1
```

其中语句 1～语句 $n+1$ 语法上都要求是一条语句，多条时，应复合成一条。表达式 1～n 的条件应相互独立、无重叠，因其分支较多，各个分支就不内缩了，全部左对齐，但整个算一条语句，这是 C 的特例。

如图 4-1 所示，该语句的执行过程是按从上到下的次序逐个进行判断的，一旦条件满足，就执行与它有关的语句，并跳过其他剩余的语句结束本 if 语句。若逐一判断却没有一个条件被满足，则执行最后一个 else 语句。这个最后的 else 语句常起着"默认条件"的作用。如果没有最后的 else 语句，则条件都不满足时，什么也不执行。

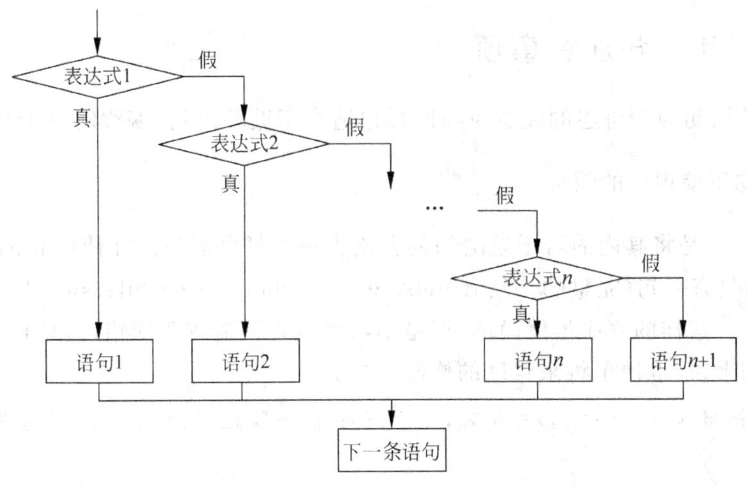

图 4-1　else if 语句执行顺序

从 if(表达式 1)到语句 $n+1$，不管 n 多大，整体算一条语句。不难看出，当 $n=1$ 时，就变成了 if…else…形式了。分支结构其实就是一种 if…else…语句，简单 if 和 else if 都是其变体。

【例 4-4】　把例 4-3 的学生成绩分档用 else if 语句实现。程序清单如下。

```
#include <iostream.h>
void main()
{   float score;
    char ch;
    cout <<"Please input the score: ";
    cin>> score;
    if (score >= 90)                 //score≥90 进入此分支
        ch = 'A';
    else if(score >=  80)            //只有 80≤score<90 才进此分支
        ch = 'B';
    else if(score >= 60)             //只有 60≤score<80 才进此分支
        ch = 'C';
    else                             //只有 score<60 才进此分支,最后情况,无 if
        ch = 'E';
    cout << ch << endl;
}
```

运行结果：

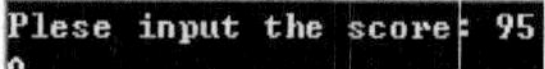
Plese input the score: 95
A

```
Plese input the score: 73
C
```

阴影行条件不必写成“score>=80 && score<90”，因为 else 本身的含义就是“否则”，就代表 score<90。

与例 4-3 比较，可以看出例 4-4 的程序更顺畅、易读，不易出错，适合初学者，但例 4-3 在实际处理大量数据时效率高。

4.2.3 if 语句注意事项

以下以 if 语句为例讲述的注意事项同样也适合于循环语句，编程时要十分注意。

1. if 语句不使用{}的情况

大括号“{ }”是将其内的若干条语句复合成为一条复合语句。在使用 if 的时候，当 if 或 else 中的语句只有一句(完整的一条 if…else…、for、while、do…while、switch 等都算一句)，就不需要“{}”。这样的程序虽然简洁，但是学习者很容易造成匹配错误，导致逻辑出错。所以建议最好加上{}，也便于将来程序的修改和扩充。

请分析当 x=5，y=4，z=3 时，下面三个程序段运行后，x、y、z 值分别为多少？为什么？

if(x>z)
{ x = y;
  y = z;
  z = x;
}
	if(x>z)
	  x = y;
	  y = z;
	  z = x;
		if(x>z)
		  x = y;
		y = z;
		z = x;

注：缩进式只是给人看的，计算机执行时不管是否缩进，只按语法规则执行。所以中间一列的程序“y=z;”和“z=x;”表面缩进 if 内部，但实质是执行完 if 语句后就执行，地位与

if 同等,应该与 if 对齐,所以计算机内部的实质逻辑如最右边代码所示。

2. if 语句中条件的判断

C 语法相对比较灵活,在 if 的条件语句中,也有一些要注意的地方。下面两个程序段语法上是正确的,但是运行结果截然不同,为什么?要注意区别,这是容易出错的地方。

<table>
<tr>
<td>

```
int a = 5;
if(a == 7)
    cout << "a  is  7"<< endl;
else
    cout << "a  is not  7"<< endl;
```

</td>
<td>

```
int a = 5;
if(a = 7)
    cout << "a  is  7 ";
else
    cout << "a  is  not  7 ";
```

</td>
</tr>
</table>

运行结果:

```
a  is not  7
```

运行结果:

```
a  is  7
```

3. 减少 if 的使用

在某些情况下,选择合适的方法,可以减少使用 if 的数量,提高代码的效率。如例 4-5 所示,同一个问题,三种方法运行的效率及程序的易读性都不同。

【例 4-5】 三个数比较大小,输出最大的数。

<table>
<tr>
<td>

```
#include <iostream.h>
void main()
{   float x,y,z,max;
    cin >> x;
    cin >> y;
    cin >> z;

    max = x;
    if(max < y)
        max = y;
    if(max < z)
        max = z;
    cout << max <<" is the
max number."<< endl;

}
```

最优,请模仿

</td>
<td>

```
#include <iostream.h>
void main()
{   float x,y,z,max;
    cin >> x;
    cin >> y;
    cin >> z;

    if(x >= y&&x >= z)
        max = x;
    if(y >= x&&y >= z)
        max = y;
    if(z >= x&&z >= y)
        max = z;
    cout << max <<" is the
max number."<< endl;
}
```

</td>
<td>

```
#include <iostream.h>
void main()
{   float x,y,z,max;
    cin >> x >> y >> z;
    if(x > y)
    {   if(x > z)
            max = x;
        else
            max = z;
    }
    else
    {   if(y > z)
            max = y;
        else
            max = z;
    }
    cout << max <<" is the
max number."<< endl;
}
```

</td>
</tr>
</table>

⚠注意:以上三段代码的运行结果是一样的,但是代码的效率不一样,逻辑上的复杂程度也不同。以最左边的代码为最优,另外两种请勿模仿。

4.2.4 多分支结构——switch 语句

if 语句和 if…else…语句常用于解决二分支问题,if 语句的嵌套和 else if 语句可解决多分支的问题。此外,C语言还提供一种用于多分支选择的switch语句,又称开关语句。这种语句要求表达式的取值有特点、有规律,易于统一表示。实际问题(如按成绩分类、年龄分类、数学函数按定义域分类、菜单选项等)虽可用if语句或其嵌套解决,但往往显得冗长,或嵌套层数多,可读性差,因此常采用多分支的switch语句。

```
switch(表达式)
{   case 常量表达式 1: 语句组 1
    case 常量表达式 2: 语句组 2
    ⋮
    case 常量表达式 n: 语句组 n
    default: 语句组 n + 1
}
```

switch语句的运行流程图如图4-2所示,运行过程是先计算表达式的值,然后同多个case语句后的常量匹配,找到相等的case常量则执行该常量冒号后的语句组(一组语句,不用复合成一条语句,这是C语句中唯一的一处,其他语句都要求一条复合语句),并从这个入口一直执行下面所有冒号后的语句,且不再匹配case后的常量,直到遇到break语句,退出switch语句。如果switch语句后表达式的值找不到匹配的case常量,就执行default后面的语句组直到结束。default是默认值选项,如果没有该语句,则在所有配对都失败时,什么也不执行。

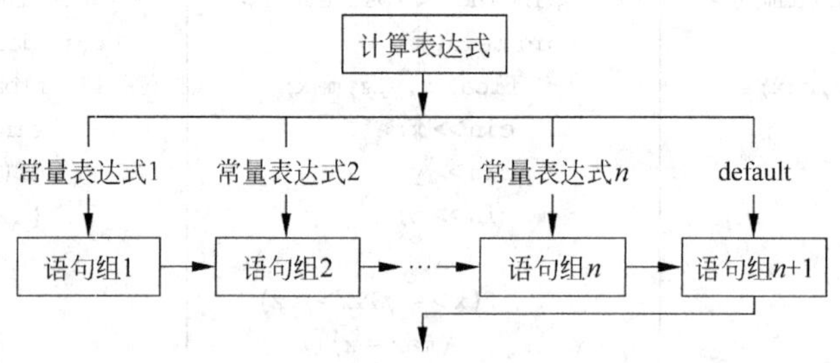

图4-2 switch语句执行顺序

说明:

(1) 通常在语句组1~语句组n中含有break语句,执行某一种情况后,执行break,跳出switch语句,如图4-3所示。

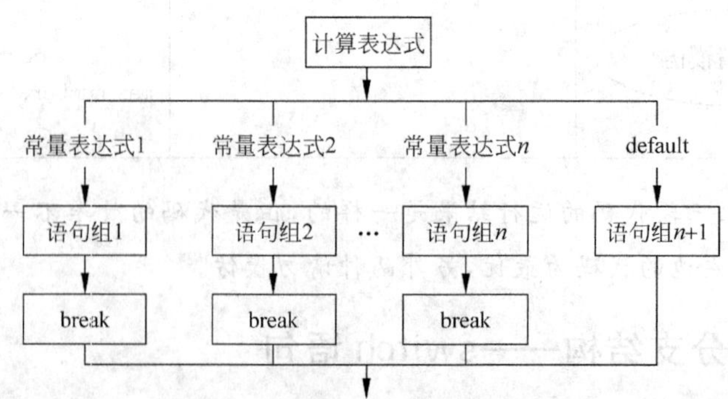

图4-3 switch语句常用执行顺序

(2) case 中的常量表达式只能是一个确定的值,一般处理成整数或字符,不能是一个范围,如“case 1”、“case 'a'”都是正确的,但是“case > 5”或“case < 10”是不正确的。

(3) 如在 switch 语句中使用字符常量,则它们可以自动地被转换成它们的整数值(ASCII 码)。写此语句时要注意字符常量的写法,勿缺单引号' '。如下面的程序段上机执行时就会匹配失败:

```
char ch = '1';
switch(ch)
{    case 1: …
     case 2: …
}
```

(4) 在标准 C 中,switch 语句允许有 257 个 case 常量,而 VC++ 无此限制。同一级的 case 常量不能有相同的值。

(5) switch 语句仅检验值是否相等,而 else if 语句能够计算一个关系或逻辑表达式。它们二者各有特色,可选择使用。

【例 4-6】 把例 4-3 的学生成绩分档用 switch 语句实现。

分析:由于“switch(表达式)”中的表达式要求结果值只能是整数或者字符,其后的每一句 case 都只能包含一个常量表达式,本例中如果穷举 1～100 分,则程序显然累赘不可取。因此,用表达式“x/10”将分数分段表示,详细代码如下。

```
#include <iostream.h>
void main()
{    int x;
     char ch;
     cin >> x;
     switch(x/10)                    //将成绩分档处理
     {
         case 10:
         case 9:ch = 'A';break;      //90～100 合为一个分支
         case 8:ch = 'B';break;      //80～89 合为一个分支
         case 7:
         case 6:  ch = 'C';break;    //60～79 合为一个分支
         default: ch = 'E';
     }
     cout << ch << endl;
}
```

运行结果:

```
95      78      55
A       C       E
```

如果例 4-6 中成绩变量 x 被定义为 float 型,程序还能正确运行吗?为什么?如果例子中的 break 语句都去掉,运行结果会不同吗?为什么?

【例 4-7】 编写一个程序,完成两个 1～10 之间的随机数的四则运算(数由随机数函数生成,运算符从键盘输入)。

分析:四则运算是指+、-、*、/运算,从键盘输入运算符后,使用 switch 语句进行判断,然后进行相应的处理。随机数由系统提供的随机数产生函数 rand()生成,为了每次运行得到不同的随机数,在 rand()前面加一个改变随机数种子的函数 srand()。系统产生的随机数是 0～32 767 之间的数,用取个位的方法产生 1～10 之间的随机整数。

```
#include <iostream.h>
#include <stdlib.h>
#include <time.h>
void main()
{   int x,y;
    float z;
    char op,flag = 1;                          //flag = 1 表示正常运算符
    srand((unsigned int) time(0));             //调用系统时间作为种子
    x = rand() % 10 + 1;                       //产生第一个 1～10 之间的随机数
    y = rand() % 10 + 1;                       //产生第二个 1～10 之间的随机数
    cin >> op;
    switch(op)
    {
        case '+':z = x + y;break;              //这里的 break 一定要加
        case '-':z = x - y;break;
        case '*':z = x * y;break;
        case '/':z = (float)x/y;break;
        default : flag = 0;                    //flag 重置为 0,表示运算符输入错
    }
    if(flag)
        cout << x << op << y <<' = '<< z << endl;
    else
        cout <<"运算符出错!";
}
```

运行结果:

```
*
5*1=5
```

```
+
2+10=12
```

```
%
运算符出错!
```

说明:

(1) 例 4-7 中用到了“标识变量”flag。标识变量是编程中经常要用到的一种特殊变量,常定义为一个整型变量,只取两个值 0 和 1 来标识事件发生与否,编程时 0、1 代表的含义自定,通常顺着思维,含义如下:

注意: 标识变量 = { 1 标识着事件发生了(1 好像竖起来的旗子 flag 的旗杆); 0 标识着事件没发生(0 是空、无,正好代表什么都没发生) }

此例在运算前设 flag=1,假设正常进行了四则运算。输入不是 4 个符号时(即 default 分支),将 flag 设成 0,switch 语句之后,根据 flag 的值输出不同的内容。程序中的 if(flag)…,等效于 if(flag! =0)…,是最简单的条件表示法。

(2) 从例中可以看出,switch 语句是针对 4 个运算符进行分门别类处理的情况。

(3) 例子中使用了随机数这个概念,调用标准库函数 rand 的结果是产生一个 0～32 767 的伪随机数(包括 0 和 32 767),rand 函数在一次程序运行中产生的每一个随机数是不一样的,具有平均分布的特点,但是每次开机运行所产生的随机数是一样的,这样就失去了随机数的意义。为了解决这个问题,在每次运行时用 srand(seed)函数产生一个种子,产

生不同的随机数。通常用系统时间 time(0)作为种子。

随机数产生在统计学或信号处理中具有重要作用，是蒙特卡罗模拟法的基础，在编写扑克牌游戏、麻将游戏、随机播放 MP3 歌曲和信号处理仿真等程序时都要用到。产生随机数有多种不同的方法，真正的随机数是用物理现象产生的，比如掷钱币、骰子、转轮、使用电子元件的噪声、核裂变等。这样产生的随机数随机性好，但产生技术要求比较高，且不能重复、不能复制。因此，在实际应用中往往使用伪随机数，通过一定的数学公式来产生，C 的标准库函数 rand 就是用公式产生随机数的，它们不是真的随机数，但是具有类似随机数的统计特征，且可重复、可复制，故在很多领域中获得广泛应用。

4.3 for 循环语句

4.3.1 for 循环语句的一般形式

在很多应用场合，会出现许多具有规律性的重复操作，而且这些操作的次数都是固定或已知的，因此在程序中就可以按照给定的循环次数，重复执行某些语句。这时可以使用 for 循环语句，一般也称为定数循环。与之相对应，把 while 和 do…while 循环称为条件循环。

for 循环语句的一般形式如下：

```
for (表达式 1; 表达式 2; 表达式 3)
{
      循环体
}
```

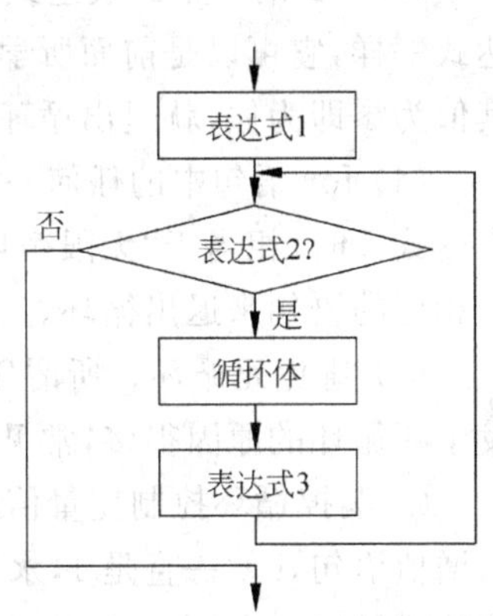

图 4-4 for 循环流程图

其执行过程如图 4-4 所示，文字描述为 5 步：

(1) 首先求解表达式 1。

(2) 求解表达式 2，若其值为“真”(非 0)，表示条件成立，执行循环体中的语句；若为“假”(0)，表示条件不成立，结束循环，转至第(5)步。

(3) 求解表达式 3。

(4) 转至第(2)步重复执行。

(5) 执行 for 循环语句的下一条语句。

【例 4-8】 用 for 语句求 1～100 之间的奇数和。

```
#include <iostream.h>
void main()
{   int i,sum = 0;                        //i 是循环控制变量,sum 是保存求和结果的变量
    for (i = 1;i <= 100;i = i + 2)        //这里表达式 2 也可以是 i<101
    {
        sum = sum + i;                    //累加求和
    }
    cout <<" 1 到 100 的奇数和是: "<< sum << endl;
}
```

此例展示了 for 循环最常用的形式,i 称为循环控制变量,表达式 1"i=1"代表循环初值设置,表达式 2"i<=100"称为循环条件,即循环的终值最大为 100,表达式 3"i=i+2"代表循环控制变量值的修改,i 每次增加步长 2。i 从 1 开始,只要小于 101 就执行一次循环体,修改循环控制变量,再比较,还小于 101,再执行一次循环体……循环体可能和变量 i 有关(此例将 i 的值加到 sum 变量上形成新的 sum 值),也可能无关,但通常不要在循环体内改变 i 的值。

4.3.2 for 语句使用注意事项

(1) 当 for 语句的循环体部分由多个语句组成时,必须用"{}"括起来,使其形成一条复合语句,只有一条语句时,可以不用{},但建议使用。

(2) for 语句中的表达式 1 和表达式 3 既可以是一个简单表达式,也可以是逗号表达式,甚至是空语句,如:

```
for (i = 0, sum = 0; i <= 100; i++, i++)
    sum = sum + i;
```

此段求偶数和的程序中表达式 1 和表达式 3 都是逗号表达式,语法正确,但 sum=0 的初始化建议不放在这里,放在循环前面更清晰易读。

(3) for 语句中的表达式 2 是循环继续执行的条件,与 while 和 do…while 中的条件表达式一样,它可以是前面所学的各种常量、变量或表达式,其值非零即为真,就执行循环体,其值为零即为假,就退出循环。

(4) for 语句中的任何一个表达式都可以省略,但其中的分号";"一定要保留。当省略表达式 2 时,相当于"无限循环"(循环条件总为"真"),这时就需要在 for 语句的循环体中设置相应的语句来退出循环。

(5) 避免死循环。所谓死循环就是程序无限次地执行某个循环语句,无法结束该循环,发生死循环的原因很多,常见的有以下几个。

① 漏掉循环控制变量值的修改语句,如 for(i=1; i<=100;){…},若循环体中没有 i 的增值语句,i 就一直是 1,永远满足 i<=100 的循环条件,形成死循环。所以 for 中的三个表达式最好俱全,免去这样的错误。

② 循环体中对循环控制变量重新赋值,如 for(i=1; i<=100; i++){…;i=2;},循环体内改变循环控制变量,这是很忌讳的。此处总使 i 为 2,表达式 3 总使 i 为 3,形成死循环。i 是控制循环的循环控制变量,循环体内可以用,但不要轻易改变其值。

③ 表达式 2 设置错误,如想循环 10 次,写成 for(i=1; i=10; i++){…},表达式 2 是赋值语句,其值永等于 10,恒真,死循环。

遇到死循环,要认真地多方面分析程序,可在关键位置增设 cout 语句,或利用 debug 调试。while 语句、do…while 语句更容易写成死循环,必须注意循环条件的正确书写以及循环控制变量的修改,使循环趋于结束。

4.3.3 三种循环语句的比较

在 C 语言中,三种循环语句虽有差异,但可以实现同样的功能,在编写代码时,可以根据自己的喜好和算法进行选择，通常的选择规律如下。

(1) for一般用于已经知道循环次数的情况，很容易写出表达式1(循环控制变量的初值)、表达式2(循环控制变量的终值)和表达式3(循环控制变量步长及修改)。

(2) 当不知道循环次数，需要用某些条件来控制循环时，适合选用while或do…while语句。它们的循环控制变量初始化的操作应在while和do…while语句之前完成，且都是在while后面指定循环条件，在循环体中都应包含使循环趋向结束的语句。

(3) while语句用得比较多，因为while语句是先判断循环条件，再进入循环，容易控制循环条件，容易掌握，但不满足循环条件时，可能一次都不执行循环体；当循环体至少要执行一次时，或要先执行循环体中的语句，再据此判断循环条件时，需选do…while语句。

(4) 通常三者可以互相转换，规律是：while和do…while语句前的循环控制变量初始化设置就是for语句的表达式1；循环条件就是for语句的表达式2；循环体内的循环控制变量的调整就是for语句的表达式3。

下面举例分别用for语句与while语句来实现同一个功能，可体会二者的异同及转换规律。

【例4-9】 编程求s=a+aa+aaa+…的值，其中a及项数n的值都是1~9之间的数字，通过键盘输入，例如输入a=3，n=4，则s=3+33+333+3333。

分析：本例是累加和问题，关键是找到它的通项公式表达式，用t表示通项，第一项t=a，将当前项值加到和上以后，再利用公式t=t×10+a递推出下一项，然后循环。n的值既是每项的位数，也是累加和的项数，可以用来做控制循环条件。

分别用for语句和while语句实现如下。

```
#include <iostream.h>
void main()
{   int i,a,n,t,s = 0;
    cin>>a>>n;
    t=a;                        //设第一项
    for(i=1;i<=n;i++)
    {   s=s+t;                  //加当前项
        cout<<'+'<<t;
        t=t*10+a;               //求下一项
    }
    cout<<"="<<s<<endl;
}
```

```
#include <iostream.h>
void main()
{   int i,n,a,t=0,s=0;
    cin>>a>>n;
    i=1;t=a;                    //循环初始化
    while(i<=n)
    {   s=s+t;
        cout<<'+'<<t;
        t=t*10+a;
        i++;                    //改变循环控制变量
    }
    cout<<"="<<s<<endl;
}
```

运行结果：

```
2 3
+2+22+222=246
```

运行结果：

```
3 4
+3+33+333+3333=3702
```

此例用do…while语句如何实现？如何去掉第一个数前的加号“+”？

4.4 C++中的输出格式控制

在C++中,输入输出的形式比较自由,前面大量用到的cin和cout是比较常用的。编程中,有时需要按易读或美观的格式输出,这时就需要用cout的格式控制,本节简单介绍如下。

在不设定输出格式时,cout按系统默认的方式对输出量自动匹配进行输出。如果对输出格式加以限制,在cout中插入输出格式控制符,系统就会按要求的格式输出。

cout的格式控制符使用要包括iomanip.h头文件。表4-1是常用输出格式控制符及其作用说明。要使用某种格式输出,就在cout中插入该种格式控制符。

表4-1 常用输出格式控制符及其作用

控制符		作用
1	dec	设置十进制输出
2	hex	设置十六进制输出
3	oct	设置八进制输出
4	setfill(c)	设置填充字符c
5	setprecision(n)	设置有效数字位数,为固定小数和科学计数法时为小数有效位数
6	setw(n)	设置字段宽度为n位,一次有效
7	setiosflags(ios::fixed)	设置浮点数以固定的小数形式显示
8	setiosflags(ios::scientific)	设置浮点数以科学计数法显示
9	setiosflags(ios::left)	输出数据左对齐
10	setiosflags(ios::right)	输出数据右对齐
11	setiosflags(ios::skipws)	忽略前导的空格
12	setiosflags(ios::uppercase)	数据输出时字母大写
13	setiosflags(ios::showpos)	输出正数时,给出"+"号
14	resetiosflags()	终止已设置的输出格式,在括号中应指定内容

下面是三个应用实例,可从中体会具体格式的控制。

【例4-10】 整数按十六进制、八进制和十进制来显示数据。

```
#include <iostream.h>
#include <iomanip.h>
void main()
{   short m=30, n=-30, k=30000,h=-30000;
    cout<<"1234567890123456789012345678901234567890123456789 0"<<endl;
    cout<<"变量:\t\t"<<'m'<<'\t'<<'n'<<"\t"<<'k'<<'\t'<<'h'<<endl;
    cout<<"十进制:\t\t"<<m<<'\t'<<n<<"\t"<<k<<'\t'<<h<<endl;     //十进制输出
    cout<<oct;                                                     //八进制输出
    cout<<"八进制:\t\t"<<m<<'\t'<<n<<"\t"<<k<<'\t'<<h<<endl;
    cout<<hex;                                                     //十六进制输出
    cout<<"十六进制:\t"<<m<<'\t'<<n<<"\t"<<k<<'\t'<<h<<endl;
    cout<<setiosflags(ios::uppercase);                             //显示大写字母
    cout<<setiosflags(ios::showpos);                               //显示正号
    cout<<setiosflags(ios::showbase);                              //显示进制标识
```

```
    cout<<"十六进制:\t"<<m<<'\t'<<n<<"\t"<<k<<'\t'<<h<<endl;
    cout<<oct;          //八进制输出
    cout<<"八进制:\t\t"<<m<<'\t'<<n<<"\t"<<k<<'\t'<<h<<endl;
    cout<<dec;          //十进制输出
    cout<<"十进制:\t\t"<<m<<'\t'<<n<<"\t"<<k<<'\t'<<h<<endl;
}
```

运行结果：

```
12345678901234567890123456789012345678901234567890
变量:          m       n        k       h
十进制:        30      -30      30000   -30000
八进制:        36      177742   72460   105320
十六进制:      1e      ffe2     7530    8ad0
十六进制:      0X1E    0XFFE2   0X7530  0X8AD0
八进制:        036     0177742  072460  0105320
十进制:        +30     -30      +30000  -30000
```

从运行结果来看，前面三行数据是系统默认的十进制、八进制和十六进制显示结果，十进制正数不显示正号，八进制和十六进制直接显示数字，没有前缀标识，字母是小写字母。后三行设置了显示大写字母、进制前缀标识、正号等功能，请对照相应行输出，体会其区别。

【例 4-11】 实数的几种输出格式控制。

```
#include  <iostream.h>
#include  <iomanip.h>
void main()
{
    double  a=12345.6789,b=1.23456789,c=0.0123456789;
    double x1=3e-324,x2=1.7976931348623158e+308;
    cout<<"12345678901234567890123456789012345678901234567890"<<endl;
    cout<<"默认输出:\t";
    cout<<a<<"\t\t"<<b<<"\t\t"<<c<<endl;                //默认 6 位有效数字
    cout<<setprecision(8);                               //8 位有效数字
    cout<<"8 位有效数字:\t";
    cout<<a<<'\t'<<b<<'\t'<<c<<endl;
    cout<<setiosflags(ios::fixed)<<setprecision(2);      //小数点后保留 2 位
    cout<<"2 位小数:\t";
    cout<<a<<'\t'<<b<<"\t\t"<<c<<endl;
    cout<<setprecision(4);                               //小数点后保留 4 位
    cout<<"4 位小数:\t";
    cout<<a<<'\t'<<b<<"\t\t"<<c<<endl;
    cout<<resetiosflags(ios::fixed);                     //取消小数输出格式
    cout<<setiosflags(ios::scientific);                  //科学计数法输出
    cout<<"尾数 4 位小数:\t";                            //前面小数设置有效
    cout<<a<<'\t'<<b<<'\t'<<c<<endl;
    cout<<setprecision(2);                               //设置 2 位小数
    cout<<"尾数 2 位小数:\t";
    cout<<a<<'\t'<<b<<'\t'<<c<<endl;
    cout<<setprecision(15);                              //设置 15 位小数
    cout<<"尾数 15 位小数:\t";
    cout<<x<<endl;
}
```

运行结果：

```
123456789012345678901234567890123456789012345678901234567890
默认输出:        12345.7         1.23457         0.0123457
8位有效数字:     12345.679       1.2345679       0.012345679
2位小数:         12345.68        1.23            0.01
4位小数:         12345.6789      1.2346          0.0123
尾数4位小数:     1.2346e+004     1.2346e+000     1.2346e-002
尾数2位小数:     1.23e+004       1.23e+000       1.23e-002
尾数15位小数:    4.940656458412465e-324          1.797693134862316e+308
```

在不加任何设置的情况下，实数是按照默认6位有效数字形式输出的。不设定小数或科学计数法输出形式时，setprecision设置的是输出有效数字的位数；在设定小数或科学计数法输出形式后，setprecision设置的是输出小数的位数。程序最后还输出了最小双精度正实数和近似最大双精度数实数，比较程序设置值和输出值的区别，体会实数范围和精度。

【例4-12】 请编程打印出由星号'*'组成的倒三角形。

```
*************
 ***********
  *********
   *******
    *****
     ***
      *
```

```
#include <iostream.h>
#include <iomanip.h>
void main()
{
    int i;
    cout <<"12345678901234567890"<< endl;    //显示列号,进行比较
    for(i = 1;i < 8;i++)
       cout << setfill(' ')<< setw(i)<<' '<< setfill('*')<< setw(16 - 2 * i)<< endl;
}
```

运行结果：

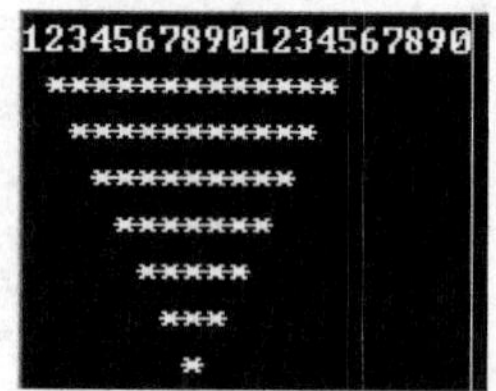
12345678901234567890
 ****
  ****
   ****
    ****
     *****
      ***
       *

setw(n)设置下一个输出区域宽度为n列，以所在区域最后一列为最后位置，右对齐输出，其后的插入项不够n列时，以空格或其前设置的填充符填充。以显示的倒三角形的第三行为例，此时，i=3，cout语句中的“<< setfill(' ')<< setw(3)<<' '”控制该行前3列的显示，即输出区域宽度为3，输出项只有1个空格，故前面用2个空格填充符填充。然后“<< setfill('*')<< setw(10)<< endl”控制后面9个星号的输出，设置输出区域宽度为10，endl输出只占1列，前面用9个填充符*填充。

请修改程序，输出一个正三角的图形。

上面介绍了C++里用到的主要输出控制形式，但不建议花费较多的时间去掌握这些，因

为在实际应用中,输入输出格式随所编系统界面的不同会有较大区别,比如 Windows 界面下图标、菜单、工具按钮、文本框、文件等的输入输出方式与前面所讲的是不同的。

4.5　好程序的标准与算法的选择

现代信息社会里,软件业发展越来越快,程序设计早已摆脱了作坊式的个人工作模式,经历过了工业化的规模生产,产生了像微软这样的国际软件产业巨头,当今已步入软件生产的社会化模式。所以在了解了基本 C 语法之后,要从工程的角度了解程序设计的完整工作过程,如图 4-5 所示。

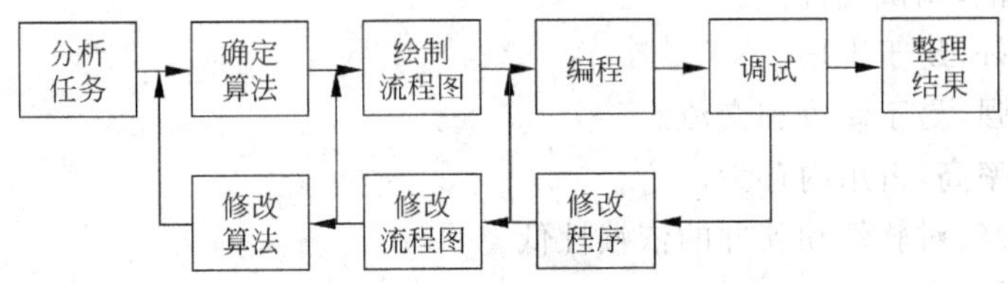

图 4-5　程序设计过程

由图中可以看出,编程只是其中的一小步,本书前 4 章只是学习 C 的语法,设计一些非常简单的程序,所以没有提出算法的概念。在经过了一些编程实践,了解了编程的基本概念后,现在是学习算法的恰当时候了。

著名计算机科学家沃思形象地用公式"程序＝算法＋数据结构"来强调算法的重要性。要想成为优秀的程序员,常用的算法知识是必须掌握的,否则编写出来的程序不一定是好程序。

通俗地讲,算法是指解决问题的方法或过程。严格地讲,算法必须满足下面的属性。

(1) 输入:有零个或多个外部量作为算法的输入。

(2) 输出:产生至少一个量作为输出。

(3) 确定性:每一步都是清晰的、无歧义的。

(4) 有限性:执行次数有限,执行每步的时间也是有限的。

算法考虑好了,编程就是水到渠成的事,因为程序是算法用某种编程语言的具体实现。

计算机的算法分为两类:数值运算算法和非数值运算算法。数值运算的目的是求数值解,如多项式求和运算、求方程的根、求一个函数的定积分等。非数值运算的应用更为广泛,如图书系统检索、人事调度、交通管理、互联网上信息的搜索等。

算法的表达方式有多种,如传统流程图、N-S 结构化流图、计算机语言等。对于需要理清思路的部分例题,本书给出了传统流程图,然后编写 C 程序。在绘制流程图的时候,可以采用自然语言描述,也可以用C 语言来描述,建议大家先用自然语言描述。

本书作为程序设计的入门教材,不讨论各种高深的算法,只从基本程序入手,引导学习者理解计算机运行的特点,针对其特点选择适当的算法,编写出好的程序。所以下面首先介绍什么样的程序才是好程序。

4.5.1　好程序的标准

对于什么是好程序,随着软硬件技术和开发环境的发展,编程初期与现在的编程风格、技术和观点有很大不同。早期的计算机内存小,速度慢,需求也少。例如早期非常流行的WPS软件(只有一个人设计),使用不方便,功能也少,但是在当时用户量非常大,占据了中国办公和家用文档排版系统的大半个江山。当时人们往往把代码的长度和执行速度放在很重要的位置,费尽心机缩短程序长度,减少内存占用量,提高速度。这样对功能应用和可靠性、兼容性、通用性、安全性等方面就考虑不多。随着计算机技术的发展,包括操作系统的发展,编程环境有了很大的不同,往往一个完美的程序,要求有完整的功能,非常好的可靠性、兼容性、通用性、安全性等,一个大型的程序很难简单地由一个人独立开发,而需要由多人合作开发,因此"好"程序的标准也发生了变化。现在认为好程序应能达到下列要求:

(1) 能够满足用户全部需求。

(2) 代码规范,调试代价低。

(3) 结构性好,易于维护。

(4) 可读性强,易于修改和交流。

(5) 执行效率高,占用内存少。

(6) 兼容性好,对软件和硬件的依赖性低。

(7) 通用性好,容错性强。

第(1)条当然是最基本的。一个不能够满足用户需求的程序当然谈不上"好",再谈执行速度已毫无意义。

第(2)条调试代价低,即花在调试上的时间少。这一条是衡量程序好坏,也是衡量程序员水平的一个重要标志。同样的功能,不同代码的调试时间有时相差几十倍。

第(3)、(4)条要求程序可读性强,易于理解、修改、维护和合作。

第(5)条是针对大量数据的处理,代码执行效率高低严重影响到用户对程序的可接受性。

第(6)条要求好的程序不能过于依赖软件和硬件环境,例如部分程序支持在Windows XP下运行,但是不支持在Windows 7下运行,这就会给用户带来麻烦。

第(7)条是指程序的运行要有一定的容错性,能够指出用户可能的错误,而不是简单地退出、蓝屏或死机,尤其是数据库操作的时候,一定要保证数据的安全性。

对于编程初入门者,要使每一条语句尽量简单易读,使整体结构层次清楚、条理分明。为此,首先要养成良好的书写习惯——缩进式(第2章已详述,并且本书的例题全部采用缩进式,请学习者体会、模仿)。其次要养成加注释的好习惯。越是有经验的高水平程序员,在编写代码的时候越注重这两点。一个好的程序在满足运行结果正确的前提下,首先要有良好的结构,使程序清晰易懂,然后要有较高的运行速度,较小的内存空间。也就是说,在运行速度与内存容量允许范围内,程序质量标准是"清晰、易读第一,效率第二"。因为只有程序具有了良好的结构,才易于设计和维护,从长期、整体来说才真正提高了效率,减少软件成本。

4.5.2 选择合适的算法

计算机俗称电脑,但电脑与人脑相比是有很大差别的。早在计算机出现后的第10年,也就是1956年,冯·诺依曼写过一篇未完成的文章《计算机与人脑》,阐述了二者的不同。电脑与人脑相比速度快、容量大。计算机可以高速地、不厌其烦地进行大量的重复操作,处理大量数据信息。从程序设计角度来看,编程者必须理解计算机的特点,选择合适的算法,写出层次清楚、易读易懂的高质量程序，用程序代码指挥计算机进行有效地运算。

如例4-5求三个数中最大数的例子，三种程序都能运行并得到结果。但中间的第二种方法：

```
if(x > y && x > z)
    max = x;
if(y > x && y > z)
    max = y;
if(z > x && z > y)
    max = z;
```

等于是编程者自己想办法判断到底是x大、y大还是z大。这种由人脑来做判断的办法可以称为“笨办法”。如果数据不是3个，而是300个、30 000个，笨办法就行不通了，大量的数据应该交给计算机，让计算机判断和处理。编程的时候，要利用计算机可以循环执行一段程序的特点，编制程序，告诉计算机如何循环，何时结束循环，而不是把所有的操作都写出来，写成一长串的顺序指令。编程的时候，要利用变量的概念。设立了变量max，顾名思义是要用这个变量放最大的数，赋给max第一个数，然后逐一与其余数比较，始终保持max是比较数中的大数，比较到最后，max自然就是最大数。这就是例4-5最左边代码的算法。即使数据量大，也按这个思路利用数组和循环来处理就行了，这将在第6章介绍。至于最右边if…else…嵌套的代码是最不清晰易懂的算法，初学者不要选择这样绕来绕去的“复杂”算法，甚至本书中大部分题目，如果考虑的算法过于复杂，就是绕弯了，宜换一种思路！

【例4-13】 输入三个整数，放在变量a、b、c中，将这三个数按从大到小输出。

分析：a、b、c中输入的三个整数，其大小顺序应该是任意的，编程的目标是程序运行后，按从大到小的顺序输出三个数。

与求最大数类似，如果编程的思路按如下考虑：

```
如果(a>b>c)…
如果(b>a>c)…
如果(c>a>b)…
如果(a>c>b)…
…
```

即编程者想用人脑来穷尽所有可能，就把自己当成计算机了。从程序的通用性讲，应该能处理大量的数据，如果学习者考虑一个算法如此烦琐，应该是走错路了，就要换个思路：a既然是变量，程序运行过程中其值就可以变化，开始时放第一个输入的数，然后就可以放最大的数，以a装最大数去编程，即执行下面两条语句：

```
if(a<b){a、b 互换}
if(a<c){a、c 互换}
```

此时，a、b、c中的最大数就在a中了，继续编程将b、c中的大数放在b中，再剩下的自然就是最小数了，最后输出结果a、b、c，就是按从大到小排好序的三个数。

请按照上面的思路完成程序。

【例4-14】 求两个整数a、b的最大公约数gy与最小公倍数gb。如12和8的最大公约数是 4,最小公倍数是 24。

分析:a 和 b(设 a>b)的最大公约数 gy 若存在,则应该是从 1 到 b 之间的一个数,把所有这些数逐一试一遍,就可以找到答案(称为枚举法)。既然是找"最大"公约数,就反过来从 b 开始,变量 i 从 b 逐一减到 1,用 a 和 b 分别去除,第一次都能够整除的 i 就是最大公约数。

a 和 b 的最小公倍数则是大于等于 a 小于等于 a * b 且是 a 的整数倍的一个数。用变量 i 从 1 逐一加到 b,用 a * i 除以 b,若能够整除则 a * i 就是最小公倍数 gb。程序代码如左边所示。

另外,采用数学上的辗转相除法。

(1) a 除以 b 得余数 r;若 r=0,则 b 为所求的最大公约数。

(2) 若 r!=0,则把 b 赋给 a,r 赋给 b,继续第(1)步,辗转相除。

两整数 a、b 的最大公约数 gy 与最小公倍数 gb 有如下简单关系:gy×gb=a×b。因而求出了最大公约数后,即可求得最小公倍数。程序代码如右边所示。

<table>
<tr><th>枚举法</th><th>辗转相除法</th></tr>
<tr><td>

```
#include <iostream.h>
void main()
{   int a,b, gy,gb,t,i;
    cout<<"输入正整数 a,b:";
    cin>>a>>b;
    if(a<b)
    {     t=a;a=b;b=t;//若 a<b,则交换
    }
    for(i=b;i>=1;i--)
    {  if(a%i==0 && b%i==0)
       {  gy=i;
          break;
       }
    }
    for(i=1;i<=b;i++)
    {  gb= a*i;
       if(gb%b==0)
          break;  //第一个值就是
    }
    cout<<a<<"和"<<b<<"的最大公约数
是"<<gy<<endl;
    cout<<a<<"和"<<b<<"的最小公倍数
是"<<gb<<endl;
}
```

</td><td>

```
#include <iostream.h>
void main()
{   int a,b, gy,gb,q,r,t,m,n;
    cout<<"输入正整数 a,b:";
    cin>>a;cin>>b;
    if(a<b)
    {    t=a;a=b;b=t;  //若 a<b,则交换
    }
    m=a;
    n=b;
    r=m%n;
    while(r!=0)
    {  m=n;
       n=r;
       r=m%n;
    }
    gy=n;
    gb=a*b/gy;
    cout<<a<<"和"<<b<<"的最大公约数
         是"<<gy<<endl;
    cout<<a<<"和"<<b<<"的最小公倍数
         是"<<gb<<endl;
}
```

</td></tr>
</table>

运行结果:

```
输入正整数a,b:35 20
35和20的最大公约数是5
35和20的最小公倍数是140
```

运行结果:

```
输入正整数a,b:8 12
12和8的最大公约数是4
12和8的最小公倍数是24
```

从时间的角度,数学方法要快一些,但数学方法往往难以理解,算法也不容易想到。另外,还有许多问题没有比较好的公式可用,这时用枚举法来处理,是一种比较好的方法。左边的代码更清晰易读。

但是，同样是利用枚举法，逐一搜索答案，如果按常规从 1 逐一加到 b 循环，代码段如下：

```
for(i = 1;i <= b;i++)
{   if(a % i == 0 && b % i == 0)
        gy = i;
}
```

找遍了 a、b 的所有公约数，比如 a=24，b=96 时，i 从 1 开始，将 2、3、4…一次次地赋给变量 gy，像黑瞎子掰玉米一样，得到一个就冲掉了前一个，经过很多次循环后，只保留了最大的公约数，虽也得到了正确的结果，却枉然地循环了很多遍，运行时间要远大于左边的程序，也是不适合的。

从以上例题可以看出：在编程之前，费些心思考虑选择合适的算法是很重要的。第 5 章将总结一些典型算法的题目。希望学习者拿到一个任务时，不要急着写代码，而应多思考、尽量选择合适的算法。完成一个程序后，再琢磨自己的程序是否最优，还有没有优化的可能，如何优化。同时也建议学习者多看参考书，与同学、网友或在相关的论坛上多交流，相互学习能更快地提高自己的编程水平。

4.6 本章知识要点和常见错误列表

本章主要是完善 C 的基础编程，补充了分支结构的嵌套使用、else if 语句形式和多分支结构 switch 语句；介绍了很重要的第三种循环语句——for 语句；最后介绍了算法。

本章知识点总结如下。

(1) 各种类型的常量、变量和表达式均可当成逻辑量：非 0 为真，0 为假。

(2) 分支和循环中用到的条件可以是任意表达式、变量或常量，其值非 0，即条件满足；为 0，条件就不满足。逻辑运算和关系运算的结果只有两个值：1 代表真，0 代表假。

(3) 分支结构的嵌套经常会用到，它的结构只能是内外嵌套，用 if(…){ if(…){…} else {…}} else{…}。多层嵌套时的配对规则是：从内层开始，else 总是与它上面最近的未曾配对的 if 配对(就近原则)。

(4) 多层嵌套时，宜采用 else if 语句形式，即嵌套在 else 中，不易出错。

(5) 多分支结构 switch 是对多个条件的一种简化形式，称为开关语句，在使用的时候要注意 break 和 default 的用法。同时也要注意，switch 语句中的 case 只是匹配一个确定的整型或字符型常量，不能判断一个条件范围，case 后是一组语句，不需要复合成一条语句。

(6) for 语句是循环结构的第三种语句，也常被称作定数循环。一般来说，在循环次数已知或可确定的情况下，使用 for 循环较好。

(7) cin 和 cout 除了能够常规输出外，还可以进行格式控制。

(8) 本章最后介绍了好程序的标准以及如何选择合适的算法，写出高质量的程序。算法是处理问题的过程和技巧，小到两三行语句，大到一个复杂的程序，在编程中都会遇到算法选择，本章通过几个例子不同算法优劣的比较，阐述了选择合适算法的重要性。

本章常见的错误如表 4-2 所示。

表 4-2 本章常见的错误

序号	常见错误	错误举例	分　　析

1	条件表达式错误	if (1<=x<10)
		　…
		else
		　…
			这是初学者常犯的一个错误，条件表达式 1<=x<10 不能像数学上那样表示，正确的表示方法是：x>=1&&x<10。1<=x<10 这样的形式语法不会出错，因为它有合法的编译结果，但不合本例的要求

2	if 嵌套中结构出错	if(…){
		if(…)
		else{…}
		else…
		}
			当 if 的嵌套有多层时，学习者很容易搞错或搞乱它们的层次，所以强调在书写格式上一定要采用“缩进式”，这样直观，容易查错。if…else…允许多重嵌套，在嵌套里 else 的结合是采用向上就近未匹配原则

3	switch 语句格式写错	switch(ch<'9')
		{
		　case 1: …
		　case 2: …
		　⋮
		}
			switch 语句，根据表达式的值确定处理分支，本例中，只能是变量值 ch，不能写成条件 ch<'9'；另外 ch 要与 case 中的值相比较，如果相等，就进入该分支……所以要注意类型的匹配：ch 是字符型，若 1 和 2 不带' '，匹配不会成功

4	switch 语句少了 break	switch(变量值)
		{
		　case 常量 1: …;
		　⋮
		　case 常量 n: …;
		　default: …;
		}
			如果所有常量后面的执行语句中，结束处都没有 break，则在满足该条件后，后面的条件不再判断，而是顺序向下执行其他分支，这样有可能不符合要求，造成意想不到的错误，这种错误不属于语法错误，系统不提示，所以有隐蔽性

5	switch 语句常量表达式值不正确	switch(score)
		{
		　case score>90: …
		　…
		　default: …;
		}
			case 中的表达式只能是整型或字符型常量表达式，不应有变量，不能是一个范围，若一定要求在一个范围内时，则要改用 if

6	for 循环内部“;”使用错误	for(i=1,i>10,i++)	这是初学者常见的一种错误，for 语句里由三部分组成，它们之间一定要用分号“;”间隔

7	for 循环内部条件控制不够	for(i=1;i<10)
		或
		for(i<10,i++)
			for 循环里的三个部分一个都不能少，若没有可以空，但是“;”不能省

8	for 循环后加“;”	for(i=1;i<10;i++);	for 和 if、while 等结构一样，不能在语句中间随便加“;”，否则 for 循环体就不能被循环执行

9	for 循环控制条件不正确	for(i=1;i>10;i++)
		或
		for(i=1;i<10;i--)
			由于控制循环的条件设计不正确，导致循环不能正常执行

习题

一、选择题

1. 设 int a=0,b=5;,可执行 x++的语句是(　　)。
   A. if (a) x++　　B. if(a=b) x++
   C. if(a==b) x++　　D. if(! (a-b)) x++
2. C 语言对嵌套 if 语句的规定是：else 总是与(　　)配对。
   A. 其之前最近的 if　　B. 第一个 if
   C. 缩进位置相同的 if　　D. 其之前最近且未匹配的 if
3. 以下关于 switch 语句和 break 语句的描述中，只有(　　)是正确的。
   A. 在 switch 语句中必须使用 break 语句
   B. break 语句只能用于 switch 语句中
   C. 在 switch 语句中，可根据需要用或不用 break 语句
   D. break 语句是 switch 语句的一部分
4. 下面程序段运行后 i 的值是(　　)。

```
int  i = 10;
switch(i + 1)
{   case 10: i++;break;
    case 11: ++i;
    case 12: ++i;break;
    default: i = i + 1;
}
```

   A. 12　　B. 11　　C. 13　　D. 14
5. 下面程序段运行后的结果是(　　)。

```
#include<iostream.h>
void main()
{   int a = 2,b = 7,c = 5;
    switch(a % 2)
    {   case 1:
            switch(b % 2)
            {   case 1:cout <<"@";break;
                case 2:cout <<"!";break;
            };
            break;
        case 0:
            switch(c % 2)
            {   case 0:cout <<" * ";break;
                case 1:cout <<" # ";break;
            };
            break;
        default:cout <<"&";break;
```

```
    }
}
```

A. @　　B. !　　C. *　　D. #

6. 语句 while(!e)；中的条件!e 等价于(　　)。

A. ～e　　B. e ==1　　C. e!= 0　　D. e==0

7. 下面的叙述正确的是(　　)。

A. 不能使用 do…while 语句构成循环,可能一次都不执行循环体

B. do…while 语句构成的循环必须用 break 语句才能退出

C. 对于 do…while 语句构成的循环,当 while 中的表达式值为非零时结束循环

D. 对于 do…while 语句构成的循环,当 while 中的表达式值为零时结束循环

8. 以下 for 循环(　　)。

```
for(x = 0,y = 0;(y!= 123)&&(x < 4);x++);
```

A. 是无限循环　　B. 循环次数不定　　C. 执行 4 次　　D. 执行 3 次

9. 以下程序段执行后,输出"*"的个数为(　　)。

```
#include < iostream.h>
void main ()
{   int  i, j;
    i = 0;
    while(i++< 5)
    {   j = 0;
        do
        {   cout <<" * ";
        }while(++j < 4);
    }
}
```

A. 15　　B. 10　　C. 20　　D. 25

10. 执行以下程序段后,程序的输出结果是(　　)。

```
char ch;
int s = 0;
for(ch = 'A';ch<'Z';++ch)
     if(ch % 2 == 0)   s++;
cout << s << endl;
```

A. 13　　B. 12　　C. 26　　D. 25

二、程序阅读题

1. 写出下面程序运行的结果。

```
#include < iostream.h>
void main ()
{   int x,i ;
    for (i = 1 ; i <= 100 ; i++)
    {   x = i;
```

```
        if (x % 2 == 0)
            if (x % 3 == 0)
                if(x % 7 == 0)
                    cout << x << endl;
    }
}
```

2. 写出下面程序运行的结果。

```
#include <iostream.h>
void main ()
{   int  k = 1,n = 263,g ;
    while (n)
    {   g = n % 10;
        cout << g <<'  ';
        k =  k * g ;
        n =  n/10 ;
    }
    cout << k;
}
```

3. 写出下面程序运行的结果。

```
#include <iostream.h>
void main ()
{   int a = 10,y = 0 ;
    do
    {   a += 2 ;
        y += a ;
    } while (a == 14) ;
    cout <<"a = "<< a << " y = "<< y << endl ;
}
```

4. 下面程序将输入的大写字母改写成小写字母输出，其他字符不变；请判断该程序的正误，如果错误请改正过来。

```
#include <iostream.h>
void main ()
{   char  c;
    cin >> c;
    c = (c >= 'A'|| c <= 'Z') ? c - 32 : c + 32 ;
    cout << c;
}
```

三、编程题

1. 编程实现数学表达式 $y=\begin{cases}1 & x>0\text{ 时}\\0 & x=0\text{ 时}\\-1 & x<0\text{ 时}\end{cases}$

建议分别用简单 if 语句和 else…if 语句两种方法实现。

2. 编程模拟 n 个人参加选举的过程,输出选举结果:假设候选人有 4 人,分别用 A、B、C、D 表示,计算机随机产生某人编号,模拟选民的选举过程,若产生的不是 A、B、C、D 则视为无效票,选举结束后输出候选人编号和所得票数。

3. 我国个人所得税采用 7 级计税方法,应纳税额＝应纳税所得额×适用税率－速算扣除数,具体税率和速算扣除数如下表所示,请编程实现当收入不超过 9000 时的应纳税额。

级数	应纳税所得额	适用税率	速算扣除数
1	不超过 1500	3%	0
2	超过 1500 至 4500 的部分	10%	105
3	超过 4500 至 9000 的部分	20%	555
4	超过 9000 至 35 000 的部分	25%	1005
5	超过 35 000 至 55 000 的部分	30%	2755
6	超过 55 000 至 80 000 的部分	35%	5505
7	超过 80 000 的部分	45%	13 505

(要求分别用 else…if 语句和 switch 语句写两个程序实现。)

4. 一球从 100m 高度自由落下,每次落地后反跳回原高度的一半;再落下,求它在第 10 次落地时,共经过多少米?第 10 次落地后又反弹多高?注意验证结果的正确性。

5. 从键盘输入 n(n＞0)个整数,求其和(先输入个数,再输入相应的具体数)。

6. 循环输入若干字符,以 $ 作为结束标识,分别统计出其中的数字、字母及其他字符的个数。

7. 编程找出 2000—3000 年间所有的闰年。

8. 求斐波那契数列前 15 项的和。斐波那契数列:f(0)＝1,f(1)＝1,f(n)＝f(n－1)＋f(n－2)。

9. 数学上有个水仙花数,它是指一个三位数,它的各位数字的立方和等于其本身,例如 $153=1^3+5^3+3^3$,请找出所有的水仙花数。

10. 编写一个猜数的小游戏程序。计算机随意产生一个 1～10 的整数放在 a 中,输入任意猜的数存于 x 中,如果 x＜a,提示"你猜小了",如果 x＞a,提示"你猜大了",如果 x＝a,提示"你猜中了",程序结束,或输入 0,承认失败后,程序结束,否则继续猜。

11. 输入一个 short 型整数,分别将其二进制数的①最低位设置为 1;②最高位设置为 0;③每一位取反,用十进制和十六进制形式输出。

第5章 编程进阶

前四章，我们学完了基本数据类型、各种表达式、输入输出语句和三大循环结构语句，本章要上一个台阶，进一步学习复杂的循环结构及其控制，总结四种经典题型，这样，基础部分的学习就告一段落了。学习者应及时复习、总结，扎实地掌握三大结构的编程，为后面C的核心知识的学习打下良好的基础。有了基本的编程实践后，应跟随本章最后一节学习动态调试，提高自己发现问题、解决问题的上机实践能力。

5.1 复杂的循环结构

5.1.1 循环的嵌套

与if语句的嵌套类似，当一个循环体内又包含另一个完整的循环结构时，称为循环嵌套或多重循环，循环结构可用三种循环语句的任意一种。三种循环可以相互嵌套，而且可以嵌套多层，例如：

```
(1) for (… ; … ; …)
    {     …
          for (… ; … ; …)
          { …
          }
    }
```

```
(2) for (… ; … ; …)
    {     …
          do
          { …
          } while(…);
    }
```

```
(3) while (…)
    {     …
          for (… ; … ; …)
          {   …
          }
    }
```

当然，还可以有很多种配合形式，不管三种循环语句如何搭配，编写循环嵌套结构时要注意以下几点。

⚠**注意**：(1) 必须是外层循环“包含”内层循环，不能发生交叉。

(2) 书写上要正确使用“缩进式”形式来明确层次关系，以增强程序的可读性。

(3) 要注意优化程序，尽量节省程序的运行时间，提高程序的运行速度。循环嵌套写得不好，会增加很多次循环，延长程序运行时间。

比如例4-9：编程求s=a+aa+aaa+…的值。下面的程序段左边是第4章例子的程序片段，右边是另一种方法。

```
i = 1;t = a;s = 0
while(i <= n)
{   s = s + t;
    t = t * 10 + a;
    i++;
}
```

```
s = 0;
for(i = 1; i <= n; i++)
{   t = 0;
    for(j = 1;j <= i;j++)
        t = t * 10 + a;
    s = s + t;
}
```

右边的程序段每次从 t=0 开始循环构造一个新项，累加和 s 就要用两重循环的嵌套来实现，程序运算量显然比左边的每一项 t 都是在前一项的基础上推导出来要大得多，浪费了时间。

【例 5-1】 中国古代数学问题之百钱买百鸡问题(《张邱建算经》)：今有鸡翁一，值钱伍；鸡母一，值钱三；鸡雏三，值钱一。凡百钱买鸡百只，问鸡翁、母、雏各几何？用现代语言描述就是：公鸡一只五元，母鸡一只三元，小鸡三只一元，问一百元买一百只鸡，应该怎么买？

这个问题我们可以用枚举法求解，假设公鸡有 i 只，根据 100 钱的限制，i 最大值为 20；假设母鸡 j 只，则 j 最大值为 33；假设小鸡有 k 只，根据总数量的限制则 k 最大值为 100，并且 k 是 3 的倍数。用三重循环实现求解。

```
#include <iostream.h>
void main()
{   int i,j,k;
    for(i = 0;i <= 20;i++)
    { for(j = 0;j <= 33;j++)
        {   for(k = 0;k <= 100;k += 3)
            {   if((i + j + k == 100)&&(i * 5 + j * 3 + k/3 == 100))
                {   cout <<"公鸡 = "<< i <<"\t 母鸡 = "<< j <<"\t 小鸡 = "<< k << endl;
                }
            }
        }
    }
}
```

运行结果：

```
公鸡=0   母鸡=25  小鸡=75
公鸡=4   母鸡=18  小鸡=78
公鸡=8   母鸡=11  小鸡=81
公鸡=12  母鸡=4   小鸡=84
```

⚠**注意**：凡有“包含”关系的，即内缩，每一层的“{}”要上下对齐。

计算机遇到嵌套循环时，执行的过程也是一条条语句执行的。内循环是外循环体中的一条语句，当外循环取一个数，执行一次，内循环就要执行一遍。例 5-1 中，当 i=0 时，j 要从 0,1,2,…,33 执行一遍；当 j=0 时，k 要从 0,3,6,…,99 执行一遍。这样，最内层的循环体总共执行 21×34×34=24 276 次。

可以看出上述程序执行时间很长，大家可以对程序做优化。

外循环执行一次，内循环就要循环执行一遍，这个思想是理解循环嵌套的关键。

5.1.2 循环控制语句 break 和 continue

循环结构除了根据循环条件正常结束循环外，还可以提前结束整个循环或某次循环。C 中可以用 break、continue、goto 三种语句和 exit 函数来控制循环的执行。函数 exit(包含在头文件 stdlib. h 中)的功能是终止整个程序的运行，强制返回到操作系统。goto 是无条件跳转语句，与模块化程序设计思想不合，不建议使用。本节对比着介绍 break 语句和 continue 语句。

break 语句的一般形式为：

```
break;
```

break 语句在第 4 章中提到过，它能够跳出 switch 分支语句，而转入下一条语句继续执行。在循环语句中，也可以使用 break 语句来提前终止循环的执行，直接跳出当前循环语句，转去执行循环结构的下一条语句，其执行机制如图 5-1 所示。虽然以 for 语句为例，对于 while 语句或 do…while 语句也一样，循环体中只要执行 break 语句，都跳出循环，转去执行循环结构的下一条语句。

continue 语句的一般形式为：

```
continue;
```

continue 语句的作用是结束本次循环，即跳过 continue 语句后面循环体内尚未执行的语句，直接进行下一次循环控制变量修正和循环条件的判定。

for 语句中含有 continue 语句的流程图如图 5-2 所示，执行 continue 后跳过循环体 2，直接去求表达式 3，然后求表达式 2，判断下一次循环。带有 continue 语句的 while 和 do…while 语句直接跳至 while 后的循环条件判断，如下所示。

```
while(x<10)                //continue 跳到这里,判断是否继续循环
{    …
     if (…)
         continue;
     …                     // continue 执行后,这些语句就不执行了。
}
```

注：两图中的虚线方框代表循环体。

从图 5-1 和图 5-2 中可以明显看出 continue 和 break 语句的区别：continue 语句只结束本次循环，而不是终止整个循环的执行；break 语句则是结束循环结构，不再进行条件判断。

【例 5-2】 给出圆的半径 r=1,2,…,10，分别输出其面积，如果面积大于 100 则不再输出。

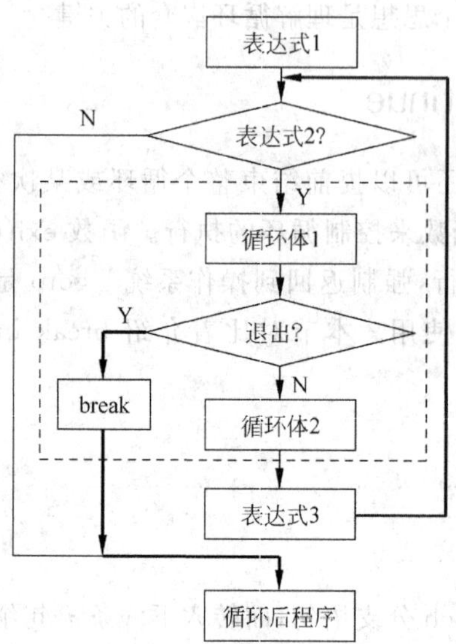

图 5-1 for+break 循环流程图

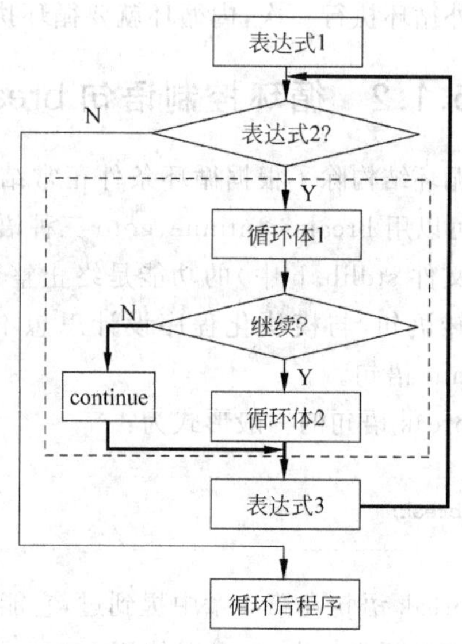

图 5-2 for+continue 循环流程图

```
#include <iostream.h>
#define  PI  3.1415926
void main()
{   int r;
    float area;
    for(r=1;r<=10;r++)
    {   area=PI*r*r;
        if(area>100)
            break;
        cout<<"r: "<<r<<" area: "<<area<<endl;
    }
}
```

运行结果：

```
r: 1 area: 3.14159
r: 2 area: 12.5664
r: 3 area: 28.2743
r: 4 area: 50.2655
r: 5 area: 78.5398
```

其中阴影行的语句，在 r=6 时，因面积大于 100，就执行了 break 语句，立即结束了循环，没有按 for 语句正常情况循环 10 次。

注意：使用 break 语句应注意如下几个问题：

(1) break 语句只能用于 switch 结构或循环结构，在其他语句结构中不起作用。如例 5-2 中的 break 语句跳出的不是 if 语句，而是 for 循环。

(2) 在循环语句嵌套的情况下，break 语句只能跳出它所在的循环，退出到本循环之外，而不能同时跳出多层循环，也就是说，一条 break 语句，只能跳出一层循环，例如：

```
for(…)                    //外层循环
{   …
    for (…)               //内层循环
    {   …
        break;
    }
    …                     //break 跳出后的位置
}
```

(3) break 语句虽然可以单独使用，但通常都如例 5-2 一样，配合 if 语句来控制循环的执行。

【例 5-3】 某宾馆有 60 个房间，编号是从 101 到 160。某客人入住宾馆，他不喜欢 4 这个数字，请编程列出他可以住的房间号，并按每 5 个房间号一行进行输出。

分析：本例要从全部数据中剔除某些满足条件的数据。下面的代码使用 continue 进行过滤，同时说明如何控制每行显示 5 个数。

```
#include <iostream.h>
void main()
{   int i,n=0;
    for(i=101;i<=160;i++)
    {   if(i%10==4 || i/10%10==4)     //判断个位或十位是 4 否?
            continue;                 //若有 4,则不执行剩余语句,查询下一个数
        cout<<i<<"\t";
        n++;                          //n 是专门用来记录打印个数的变量
        if(n%5==0)
            cout<<endl;               //按 5 个数一行来显示结果
    }
}
```

运行结果：

```
101     102     103     105     106
107     108     109     110     111
112     113     115     116     117
118     119     120     121     122
123     125     126     127     128
129     130     131     132     133
135     136     137     138     139
150     151     152     153     155
156     157     158     159     160
```

例中如果不设记录打印个数的变量 n，直接用变量 i 控制每行 5 个数是否可以，结果会怎样？请上机试验。

5.1.3　无限循环的应用

初学循环程序设计时，容易写出“死循环”，即无限地循环执行自己写的一段程序，“死”在无谓的循环里，无法终止循环去做其他的事情，可能表现为黑屏、重复刷屏或死机。

然而，和这种“死循环”不太一样的，生活中确实有很多无限循环的现象，比如计算机一

直开着,Windows 系统一直工作着,再比如一个 MP4 播放器,通常要无限循环地播放一批歌曲,这些情况的程序设计,都需要正常地编写无限循环。三种循环语句都可以处理成无限循环,这样的代码在编写的时候一定要小心,注意退出循环的控制,否则就可能真成了"死循环"。

【例 5-4】 求加到第几项时,调和级数的值大于 10。调和级数前 n 项的公式为:

$$S_n=1+\frac{1}{2}+\frac{1}{3}+\cdots+\frac{1}{n}$$

分析:这是一道级数或数列类型的题目,求 n 项累加和,要找到第一个满足条件的 n 值,因此在编程前并不能确定求和的项数,如用循环来实现,也就不能确定循环次数,因此本例可以用 while 循环结合 break 完成。

```
#include <iostream.h>
void main()
{   int i = 1;
    double sum = 0;
    while(1)                    //这里看起来是无限循环,但循环体内有 break 控制循环结束
    {   sum = sum + 1.0/i;
        if(sum > 10)            //在这里判断循环结束的条件
            break;
        i++;
    }
    cout << "第" << i << "项时,调和级数的值大于 10." << endl;
}
```

运行结果:

```
第12367项时, 调和级数的值大于10.
```

【例 5-5】 编写一个硬件查询检测程序。这里只给出部分代码来说明无限循环的应用。

```
void main()
{   int  sign = 0;
    …
    for(;;)                     //无限循环
    {   …                       //检测硬件端口,计算 sign 值;
        if(sign == 1)           //查询、检测
        {   …                   //启动相应程序;
        }
        …                       //否则一直循环
    }
}
```

某些工业现场的系统一旦开启就一直工作,而工作过程中还要检查某些特殊情况的处理,就需要用到这样的硬件检测与查询程序进行控制。

5.2 典型题目的编程

本节对出现最频繁的 4 类题目的编程思想予以归纳、总结，希望帮助学习者深入掌握基础部分内容。并建议对各种题目都上机练习，再配合 5.3 节动态调试，全面提高 C 的编程及上机调试能力。

5.2.1 累加与累乘

累加或累乘的问题，在前面的例子中多次出现过，如例 4-8、例 4-9、例 5-4、例 5-13 和例 5-14 等，是最常见的一类编程，这里总结其用法和注意事项。

累加求和问题的数学表达式一般是：$S_n = a_1 + a_2 + \cdots + a_n$。对于这类题目，一般的编程思路是将公式转换为逐步求和的过程，进行处理，即：

$$\text{令：}\begin{cases} S_1 = a_1 \\ S_2 = a_1 + a_2 \\ \vdots \\ S_n = a_1 + a_2 + \cdots + a_n \end{cases} \qquad \text{则}\begin{cases} S_1 = a_1 \\ S_2 = S_1 + a_2 \\ \vdots \\ S_n = S_{n-1} + a_n \end{cases}$$

即求和的递推公式：$S_n = S_{n-1} + a_n$

这样累加求和的问题就变成了循环求和，用循环结构来实现，其基本步骤概括如下：

(1) 定义一个累加和变量 sum，同时初始化为 0；

(2) 定义一个代表通项的变量 t，循环前将第一项赋给 t；

(3) 构建循环结构，根据问题的具体要求，如果循环次数确定，建议使用 for 语句；如果不能确定，则可使用 while 或者 do…while 语句；

(4) 构建循环体，核心语句是"sum＝sum＋t;"，之后将 t 更新为下一项。

求和问题的编程，可以应用到一些级数计算的问题中，比如 π、e、sinx 等，虽无法得到其准确的值，但依据公式，可以通过累加和求其近似值。

累乘问题的求解和累加有相似之处，也是转化为递推公式 $S_n = S_{n-1} \times a_n$ 进行求解。如例 2-11 和例 4-1，注意的是，累乘结果的初始化是 1，如果累乘的结果比较大，就容易超出变量类型的表示范围，因此要注意变量类型的选择，特别在标准 C 中，整型与长整型数值范围相差很大。

5.2.2 穷举搜索法

现实中有很多问题的解"隐藏"在多个可能中。所谓"穷举搜索法"就是将问题所有可能的答案一一列举，并对每一个可能解进行判断，从中得到正确的答案。该法对于人手工操作来说是单调而烦琐的，但是对于高速、高精度的计算机来说，却可以通过牺牲时间(穷尽所有可能，一一去试)来换取答案的正确性和全面性。

"穷举法"也称为"枚举法"，其优点在于算法思想简单、易于实现，对于初学者和一些规模不大的问题，是一种较好的选择。例 3-6，例 4-14，例 5-1，例 5-6 和例 5-8 都是枚举法。

【例 5-6】 找零钱问题,把一元钞票换成一分、两分和五分的硬币,有多少种换法?输出所有可能的方案。

分析:根据生活常识,这种换法有很多种,设一分、两分和五分的硬币的个数分别为one、two、five,根据题目要求可列出如下方程:

$$one + 2 \times two + 5 \times five = 100$$

未知数的个数多于方程个数,是一个有多解的方程,可用穷举搜索法来处理这类问题。

依题意,one、two、five 都应该是零或正整数,且它们的取值范围如下:

five:0～20 (假定一元都用五分去换,需要 20 枚)
two:0～50 (假定一元都用两分去换,需要 50 枚)
one:0～100 (假定一元都用一分去换,需要 100 枚)

根据以上条件,列出 one、two、five 的所有可能取值,找到满足方程的解。

因为有多组解,为了表示不同解和统计的方便,用变量 i 表示解的序号。

```
#include <iostream.h>
void main()
{
    int one ,two, five, i = 0;          //i 有效解个数统计
    for(five = 0;five <= 20;five++)
    {   for(two = 0;two <= 50;two++)
        {  one = 100 - five * 5 - two * 2;
           if(one >= 0)
           {   i++;
               cout <<"No."<< i <<"\t 五分:"<< five <<"\t 两分:"<< two
                   <<"\t 一分:"<< one << endl;
           }
           else
               break;                   //one < 0 时跳出 two 循环
        }
    }
    cout <<"共有"<< i <<"种换法\n";
}
```

运行结果:(由于结果太多,这里只是截取最后部分的结果)

```
No.536  五分:18 两分:4  一分:2
No.537  五分:18 两分:5  一分:0
No.538  五分:19 两分:0  一分:5
No.539  五分:19 两分:1  一分:3
No.540  五分:19 两分:2  一分:1
No.541  五分:20 两分:0  一分:0
共有541种换法
```

本例值得模仿的是有很多答案时,宜编程加上序号。

在例中,如果去掉 else 及 break,程序运行结果有变化吗?为什么?还可以采用三重循环,请分析比较。

5.2.3　数位提取问题

1. 整数位的提取

在解决某些数学问题的时候，有时需要把一个整数的每一位取出来进行单独运算或处理，典型的题目有同构数、完数、水仙花数等数学问题，它们的各位数字之间存在着某些联系和规律，这类问题的计算机处理方法一般采用穷举搜索法将答案一一找出来。解决这类问题，要将任意一个正整数的各位提取出来。

处理数位提取问题常用的法宝是两个运算符："/"和"%"。

"/"运算符用于两个整数之间的除法时，结果截尾取整。一般用除以 10 或 100 以提取高位，如：3742/10 得到 374，其结果是截去了该数的低位，提取了剩余的高位。

"%"运算符用于求两个整数相除后的余数，一般右边的操作数也是 10 或 100，用于取出低位数，如 123%10 得到个位 3。

【例 5-7】 将任意输入的 5 位以内的正整数按逆序输出，例如，输入 123，输出 321。

分析：此例要求逆序输出，自然想到先输出个位、再输出十位……，麻烦的是预先不知道是几位数，所以不适合用 for 循环，因为若用 for，要分成一位数、两位数、三位数……五种情况，太烦琐就肯定绕路了。避开的办法就是选用 while 和 do…while，先输出个位（shu %10，如 123 的 3），然后循环输出剩下的高位数（shu = shu /10，即 12）的个位 2，循环至处理最高位（此处为 1，此时剩下的数 1/10 是 0）后就可以结束了，所以循环的条件可以写成剩下的数不等于 0，即 while(shu! =0)，不管几位数循环到剩下的数为 0 就结束，这是本题的关键点。

```
#include <iostream.h>
void main()
{   int shu,gewei;
    cout<<"Input an integer pls:";
    cin>>shu;
    do
    {   gewei = shu % 10;          //求出个位
        cout << gewei;             //输出个位
        shu = shu/10;              //准备下一次循环
    }while (shu!= 0);              //循环结束的判断
}
```

运行结果：

```
Input an integer pls:34785
58743
```

```
Input an integer pls:345678900
009876543
```

```
Input an integer pls:0
0
```

⚠注意：

(1) 此例变量的起名按照"见名知意"的规律，比直接用变量 i、j、m、n 或 x、y 等好理解得多，也不易混淆、出错，请学习者模仿。

(2) 此例若用 while 语句编写，循环条件是 shu! =0，当 shu 等于 0 时，则不会进入循环，就不打印任何东西，与应该直接输出 0 不符，故而 do…while 语句更完美。

【例 5-8】 找出 1000 以内所有的完数,并输出其所有的因子。所谓完数,即一个数除去自身之外的所有因子之和恰好等于其自身。例如,完数 28=1+2+4+7+14,其中 1、2、4、7、14 是其所有的因子。

分析:本例需要穷举搜索,在遍历 1～999 过程中,输出符合条件的数。根据完数的定义,问题的关键是求解一个数的所有因子,并进行累加。求 i 除自身之外的因子,可以在遍历 1～i/2 的过程中,判断是否可以整除 i。

```
#include < iostream.h >
void main()
{   int i,j,sum,m;
    for(i = 1;i < 1000;i++)                 //穷举搜索的过程
    {   sum = 0;
        for(j = 1;j <= i/2;j++)             //找到所有 i 的因子,并累加
            if(i % j == 0)
                sum += j;
        if(sum == i)                        //判断是否是完数
        {   m = 0;
            cout << i <<' = ';              //输出完数
            for(j = 1;j <= i/2;j++)         //输出该完数的所有因子
                if(i % j == 0)
                    if(m == 0)
                    {   cout << j;
                        m++;
                    }
                    else cout <<' + '<< j;
            cout << endl;
        }
    }
}
```

运行结果:

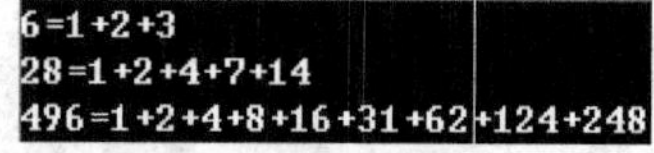
```
6=1+2+3
28=1+2+4+7+14
496=1+2+4+8+16+31+62+124+248
```

程序中,先判断该数是否为完数,如果是完数,再重新计算其因子并输出。在输出因子和的时候,用了一个变量控制输出形式,如果是第一个因子则前面不加“+”,与平时书写习惯一致。

2. 浮点数位的提取

浮点数位的提取,一般不能简单地按照整型数位提取方式,因为浮点数不能进行“%”运算,在进行“/”运算的时候,也不能得到想要的结果。一般这类应用不多,这里只提供两种方法:

一种是使用强制类型转换 int 或 long,将浮点数强制转换成整型数,然后再按整型数的方法进行提取。例如设 x=765.432,这里只举例取 6 和 3 两位,具体的代码请读者自己去编写。取出 6 的运算式:(int)x/10%10。取出 3 的运算式:(int)(x*100)%10。

另一种方法则是把浮点数转换成字符串(在标准库函数中有许多函数可以使用),然后再按字符串提取的方式进行操作。

5.2.4 递推与迭代

在数学公式中,有一类递推类的数列,通过初始值和递推公式(通项公式)可以推导出任意项的值,然后可以求前 N 项的和,前面讲到求累加和或累乘积的时候,用到的就是这个方法。

【例 5-9】 求斐波那契数列每项的值和前 n 项的和。

分析:在数学上,斐波那契数列以如下递推的方法定义:

$$F(0)=1,\quad F(1)=1,\quad F(n)=F(n-1)+F(n-2)(n\geqslant 2)$$

求解这个问题,至少要定义三个变量:f0、f1、fn,其中 f0 和 f1 表示递推的前两项,fn 表示递推得到的当前项,这三项不断更新,总是由前两项推出当前项。

```
#include <iostream.h>
void main()
{   int f0 = 1,f1 = 1,fn,n,sum,i;
    cout <<"Input the number n:";
    cin >> n;
    sum = f0 + f1;
    cout <<" 斐波那契数列第 1 项:"<< f0 << endl;
    cout <<" 斐波那契数列第 2 项:"<< f1 << endl;
    for(i = 2;i < n;i++)
    {
        fn = f1 + f0;                    //用前两项值递推出当前项
        sum = sum + fn;
        f0 = f1;                         //本行和下行是迭代更新前两项值
        f1 = fn;
        cout <<" 斐波那契数列第"<< i + 1 <<"项:"<< fn << endl;
    }
   cout <<" 斐波那契数列前"<< n <<"项的和:"<< sum << endl;
}
```

运行结果:

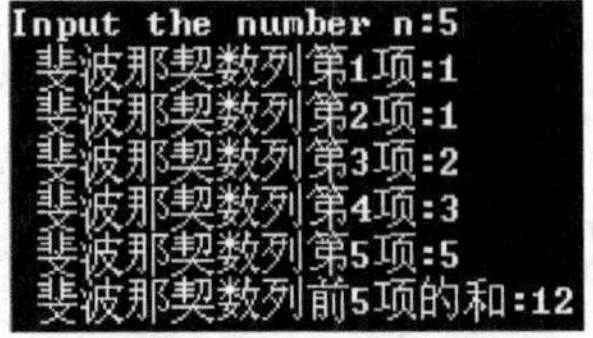
```
Input the number n:5
 斐波那契数列第1项:1
 斐波那契数列第2项:1
 斐波那契数列第3项:2
 斐波那契数列第4项:3
 斐波那契数列第5项:5
 斐波那契数列前5项的和:12
```

这里采用的是迭代法,迭代法也称辗转法,是一种不断用变量的旧值递推新值的过程。迭代算法是计算机解决问题的一种常用方法。它利用计算机运算速度快、可以做重复性操作的特点,让计算机按一定步骤重复执行,在每次执行时,都用新值去代替旧值。近似迭代法有“二分法”和“牛顿迭代法”。

【例 5-10】 用二分法求一元高次方程 $x^5-3x^2+1=0$ 在区间[0,1]上的近似解。要求精度达到 0.0001。(请思考:为什么在区间[0,1]上一定有解?这是高等数学问题。)

分析:本例是一道典型的计算机应用于数学问题的编程题,这里不是采用数学公式的方法而是发挥计算机的特性去求解。用的是"二分法",基本思路是:

把一元高次方程左边当作自变量 x 的一个函数,画出曲线,如图 5-3 所示。先求出所给区间上下边界点 xa 和 xb 的函数值 fa 和 fb,若这两个函数值是异号的(一正一负),则说明这两点之间一定存在方程的解,否则说明这两点之间不一定存在方程的解。如果有解存在,求这两点的中间值 xab 及函数值 fab,这样,根据三点之间的函数值再做判断,舍去函数值同号的两个点中外围的一个,保留另两个点,再次求解,并以此类推,直到两端足够接近,满足精度要求为止。这样的求解,往往不可能得到精确解,只能得到满足一定误差范围的近似解。

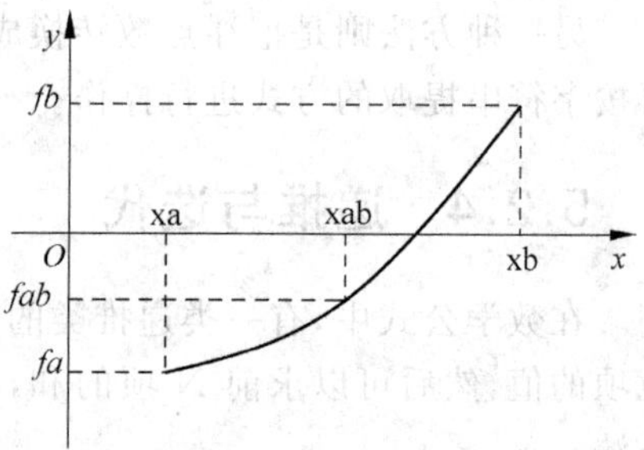

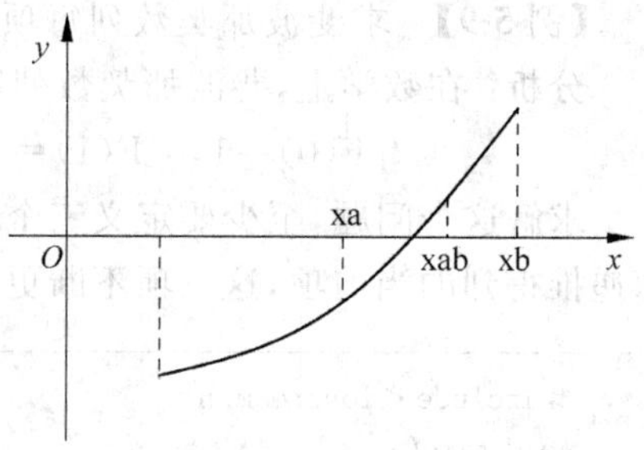

图 5-3 二分法求解方程根示意图

```
#include <iostream.h>
#include <math.h>
void main()
{
    float xa,xb,fa,fb,xab,fab;
    xa = 0;
    xb = 1;                          //xa 和 xb 直接在程序中给定了
    fa = xa * xa * xa * xa * xa - 3 * xa * xa + 1;
    fb = xb * xb * xb * xb * xb - 3 * xb * xb + 1;
    if(fa * fb > 0)                  //若 fa 和 fb 同号,则有可能方程无解
        cout <<"方程可能无解"<< endl;
    else
        do
        {
            xab = (xa + xb)/2;
            fab = xab * xab * xab * xab * xab - 3 * xab * xab + 1;
            if(fab * fa > 0)         //若 fab 和 fa 同号,则用 xab 替换原 xa
            {
                xa = xab;
                fa = fab;
            }
            else                     //若 fab 和 fb 同号,则用 xab 替换原 xb
            {
                xb = xab;
                fb = fab;
            }
        }while(fabs(xb - xa)>= 0.0001);
    cout <<"方程的解为: "<<(xa + xb)/2 << endl;
}
```

运行结果：

```
方程的解为：0.599213
```

另一种方法是牛顿迭代法，又叫牛顿切线法，它是先求出函数曲线上某点处的切线，然后用此切线与横轴的交点确定下一个曲线上的点，如此反复，直到解区间小于某误差范围。这种方法的好处是收敛快，效率高，但算法上比较复杂，有兴趣的读者可以自己编程试一下。

5.3　程序的动态调试

至此，已经学完了C程序设计的基础部分。从5.2节的例子看，具体编程有一定难度了。当程序越来越难、系统庞大而复杂时，哪怕是编程高手也很难一次性地通过语法检查，一蹴而就地得到正确的运行结果。第1章已讲过，程序错误主要包括语法错误和逻辑错误。各种语法错误在程序编译时给出了错误类型提示，经过前一阶段的学习，学习者已经基本具备了查找、修改语法错误的能力。而逻辑错误基本上没有任何提示，很多学习者在题目出错后，只会反复读程序，试图用这种“静态查错”的简单方式找出错误，但题目或算法复杂的程序，往往头绪繁杂、思路茫然。尤其是每个人都有自己的思维定势，总以为自己想的都是对的，所以反复查，也找不到错误之处，往往一筹莫展、束手无策。这时，如果学会动态调试，让程序运行起来，在运行的动态过程中发现错误，就非常有效了。

5.3.1　单步调试的过程

动态调试的英文叫debug，可以形象地把程序中的逻辑错误理解为臭虫——bug，这些臭虫是无法用计算机自身检测出来的，因为计算机只会执行程序，而不会理解动机。需要程序设计者用心去挖(de-bug)出来。经验和研究都表明，发现程序(或算法)中的逻辑错误的重要方法就是跟踪程序的执行过程。跟踪必须要用“心眼手”配合来进行，要一步步跟踪计算机程序的运行，在一行行程序的运行过程中，查找程序的逻辑错误。需要输入数据的程序，数据应该是精心选择的、最大可能暴露程序中的错误。即使有几十年工作经验的高级软件工程师，也经常利用此方法查找程序中的逻辑错误。所以学习者要非常用心去实践、体会，掌握有效的调试技巧。

动态调试的对象是可执行程序，是C程序编译无错后产生的可执行文件。所以将源程序存好盘，然后正确无误地通过编译、链接，产生*.exe可执行文件，才可以开始调试。VC++集成开发环境中，动态调试过程可以显示汇编程序和机器码程序，也可以显示C源程序，习惯上显示C源程序，也便于程序的修改。此处先介绍最简单的单步调试。

在VC++集成环境中，每按F10键一次，系统就单步执行一行程序(这也是为什么不把多个语句写在一行的原因)，然后停下来，以便调试者检查这一行程序执行后各种变量的值(这时左下角的信息显示窗口就变成了变量观察窗口，会将当前操作所改变的变量值显示为红色，需要时还可在watch窗口中添加需要观察的变量或表达式)。跟踪程序过程是一个“心眼手”并用的过程，每行程序执行前要预先计算运行结果，然后看结果是否与预想的一样，如果一样，说明是正确的，如果不一样，说明此处有错，就要分析错误所在，修改程序，重新编译链接，再调试。如此顺着程序的执行过程，一步步地找出所有的逻辑错误，直到得出正确的运行结果。这个过程就是单步调试。

注意：在cin(或其他键盘输入函数)行按F10键后，程序没反应，是在等用户输入数据，应切换到输入/输出窗口去输入相应的数据，再切换回调试窗口，继续执行。

跟踪结束，或要停止调试程序，或跟踪进了不认识的系统函数中，或出现任何问题，可以使用调试(Debug)菜单中的Stop Debugging命令，或者单击调试工具栏中此命令的快捷按钮，停止程序调试，返回编辑状态。

程序总是从main函数开始一行行地向下执行，像瀑布的水冲下来，无法回头再执行已经执行过的语句，所以出问题后，只能结束本次debug，重新再开始。一遍遍练习，是训练编程者思维和耐心的好时机，请多多上机实践。其实，没错的程序也可以单步运行，一步步观察计算机执行程序的过程，也很有趣。

5.3.2 单步调试的实例

本节给出4个例子，演示如何进行单步调试。例子比较简单，可能一眼就看到错误所在。但举例的目的是训练学习者如何进行单步调试，直接模仿题目的叙述步骤上机，利用这些例子学会动态调试，以后碰到任何麻烦，就有应对的本领了。学会了动态调试，可以称得上是“准高手”了，任何普通的问题都可以应付自如，程序设计和实现就没有太大的困难了。

【例 5-11】 计算1～100之间的奇数和及偶数和。

```
#include <iostream.h>
void main()
{
    int i,sum1,sum2;
    sum1 = sum2 = 0;
    for(i = 1;i <= 5;i++)                //调试时用5,无错后改至100
    {  if(i % 2!= 0)
            sum1 += i;                   //sum1存放奇数和
            sum2 += i;                   //sum2存放偶数和
    }
    cout <<"The odd number sum = "<< sum1 << endl;
    cout <<"The even number sum = "<< sum2 << endl;
}}
```

运行结果：

```
The odd number sum=9
The even number sum=15
```

用尽量少的数来调试程序，可以很明显地看到错误所在，如此处按要求是100以内的，编程时，为调试跟踪简单，改成求5以内奇、偶数和，sum1代表奇数和，9是对的，sum2代表偶数和，15显然错了。为了查找错在何处，下面详细讲解单步跟踪的过程。

按F10键，进入动态调试状态，VC++ 6.0编辑窗口中程序代码前会有一个黄颜色的箭头，指向即将执行的语句。第一次按F10键时，黄色箭头指向main函数的第一行，每按一次，就执行一行程序，黄色箭头就移动到下一行即将执行的语句前，同时系统会在信息窗口中用红颜色显示出最新的变量值(信息窗口中选Auto面板，意为自动显示执行语句影响到的变量)。再按两次 F10 键,运行到如图 5-4 所示处时,sum1 和 sum2 都初始化为 0。

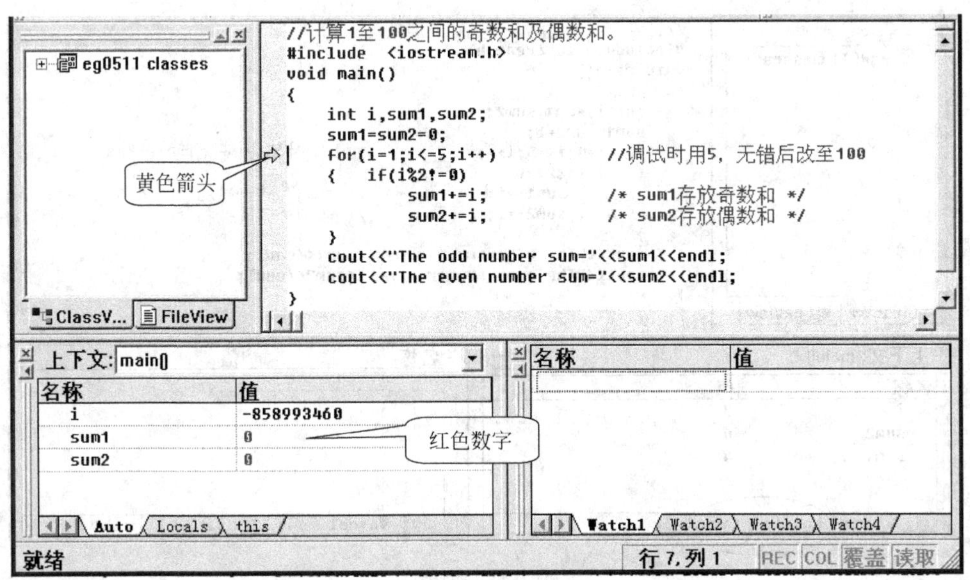

图 5-4　单步跟踪自动显示相关变量

此时变量 i 的值因为没有初始化,还是内存中原来的值。再按一次 F10 键,i 值就变成 1 了,1%2 不等于 0,即 1 为奇数,要加到 sum1 上,单步执行到如图 5-5 所示的位置,sum1 结果正确。

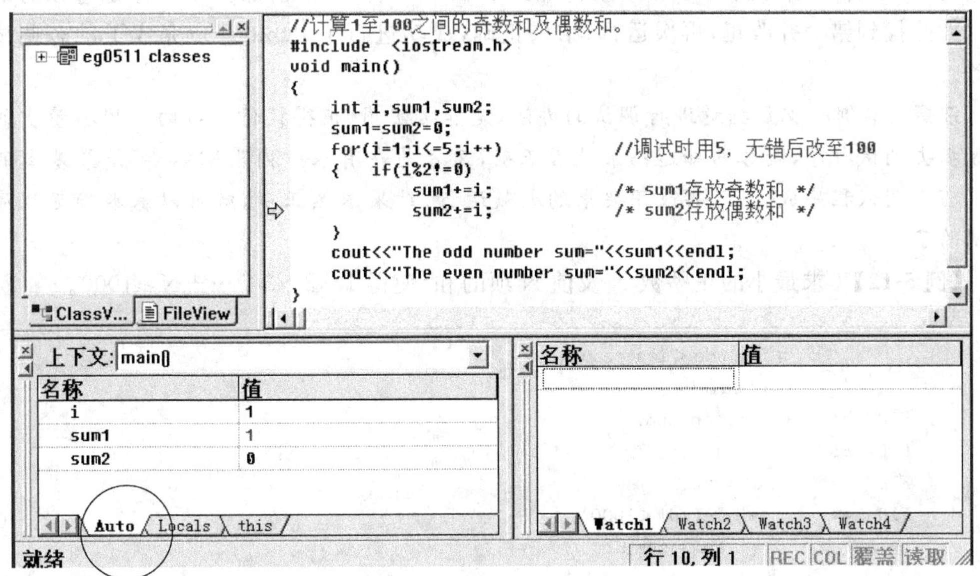

图 5-5　奇数 1 加到和 sum1 上,显示正确

按编程意图,1 加到 sum1 上后,就不能再加到偶数和 sum2 上了,但再按一次 F10 键,发现 1 还是加到 sum2 上了,这里就出错了。如果还不清楚为什么出错,可以再循环执行几步,当 i=2,3,…分别观察,在此过程中,为了显示更多的变量,还可以选择 Locals 面板,显

示此函数中的所有变量,如图 5-6 所示。

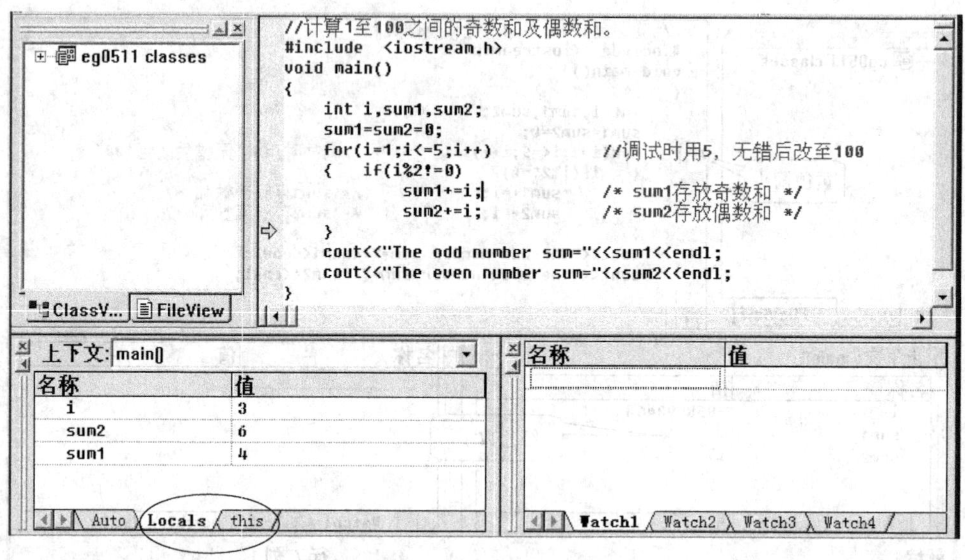

图 5-6 循环了三次后,各个变量的值

如此用心预设结果,用手按 F10 键,用眼观察每次执行后的各相应变量值的变化,可以看到奇数都如愿加到 sum1 上,但同时也加到了 sum2 上,sum2 成了所有数的和,而不仅仅是偶数的和。研究此处的程序发现"sum2+=i;"行形式上缩进了,但实质逻辑是跟 if 语句并列的,即不管 if 条件满足与否,数 i 都加到了 sum2 上,sum2 前加上 else 才是应该有的逻辑。如此找到错处并改正,再次运行,结果正确,成功进行了 debug——完成了动态调试的任务。

注意:本例减少数据量进行调试的办法,是非常实用、值得模仿学习的。用尽量少的有效数据去调试程序,既容易知道结果是否正确,又容易在有限步内跟踪完毕,是最基本的调试技巧。调试程序成功后,再改用要求的大数运行,结果依然正确,就可以基本确定程序是正确的了。

【例 5-12】 求最小的正整数 N 及前 N 项的和,使得 1+2+3+…+N≥1000。

```
              #include <iostream.h>
              void main()
F10   ⇨       {  int  n,sum;
F10   ⇨          n = 1;
F10   ⇨          sum = 0;
F10   ➡          while(sum < 1000);
                 {  sum = sum + n;
                    n++;
                 }
                 cout <<"The samlllest n is "<< n - 1
                      <<" the sum is "<< sum << endl;
              }
```

程序清单如上，单步跟踪按4次F10键后，箭头指向while语句，再按F10键，黄色箭头不再下移，怎么按F10键都没用，好像死在了上面的最后一个箭头处。仔细分析，就可以挖出这个bug——多了个分号“;”，while写成了无限次执行空语句的“死循环”。删掉后，程序正确，debug成功。

【例5-13】 有近似公式 $\sin(x)\approx x-\frac{x^3}{3!}+\frac{x^5}{5!}-\frac{x^7}{7!}+\cdots+(-1)^{n-1}\frac{x^{2n-1}}{(2n-1)!}$，其中x是弧度值，要求用前100项求sin(x)的值。

分析：多项式求和，已经不陌生，此例首先要处理的是度与弧度的转换，人们习惯说30°的正弦是0.5；90°的正弦是1，而多项式中的x是以弧度为单位的，所以程序的开始要进行度到弧度的转换。

观察累加和的每一项可以看出，前后项之间是有联系的，$t_n=-t_{n-1}\times x^2/(2n-1)/(2n-2)$，程序清单如下，正确的运行结果应该是：

```
#include <iostream.h>
#define PI   3.1415926
void main()
{
    int i;
    float  du,x,sinx,t;
    cin>> du;                                          //读入度数
    x = du/180 * PI;                                   //转换成弧度
    t = x;                                             //第一项
    sinx = t;                                          //第一项先加到结果上
    for(i = 2;i <= 100;i++);                           //循环加其他各项
    {
        t = 1/((2 * i - 2) * (2 * i - 1)) * t * ( - x * x);   //用递推法求下一项
        sinx = sinx + t;                               //将新项加到和上
    }
    cout <<"sin("<< du <<") = "<< sinx << endl;
}
```

运行结果：

结果出错，单步跟踪如图5-7所示。

箭头指向for语句后，只按了“一次”F10键就到了图5-7中准备求t的位置，i直接变成了101，而没有按for的常规做法，i经历2、3、4、5…多次循环，说明这个for语句有问题。再执行两步，可以进一步发现没循环起来。认真分析for语句又多了一个分号——这个分号就像一把“断头刀”，将for语句的首部和身体(循环体)砍成了两截。分号本身又是空语句，摇身一变成了for的循环体，使for语句成了执行99次空语句的循环结构。

去掉for行后的分号，编译链接后，再次单步跟踪，就可以看到正常的多次循环了。但是结果还是不对，发现t的值一直是0，没有变化，sinx的值也没有变化，说明t表达式有问

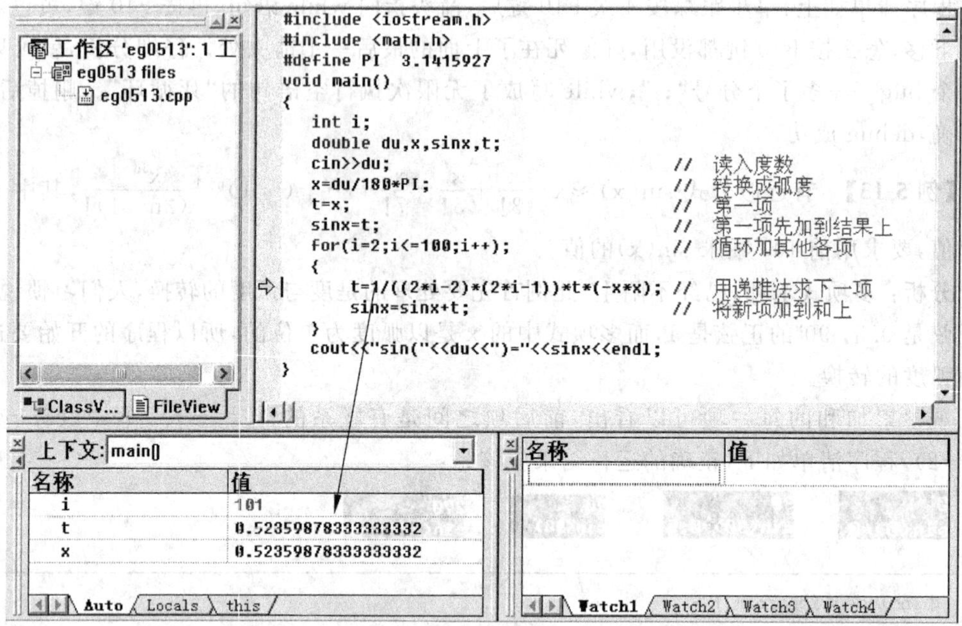

图 5-7　单步跟踪到出问题的位置

题。因为 t 表达式是混合数据类型运算，前面除法部分结果是整数 0，故使得最后 t 值一直为 0。查到错误原因，将 t 表达式分子上的整型数 1 变成浮点型数 1.0 再次编译链接、运行，结果正确，调试完成。

【例 5-14】 利用公式 $\frac{\pi}{4} \approx \prod_{i=1}^{\infty}\left(1-\frac{1}{(2i+1)^2}\right)$，求 π 的近似值，具体计算多少项由键盘输入。

分析：本例是一个累乘积的例子，根据题意，定义 4 个变量：pi 用来存放 π 值、t 存放当前项，i 表示每项的序号，n 表示总的项数。

```
#include <iostream.h>
void main()
{   int i,n;
    double t,pi = 1;                       //pi 是累乘积形式，故设为 1
    cout <<"please input a number n = ";
    cin >> n;
    pi = pi * 4;                           //先乘以 4
    for(i = 1;i < = n;i++)
    {  t = (1 - 1/(2 * i + 1 * 2 * i + 1));  //计算当前项
       pi = pi * t;                        //累乘
    }
    cout <<"pi = "<< pi << endl;
}
```

运行结果：

```
please input a number n=1000
pi=4
```

如上的程序代码，没有语法错误提示，但运行结果是 4，明显不对(1000 项后的结果，与答案 3.14 相差太远)。

利用单步运行跟踪查找逻辑错误，当单步跟踪到如图 5-8 所示位置时，按一次 F10 键，执行 cin，程序暂停等待数据的输入。输入 1000 以后，切换到调试窗口继续跟踪。

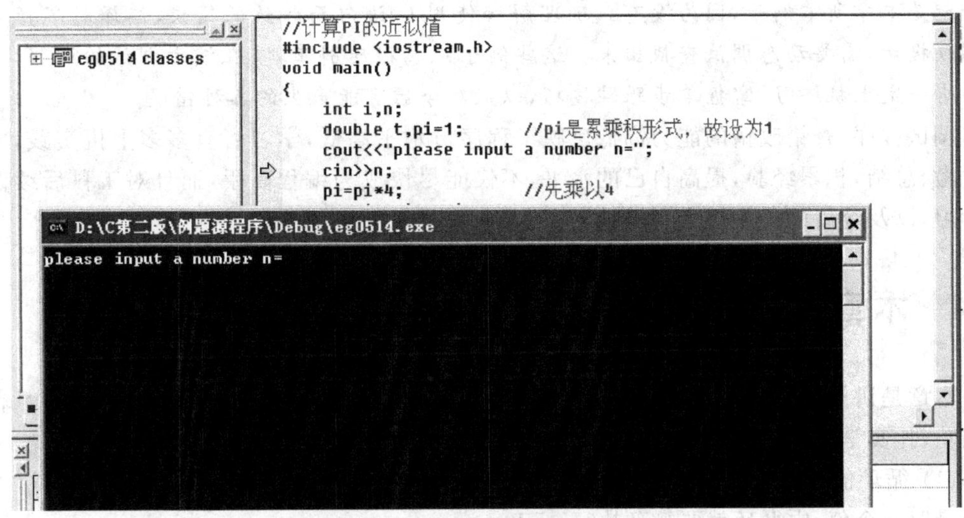

图 5-8　单步跟踪时键盘输入数据

再按 F10 键，程序可以向下继续运行，进入第二次循环到如图 5-9 所示位置时，此时 i 为 2，t 值为 1，pi 值为 4，反复按 F10 键，i 逐步增大，t 每次都不变，都是 1，pi 还是 4，说明 t 表达式有问题，仔细琢磨，遇到与例 5-13 类似的问题，除法分子要改成 1.0。修改、编译链接后再运行，得到 pi 值为 0.644 634，很明显，结果还是错误的。再次单步运行，发现 t 的值在变

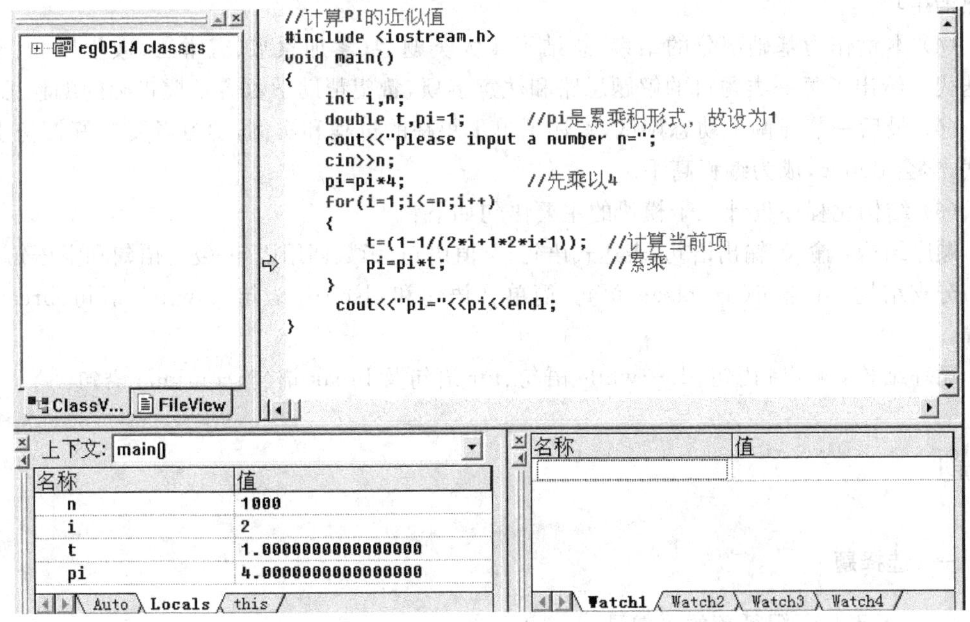

图 5-9　跟踪到执行结果出错处

化,但是值似乎不对,再仔细辨别 t 表达式,分母部分有误,应改成((2 * i+1) * (2 * i+1)),编译链接后再运行,得到 pi 值为 3.142 38,基本上对了。再次运行,输入 10 000,得到 pi 值为 3.141 67,这个值与 π 的真实值非常接近了,程序应当没问题了。

总结:逻辑错误一部分是因为算法本身的错误引起,这要求从算法本身去修改;另一部分就是本章所举例子,因为没有正确理解和使用 C 语句而导致的错误,编译时不产生语法错误提示,需要动态调试查找出来。这些例子纯属抛砖引玉,重在演示调试的过程,希望学习者一定上机练习,掌握单步跟踪技巧,以应对今后可能产生的各种错误。

调试程序、查错改错的能力高低反映了程序员水平高低,学习者宜多多上机实践,并善于思考、总结,积累经验,提高自己的水平,不仅能尽快成为编程高手,而且对工科后续课程的学习,以及今后的工作都大有裨益。

5.4 本章知识要点

本章是讲解 C 程序设计三大基础结构的最后一章,是第一阶段学习的总结。学习者务必用功,扎实学好前五章的内容,为深入学习打下良好的基础。本章内容小结如下。

(1) 循环的嵌套:一个循环语句中又包含另一个完整的循环语句。多重循环时,外循环变量取一个值,内循环就要循环执行一遍。

(2) 循环结构中两个控制循环的语句:break 和 continue。

break:执行后跳出所在循环,执行该循环语句的下一条语句。

continue:只是跳过本次循环中循环体的后续语句,直接进入下一次循环。

(3) 综合应用三种循环语句时,要多注意各自的特点。当循环条件一直满足时,可形成无限循环,为一种应用形式。在编程时,最好能够多尝试不同的实现方式,活学活用,最终达到熟能生巧。

(4) 本章作为基础部分的结束,总结了 4 大类题型(累加累乘、穷举法、数位提取、递推与迭代),给出了每一类题目的解题思路和注意事项,希望帮助学习者掌握正确的编程思路。

(5) 最后一节强调了动态调试,叙述了单步跟踪的过程和实例,学习者要好好模仿上机实践,学会 debug,成为编程高手。

(6) 结构化程序设计三个模块的主要语句如下:

顺序结构:输入/输出语句、表达式语句、赋值语句、函数调用语句、复合语句和空语句等。

分支结构:if 语句(if…else…语句,简单 if 语句和 else…if 语句)、switch 语句、break 语句等。

循环结构:while 语句、do…while 语句、for 语句及 break 语句、continue 语句。

习题

一、选择题

1. 以下不是无限循环的语句是(　　)。

   A. for(y=0,x=1;x>++y;x=i++) i=x;

B. for(; ; x+=i);

C. while(1){x++;}

D. for(i=10; ;i--) sum+=i;

2. 语句 while(! e==0);当 e 取什么值时将会退出循环?( )

A. e>0　　B. e<0　　C. e = 0　　D. e =1

3. 有以下程序段,说法正确的是( )。

```
int k = 1;
while(10)
{   k++;
    if(k) break;
}
```

A. while 循环执行 10 次　　B. 循环是无限循环

C. 循环体语句一次也不执行　　D. 循环体语句执行一次

4. 下面程序的运行结果是( )。

```
#include <iostream.h>
main()
{   int i;
    for(i = 1;i <= 5;i++)
    {   if(i % 2)
            cout <<" * ";
        else
            continue;
        cout <<" # ";
    }
    cout <<" $ "<< endl;
}
```

A. * # * # * # $　　B. # * # * # * $

C. * # * # $　　D. # * # * $

5. 下面程序的运行结果是( )。

```
#include <iostream.h>
main()
{   int i,j,m;
    for(i = 5;i >= 1;i -- )
    {   m = 0;
        for(j = i;j <= 5;j++)
            m = m + i * j;
    }
    cout << m << endl;
}
```

A. 10　　B. 15　　C. 20　　D. 25

6. 下面程序运行的结果是( )。

```
#include <iostream.h>
```

```
void main ()
{   int i = 0,j,k = 19;
    while (i == k - 1)
    {   k -= 3 ;
        if (k % 5 == 0)
        {   i++;
            continue ;
        }
        else  if (k < 5)  break ;
        i++;
    }
    cout << i <<","<< k;
}
```

A. 3,16　　　　B. 2,17　　　　C. 1,18　　　　D. 0,19

7. 下面程序运行的结果是(　　)。

```
#include <iostream.h>
void main ()
{   int y = 2,a = 1;
    while (y-- != -1)
        do
        {   a *= y ;
            a++;
        }while (y-- );
    cout << a << y;
}
```

A. 1 1　　　　B. 1 －2　　　　C. －1 1　　　　D. －1 2

8. 以下程序段中,while 循环执行的次数是(　　)。

```
int i = 0;
while(i < 10)
{   if(i < 1)   continue;
    if(i == 5)  break;
    i++;
}
```

A. 1 次　　　　B. 10 次　　　　C. 6 次　　　　D. 死循环

9. 以下程序段的运行结果是(　　)。

```
int i,j,k = 0,m = 0;
for(i = 0;i < 2;i++)
{   for(j = 0;j < 3;j++)  k++;
    k -= j;
}
m = i + j;
cout <<"k = "<< k <<",m = "<< m;
```

A. k＝0,m＝3　　　　B. k＝0,m＝5　　　　C. k＝1,m＝3　　　　D. k＝1,m＝5

10. 以下程序段的运行结果是(　　)。

```
int i,s,n = 0;
for(i = 1;i <= 5;i++)
{   s = i % 3;
    while(s > 0) s -- ,n++;
}
cout << n <<', '<< s;
```

A. 5,0　　　　B. 5,-1　　　　C. 6,0　　　　D. 6,-1

二、填空题

1. 写出下面程序运行的结果。

```
#include < iostream.h >
void main ()
{   int  i,b,k = 0 ;
    for (i = 1; i <= 5 ; i++)
    {   b = i % 2;
        while (b --  ==  0) k++;
    }
    cout << k <<'  '<< b;
}
```

2. 写出下面程序运行的结果。

```
#include < iostream.h >
void main ()
{   int a,b;
    for (a = 1,b = 1 ; a <= 100 ; a++)
    {   if (b >= 20) break;
        if (b % 3 == 1)
        {   b += 3 ;
            continue ;
        }
        b -= 5;
    }
    cout << a;
}
```

3. 写出下面程序运行的结果。

```
#include < iostream.h >
void main ()
{   int i,j;
    for (i = 0;i < 3;i++,i++)
    {   for (j = 4 ; j >= 0; j -- )
        {   if ((j + i) % 2)
            {   j -- ;cout << j <<"  "; continue ; }
            -- i ;  j -- ;  cout << j <<"  " ;
        }
```

```
        }
}
```

4. 请将下面程序的内容填写完整,实现输入一个十进制数,将它对应的二进制数的各位倒序,形成新的十进制数输出。如:$(11)_{10}=(1011)_2$ 倒序后,成为$(1101)_2=(13)_{10}$。

```
#include <iostream.h>
void main()
{   int n,x,t;
    cout<<"请输入一个整数: ";
    cin>>n;
    x=0;
    while(________)
    {   t=n%2;
        ________;
        n=n/2;
    }
    cout<<"新的整数: "<<x;
}
```

5. 从键盘输入一个整数 n,测试 n 是否包含数字 5,若包含数字 5,则输出"YES",否则输出"NO"。请在程序中填空,使程序能够正确运行。

```
#include <iostream.h>
#include <math.h>
void main()
{   int n;
    cout<<"请输入整数 n: "<<endl;
    cin>>n;
    n=abs(n);
    while(n!=0 && n%10!=5)
        ________;
    if(n==0)
        cout<<"NO"<<endl;
    else
        cout<<"YES"<<endl;
}
```

三、编程题

1. 某校有近千名但少于 1000 名学生,在操场上排队,5 人一行余 2 人,7 人一行余 3 人,3 人一行余 1 人,编程求该校的学生人数。

2. 求解中国古代物不知其数问题(出自一千六百年前我国古代数学名著《孙子算经》)。原题为:"今有物不知其数,三三数之二,五五数之三,七七数之二,问物几何?"即:有一个数,这个数用 3 除余 2,用 5 除余 3,用 7 除余 2,求这个数。

3. 根据公式估算 e 的值:$e\approx1+\frac{1}{1!}+\frac{1}{2!}+\frac{1}{3!}+\frac{1}{4!}+\cdots+\frac{1}{n!}$,直到第 100 项或某一项小于 0.000 01。

4. 从 3 个红球、5 个白球、6 个黑球中任意取出 8 个球,且其中必须有白球,输出所有可能的方案。

5. 找出 10～99 之间的全部同构数。所谓同构数，是指该数出现在它的平方数的右端。如 $25^2=625$，25 出现在 625 的右端，25 就是同构数。

6. 两个乒乓球队进行比赛，各出 3 人。甲队为 A、B、C 3 人，乙队为 X、Y、Z 3 人。已抽签决定比赛名单。问队员比赛情况时：A 说他不和 X 比，C 说他不和 X，Z 比，请编程序找出 3 对赛手的名单。

7. 求 100 以内的自然数中有多少个 2 出现？（提示：12 有一个 2，22 有两个 2。）

8. 一辆匀速行驶的汽车，司机看到里程表上的读数是一个对称数 95 859。两小时后里程表上出现了一个新的对称数，问该车的速度是多少？

9. 某 4 位同学中的一位做了好事，不留名。表扬信来了之后，老师问这 4 位是谁做的好事。4 人的回答是：A 说：不是我。B 说：是 C。C 说：是 D。D 说：他胡说。

已知 3 人说的是真话，一人说的是假话。现在问做好事的到底是谁？

10. 下列程序的功能是输出正整数 n 的各位数字之积。请在两条星线之间填入相应的内容，使程序完成该功能。

```
#include <iostream.h>
void main ()
{   int n,r,value = 1;
    cin >> n;
    do
    {  //******************************************

       //******************************************
    }while(n!= 0);
    cout << value << endl;
}
```

第6章 数组——批量数据的处理

6.1 数组的概念

到目前为止,我们已经学习了C的三大程序结构的基本语句和整型、实型、字符型等基本数据类型,可以解决许多实际问题。比如:

【例 6-1】 输入5个学生某门课的成绩,要求按与输入次序相反的顺序输出。

```
#include <iostream.h>
void main()
{   int s1,s2,s3,s4,s5;
    cout <<"Input five scores:";
    cin >> s1 >> s2 >> s3 >> s4 >> s5;
    cout << "The scores in reverse order are:\n";
    cout << s5 << endl;
    cout << s4 << endl;
    cout << s3 << endl;
    cout << s2 << endl;
    cout << s1 << endl;
}
```

从例6-1不难看出,定义5个普通变量来存放5个学生的成绩,完成输入输出即可。例题虽然完成了任务,但如果要求管理的不是5个学生的成绩,而是50个、5000个,甚至上万个学生的成绩,用这种方法编写程序,其程序量就会很大,很不可取。为此,C语言提供了一种新的数据类型——数组,对于例6-1的情况,使用数组的话,从程序量来说,5个学生与10 000个学生没有什么区别。因此,数组在处理批量的、同类型的数据时,非常方便。

数组属于构造类型数据,它是一组相同类型数据的有序集合,每个数据称为一个数组元素,这些数组元素在内存中按照一定的顺序存放。数组元素及顺序由下标来标识,按其下标的个数可将数组分为一维数组、二维数组、三维数组等。C语言对数组的维数不作限制,但三维以上的多维数组很少使用。数组类型可以是C中的任何合法数据类型,本章只介绍整型数组、实型数组和字符型数组,后续章节还将介绍指针数组、结构体数组等。

如前所述,在处理大量数据方面,"电脑"大大优于"人脑":它不会厌烦,不会疲劳,使用数组和循环语句，编写很少的程序就可以处理大量的数据。写好程序，电脑就会勤勤恳恳一个一个地重复处理大量的数据，所以本章是程序设计中非常重要的一章。

6.2　一维数组

一维数组就是按前后顺序存放在内存中的一批同类型数据，前后顺序仅用一个称为数组下标的非负整数标识。

6.2.1　一维数组的定义和引用

一维数组的定义方式为：

```
数据类型  数组名[常量表达式];
```

数据类型表明数组中的每个元素所具有的共同数据类型，常量表达式的值是数组的额定大小，即数组所能包含的最多元素个数，必须是正整数。数组名是所定义数组的名字，起名的规则和变量名相同，遵循C标识符命名规则，最好见名知意，常用的数组名a，是英文array的首字母。

如“int a[5];”定义的数组a是一维整型数组，最多包含5个数组元素，每个元素都是int型。编译系统遇到这样一个数组定义后，会开辟出相应的空间存放数组的每个元素，如图6-1所示，5个数组元素分别用a[0]、a[1]、a[2]、a[3]和a[4]表示。

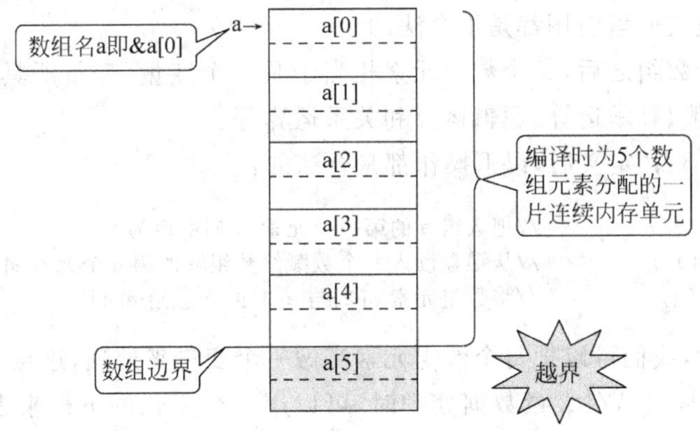

图6-1　数组在内存中的示意图

在定义数组时，需要注意以下几个问题：

(1) 表示数组长度的常量表达式，必须是正的整型常量表达式。

(2) 相同类型的数组、变量可以在一个类型标识符下一起定义，互相之间用逗号隔开。例如，int a[5] ,b[10],i,j,k;

(3) C语言不允许定义动态数组，即数组的长度不能依赖于程序运行过程中变化着的量，以下三种形式的数组定义都是非法的：

int i;
cin >> i; //输入 i 的值
int a[i];
	int i;
	i = 5; //直接为 i 赋值
	int a[i];
		int i = 6; //i 初始化得到值
		int a[i];

因为 C 语言是在编译阶段为数组分配存储单元的，所以要求编译时数组的大小必须是一个已经确切知道的常量。上述左边两个程序段都是在运行时才能得到变量 i 的值，如图 6-2 所示，远晚于编译阶段，所以编译系统对“int a[i]; ”进行编译时，不知道要为数组 a 开辟多少个单元，就出错，无法实现动态数组。虽然最右边的变量初始化是在编译阶段完成的，系统也无法立即开辟相应的数组。

图 6-2　C 动态数组无法实现的原因

⚠数组必须先正确定义，后使用。C 语言规定，在数组定义后，只能逐个引用数组元素，不能整体引用。

数组元素的引用方式如下：

```
数组名[下标表达式]
```

其中，下标表达式可以是非负整型常量或表达式。当数组的长度为 N 时，下标表达式的取值为 0、1、…、N－1，即数组元素的下标是 0 到 N－1 的整数。如图 6-1 所示。超出数组下标表示范围的数组元素引用都是不合法的。

在定义了一个数组之后，每个数组元素相当于是一个变量，变量所具有的功能，数组元素都具有，比如赋值、算术运算、逻辑运算和关系运算等。

在有了“int a[5];”定义后，以下操作都是合法的：

```
a[0] = 8;                    //把数组 a 的第一个元素 a[0]赋值为 8
i = 3;  cin >> a[i];         //从键盘读入一个数赋给数组 a 的第 4 个元素 a[3]
a[4] = a[3] + a[2];          //将数组元素 a[2]与 a[3]的和送给 a[4]
```

有了数组之后，我们可以把每个数组元素当做一个变量来处理，这点与前面 5 章的内容没有什么大的区别，但是在大量数据处理时，可以用一个变化的下标来表示不同的数组元素，这样在编写程序时，用循环结构产生不同的下标，引用不同的数组元素，从而实现对所有数组元素的处理，这正是数组的作用所在。

定义数组后，系统给它分配一片连续的存储空间。数组名代表这一片连续单元的首地址(第一个元素的地址，也用 &a[0]表示，如图 6-1 所示)，不允许对数组数据进行整体操作，如对上例数组 a 的操作“ a=3; ”，“int b[]=a; ”等均非法。“cin >> a; ”也无法输入 a 的 5 个整型数组元素。

数组的应用特点通常是针对每个元素的处理，不管是输入、输出还是其他处理，所有操作都要结合循环语句一个一个地将每个元素都“经历一遍”——称为数组的“遍历”。如图 6-3 所示，将数组元素 score[0]～score[4]逐一输入，但遍历应该仅限于所定义数组的元素，而不能越界。如图 6-1 中的 a[5]就越界了，不是该数组的元素，引用时不能包括 a[5]及其后面的单元。

【例 6-2】 用数组实现例 6-1。

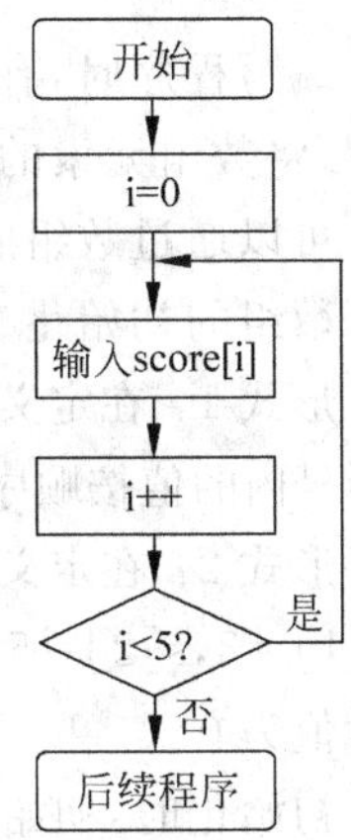

图 6-3　数组元素的循环输入

```
#include <iostream.h>
void main()
{   int i;
    float score[5];
    cout <<"Input five scores:";
    for(i = 0;i < 5;i++)
        cin >> score[i];            //逐个读入
    cout <<"\nThe scores in reverse order are:";
    for(i = 4;i >= 0;i -- )
        cout << score[i]<<'\t';     //遍历输出
    cout << endl;
}
```

此例表明，如果用户要输入数组中的所有元素，用循环可以简化程序的编写，通常用 for 语句，因为数组的长度已知。

如果有更多的学生成绩，不需要像例 6-1 那样，设置更多的变量，写更多的输入数据的语句和输出数据的语句，而只需修改数组大小和循环结束条件即可，程序量没有变化。

若例 6-2 中漏掉阴影部分的两个 for 语句，则编译后会出现如下警告错误：

```
warning C4700: local variable'i'used without having been initialized
```

即变量 i 没有初值。

如果修改程序，将 i 初始化为 0。

```
#include <iostream.h>
void main()
{   int i = 0;
    float score[5];
    cout <<"Input five scores:";
    cin >> score[i];
    cout <<"The scores in reverse order are:";
    cout << score[i]<<'\t';
    cout << endl;
}
```

语法上没错了，但程序执行后只完成一个元素的输入和输出，而不是所有元素。这个反例再一次说明：要完成数组中所有数据的处理，必须结合循环语句，如图 6-3 所示，多次循环执行、一一遍历处理每个元素才能完成数据的批量处理。

总而言之，引入数组就不需要在程序中定义大量的变量，大大减少了程序中变量的数量，结合循环语句，程序可以既精练又方便地处理大量的同类型数据。数组占据一片连续的存储区，明确地反映了数据间的联系，含义清楚，使用方便。熟练地使用数组，可以提高编程的效率，增强程序的可读性。

6.2.2 一维数组的初始化

编写程序时,有时某些数组的值是已知的,不需要从键盘输入,或者编程时,为简化调试过程,将数组元素的值直接在程序中给出。

可以通过数组的初始化为数组提供初始值,数组的初始化是在编译阶段完成的。

数组的初始化有三种形式。

形式 1:在定义数组的同时对数组的所有元素都赋以初值,如“int s[5]={1,2,3,4,5};”花括号内的值按顺序送给数组的元素,即 s[0]=1,s[1]=2,s[2]=3,s[3]=4,s[4]=5。

形式 2:在定义数组的同时只给部分元素赋值,如“int s[5]={7,8,5};”,其结果是 s[0]=7,s[1]=8,s[2]=5,s[3]=0,s[4]=0,即花括号内的值给了数组前面的元素,剩余的元素均赋值为 0。

初始化时,初始值数量超过数组长度时则非法,如“int s[2]={1,2,3};”,编译时,会出现“Too many initializers(太多的初始值)”的语法错误提示。

形式 3:在定义数组的时候不指定数组长度,只给出全部数组元素,由系统统计数组长度,与形式 1 的效果一样,比如“int s[ ] ={1,2,3,4,5};”。

定义没有初始化值的数组时是否可以不指定数组长度,如“int s[];”,合法吗?

【例 6-3】 对长度为 6 的整型数组 s 前三个元素初始化,然后输出数组 s 的每个元素的值及其在数组中的位置。

```
#include <iostream.h>
void main()
{   int i;
    int s[6] = {8,3,6};
    for(i = 0;i<6;i++)
        cout << s[i]<<" is the No. "<< i + 1 <<" of the array s."<< endl;
}
```

运行结果:

```
8 is the No. 1 of the array s.
3 is the No. 2 of the array s.
6 is the No. 3 of the array s.
0 is the No. 4 of the array s.
0 is the No. 5 of the array s.
0 is the No. 6 of the array s.
```

从运行结果可以看出,初始化时,数组的前 3 个元素是给出的 3 个数,而后三个元素都是系统默认值 0。

6.2.3 数组的越界问题

数组的越界问题是应用数组编程时最容易犯的隐性错误,因为 C 语言的编译系统不检查数组下标是否越界(比如图 6-1 中若引用 a[5]、a[6]等系统并不给出错误提示),因此用户在编程时应格外注意,否则很容易得出错误的结果。

【例 6-4】 若例 6-2 改成按输入顺序输出数组中的所有元素,写成如下程序,结果会怎样?

```
#include <iostream.h>
void main()
{   int i;
    float a[5];
    cout<<"Input five numbers:\n";
    for(i=1;i<=5;i++)
        cin>>a[i];                //逐个读入
    cout<<"The numbers in original order are:"<<endl;
    for(i=1;i<=5;i++)
        cout<<a[i]<<'\t';         //遍历输出
    cout<<endl;
}
```

运行结果：

```
Input five numbers:
3 4 5 6 7
The numbers in original order are:
3       4       5       6       7.00649e-045
```

与例 6-2 不同的是程序中的阴影部分，循环时，是 1≤i≤5，即输入输出的数组元素是 a[1]～a[5]，输入了 5 个数据，但是在输出时，a[1]～a[4]4 个数是对的，而 a[5]并不是输入时的 7，而是 7.006 49e−45，这是明显的错误。这是因为 a[5]已经越界，不再属于数组 a，是“假数组元素”。

C 系统不做数组边界检查，此程序会顺利通过编译，没有任何语法错误提示。这个程序进一步说明，长度为 N 的数组，其下标值是 0 到 N−1 的 N 个整数。

6.2.4　应用举例

【例 6-5】　从键盘输入 6 个整数，检查整数 10 是否包含在这些数据中，如果包含，显示它是第几个被输入的(找到第一个 10 就可以)。

```
#include <iostream.h>
void main()
{   int i,flag,data[6];
    cout<<"Input 6 numbers:\n";
    for(i=0;i<6;i++)
        cin>>data[i];
    flag=0;
    for(i=0;i<6;i++)
        if(data[i]==10)
        {   flag=1;               //标记 10 在输入数据中
            break;                //找到一个就退出循环，不再找了
        }
    if(flag)
        cout<<"10 is inputed in the position "<<i+1<<endl;
    else
        cout<<"10 is not in the numbers."<<endl;
}
```

运行结果：

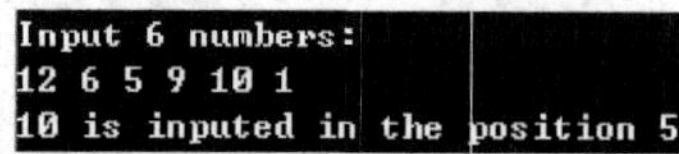

```
Input 6 numbers:
12 6 5 9 10 1
10 is inputed in the position 5
```

```
Input 6 numbers:
2 3 4 5 6 7
10 is not in the numbers.
```

该程序的主要过程包括输入6个数，判断是否包含10，输出结果，具体流程图如图6-4所示。

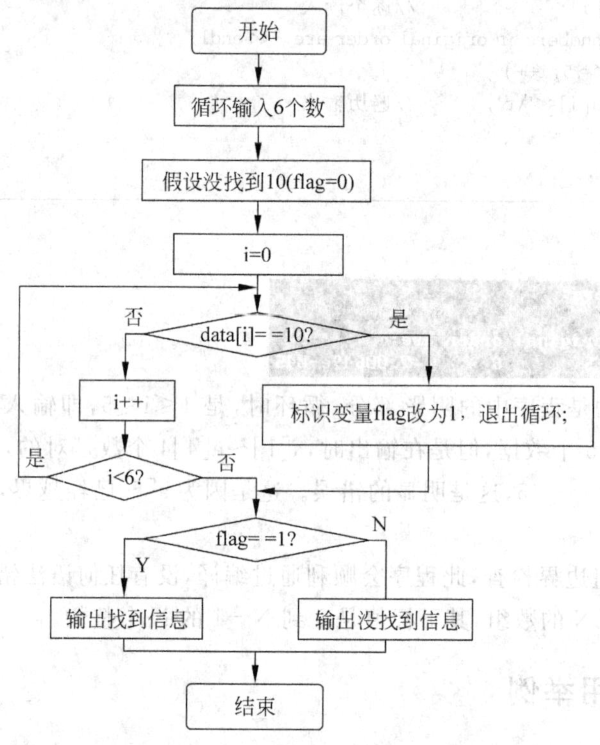

图 6-4 例 6-5 流程图

例 6-5 再次用到了“标识变量”，标志着是否找到了10。在循环查找前，先假设在数组中没找到10(flag=0)，进入循环查找，只要找到10就把flag改成1，并退出循环。如此循环查找完成后，根据flag的值就可以判断是否找到10这个数了。

本例在6个数中查询，实际编程时，要针对不同大小的数组进行编程，比如需将该例中的6改为6000，则程序中好几个地方都要修改，很不方便。该如何解决这个问题呢？

C中用宏定义解决这个问题。宏定义是预处理命令，在编译之前完成。简单宏定义格式为：

```
#define  宏名  常量表达式
```

宏名通常是大写的标识符，以区别于普通变量名。在编译之前的预处理中，全部宏名要被替换为常量表达式。

【例 6-6】 输入300个学生某门课程的成绩，求出该课程的平均成绩。

```
#include<iostream.h>
#define  N   300                    //调试时可设置为3,调试好后再改为300
void  main()
{   int i;
    float score[N],average;         //score数组的大小随N值而变
    for(i=0;i<N;i++)
        cin>>score[i];              //循环输入N个学生的成绩
    average=0;
    for(i=0;i<N;i++)                //循环求分数和
        average+=score[i];          //为满足最小模块化的原则,勿与输入写成一个循环
    average=average/N;
    cout<<"The average score is  "<<average<<endl;
}
```

在程序开头定义了宏 N 后，在程序中，数组的定义、数组数据输入、处理和结果输出，都以 N 为基准进行。这样，如果需要修改人数，只需修改宏定义语句即可，不需要对程序其他部分做任何修改，省去很多麻烦。程序调试时，要输入和处理 300 个同学的成绩是一个很大的工作量，并且也很难判断程序处理结果正确与否，因此建议将 N 设置为 3，待程序调试正确后，再将 N 设置为 300。

【例 6-7】 将数组 a 的内容逆置重放。要求不另外开辟数组。

```
#include<iostream.h>
#define N 9
void main()
{   int i,j,a[N]={1,2,3,4,5,6,7,8,9},t;
    for(i=0,j=N-1; i<N/2; i++,j--)
    {   t = a[i];
        a[i]=a[j];
        a[j]= t;
    }
    for(i=0;i<N;i++)
        cout<<a[i]<<' ';
    cout<<endl;
}
```

分析：

假定 a 数组有 9 个元素，它们原始存放的内容如图 6-5 所示，要逆置重放成图 6-6，第一个元素放到最后一个数组单元，最后的元素放到第一个数组单元，即二者互换；第二个放到次最后……，即如图 6-5 箭头所示的两两交换存放。

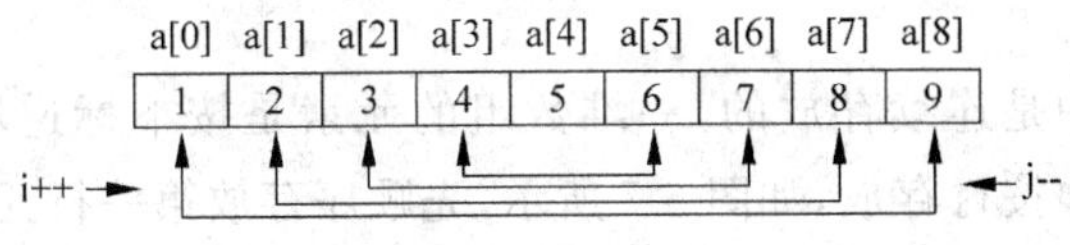

图 6-5 逆置重放示意图

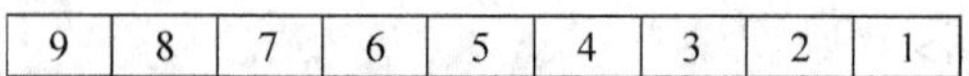

9	8	7	6	5	4	3	2	1

图 6-6　逆置重放后的数组

编程时设两个下标变量 i,j 分别代表左右两头的下标,每交换完两个数,i++,j--将两个下标分别移向下一对元素,再交换其值。若有 N 个元素,则需要交换的次数是 N/2(因整除结果是截尾的整数,如 8、9 个元素都是 4 次),所以奇数、偶数个数时都对。N 是偶数时,前后数据全部交换,N 为奇数时,中间一个数不用交换。

此例中的阴影行循环语句写成"for(i=0;i<N/2; i++)",即只用一个循环变量,不用 j,程序将如何改动?循环条件改成 i<N,会怎样?

6.3　二维数组

一维数组只有一个下标,有些实际问题,比如矩阵,需要标记第几行第几列,就需要二维数组,即有两个下标的数组。

6.3.1　二维数组的定义和引用

二维数组的定义格式如下:

```
数据类型 数组名[常量表达式 1][常量表达式 2];
```

例如"int a[2][3];",定义的数组 a 是一个 2×3(2 行 3 列)的数组,共有 6 个元素,每个元素都是整型的。

二维数组中,第一个下标表示行,第二个下标表示列。

二维数组的引用与一维数组类似,其引用形式为:

```
数组名[行下标表达式][列下标表达式]
```

其中,行、列下标表达式是整型常量或整型表达式。如上面定义的数组 a,它的 6 个元素排列为:

a[0][0]　a[0][1]　a[0][2]

a[1][0]　a[1][1]　a[1][2]

这是数学上的行列表示法,表示成平面的形式,在计算机中存储时,只能按顺序存放每个元素,没有平面形式。

数组元素在内存中是连续存放的,一维数组的元素是按下标递增的顺序连续存放的;二维数组元素在内存中按行存放,如图 6-7 所示,先顺序存放第一行元素:a[0][0],a[0][1],a[0][2],再存放第二行元素:a[1][0],a[1][1],a[1][2]。

数组是一种构造类型的数据。二维数组可以看作是由一维数组的嵌套构造而成的,一维数组的每个元素又是一个数组,如图 6-7 所示,a 数组是有两个元素 a[0]和 a[1]的数组,a[0]又是一个包含三个元素的一维数组,a[1]也是。

a[0]	a[0][0]
	a[0][1]
	a[0][2]
a[1]	a[1][0]
	a[1][1]
	a[1][2]

图 6-7 二维数组按行存放

以此类推,不难掌握多维数组的定义及存放顺序。简单地讲,多维数组存放时,各元素仍然是连续存放,且最右边的下标变化最快。

一维数组用一重循环逐一引用,"遍历"每个数组元素;二维数组则需要用二重循环,逐个引用,才能"遍历"每个数组元素;多维数组则需要用多重循环,逐个引用,才能"遍历"每个数组元素。

注意:数组边界,切忌越界。二维数组的越界问题比较复杂,如果定义 a[M][N],只要引用时 a[i][j]的下标 i 和 j 满足"i×N+j<M×N",就不算越界,但可能不符合原来的行列定义,引用二维数组元素时要小心。

最好简单模仿一维数组,下标 i 和 j 小于定义时的行和列的最大值即可。

【例 6-8】 建立一个三行两列的二维数组,每个元素的值为其下标之和。

程序要定义两个下标变量 i 和 j,还要定义一个二维数组,通过二重循环实现数组元素的赋值和输出。

```
#include <iostream.h>
void main()
{    int i,j,b[3][2];
     for (i = 0;i < 3;i++)              //外循环代表行
         for(j = 0;j < 2;j++)           //内循环代表列
         {    b[i][j] = i + j;
              cout <<"b["<< i <<']'<<'['<< j <<"] = "
                   << b[i][j]<< endl;
         }
}
```

运行结果:

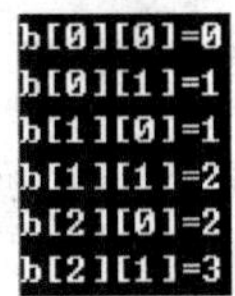
b[0][0]=0
b[0][1]=1
b[1][0]=1
b[1][1]=2
b[2][0]=2
b[2][1]=3

6.3.2 二维数组的初始化

和一维数组一样,二维数组也可以初始化,在程序编译时就得到其元素的初值。这对二维数组程序的调试更为方便、有效,因为二维数组数据量通常比较大。

对二维数组初始化,用分行赋值的方法,具体有以下 4 种形式。

形式 1：按行列关系给出所有值

```
int a[3][ 2] = {{1,2}, {3,4}, {5, 6}};
```

其中“{ }”内代表一行元素的初值，每个大括号对应一行的值。经过如此的初始化后，每个数组元素分别被赋以如下各值，写成矩阵形式，如图 6-8 所示，即：

```
a[0][0] = 1    a[0][1] = 2
a[1][0] = 3    a[1][1] = 4
a[2][0] = 5    a[2][1] = 6
```

形式 2：只为数组的部分元素赋值

```
int a[3][2] = {{1}, {2, 3}};
```

每一行用一对“{}”表示，并至少写一个数，前面行或每行前面的数必须给出，后面行或每行后面的数省略时默认元素值为 0。数组 a 的初值为：

```
a[0][0] = 1    a[0][1] = 0
a[1][0] = 2    a[1][1] = 3
a[2][0] = 0    a[2][1] = 0
```

如图 6-9 所示，与一维数组类似，初值个数少了以 0 填充，多了也非法。如果每行元素都有给出，则行的大小可以不写。

形式 3：简化形式

在给定数组行列大小时，将所有数据写在一个花括号内，按数组在内存中的排列顺序对各元素赋初值。如“int a[3][2]={1, 2, 3, 4};”，其结果是：

```
a[0][0] = 1    a[0][1] = 2
a[1][0] = 3    a[1][1] = 4
a[2][0] = 0    a[2][1] = 0
```

按内存中的顺序，前面元素先得到值，后面元素的值自动设为 0，如图 6-10 所示。

1	2
3	4
5	6

图 6-8　赋全部初值

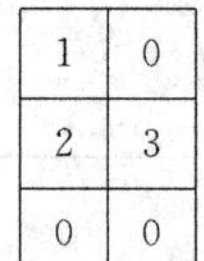

图 6-9　赋部分初值

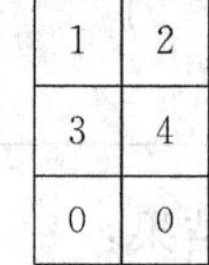

图 6-10　按行取初值

形式 4：若对全部元素都赋初值，则定义数组时，第一维的长度可以不指定，但第二维的长度不能省。

如“int a[][2]={1, 2, 3, 4, 5, 6};”，系统会根据数据总数分配存储空间，一共 6 个元素，每行 2 列，自动确定为 3 行。矩阵如图 6-8 所示。

需要强调的是，如果定义二维数组时没有进行初始化，则所有维的长度都必须给出，不能省略，如“int a[3][2];”，其 6 个元素的值在后续程序中需逐一赋值得到，不能再像初始化时一次性给出。

6.3.3 应用举例

【例 6-9】 已知一个 M×N 的整型矩阵,求其中最大元素值及其行列号。

分析:找最大数以前曾做过,思路很直接,设一个变量 max 代表最大数,将二维数组的第一个元素赋给它,然后用二重循环将二维数组查询一遍,逐一与 max 比较,只要 max 小了,名不符实,就把那个大的值"抢过来",这样遍历之后,max 就是名符其实的最大值了。在记录最大值的同时,还要记录其所在行列号。

```
#include <iostream.h>
#define M 3
#define N 4
void main()
{   int a[M][N] = {{1,2,3,4},{9,8,7,6}, {-10,10,-5,2}};
    int i,j,row = 0,column = 0,max;
    max = a[row][column];
    for(i = 0;i<M;i++)          //遍历二维数组的每个元素
        for(j = 0;j<N;j++)
            if(a[i][j]> max)
            {   max = a[i][j];
                row = i;
                column = j;
            }
    for(i = 0;i<M;i++)          //输出 M 行 N 列元素
    {   for(j = 0;j<N;j++)
            cout << a[i][j]<<"\t";
        cout << endl;
    }
    cout <<"max = "<< max <<"\trow = "<< row <<"\tcolumn = "<< column << endl;
}
```

运行结果:

```
1       2       3       4
9       8       7       6
-10     10      -5      2
max=10  row=2   column=1
```

程序用二重循环找出了数组 12 个数中的最大值,由于引入了二维数组,程序没有用 12 个变量来存放数据,而是用下标变量,结合循环语句,用一个大小关系判断来寻找最大值,节省了程序量,如果数组更大,节省的程序量更大,可见数组作用的巨大。

max 的初值赋 0 可以吗?程序中找到的是遇到的第一个最大数及其位置,如果要显示最后一个最大数及其位置,程序如何修改?

【例 6-10】 将二维数组行列元素互换(即矩阵转置),存到另一个数组中。

```
#include <iostream.h>
#define M 2
```

```
#define N 3
void main()
{    int a[M][N] = {{1,2,3},{4,5,6}}, b[N][M], i, j;
     cout <<"array a:\n";
     for(i = 0;i < M;i++)
     {  for(j = 0;j < N;j++)
        {    cout <<"\t"<< a[i][j];
             b[j][i] = a[i][j];                  //将 a 转置后送数组 b
        }
        cout <<"\n";                             //每输出一行后换行
     }
     cout <<"array b:\n";
     for(i = 0;i < N;i++)
     {    for(j = 0;j < M;j++)                   //内循环运行一遍,就显示了一行数据
               cout <<"\t"<< b[i][j];
          cout <<"\n";                           //每输出一行后换行
     }
}
```

运行结果:

```
array a:
        1       2       3
        4       5       6
array b:
        1       4
        2       5
        3       6
```

提示:此例值得模仿借鉴的有如下两点。

(1) 如何做转置:在正确定义数组后,只要按行列互换即可。

(2) 二维数组输出换行控制:阴影处外层 for 循环用 i 控制行,内层 for 循环用 j 控制列,内循环完成后,即显示完一行,换行。外循环结束,则所有行列输出完成。

总结:

(1) 一维数组所有元素的遍历处理需要用一重 for 循环完成,二维数组所有元素的遍历处理用二重 for 循环完成。

(2) 按结构化程序设计思想,每个循环结构只完成一个功能为妥。

如下两个程序片段:右边一维数组将“输入”和“求和”在一个循环中完成;左边分别在两个循环中完成。虽然两个程序在语法和功能实现上都没有问题,但对于学习者来说,左边程序用一个模块完成一个功能,更利于程序的调试,建议使用左边的结构。

```
for(i = 0;i < N;i++)
{   cin >> a[i];
}  //完成数据输入,即数据已经在"仓库"中存好,准备后续处理。
for(i = 0;i < N;i++)
{   sum += a[i];
}
```

```
for(i = 0;i < N;i++)
{   cin >> a[i];
    sum += a[i];
}
```

(3) 程序的长度已经渐渐变长，为了增强可读性，建议程序中加空行或注释将程序分段，分成变量定义、输入、处理、输出 4 个部分，使程序结构清晰，一目了然，方便调试查错。

6.4　字符数组和字符串

字符数组就是数据类型为 char 的数组，用来存放字符数据，字符数组的每个元素是一个字符，相应内存单元中存的是该字符的 ASCII 码。

6.4.1　字符数组的定义和初始化

定义方式与前面介绍的类似，形式如下：

```
char 数组名[常量表达式];
```

如“char c[3];”，定义 c 为字符数组，最多包含三个字符元素。每个元素只占一个字节单元，该单元存放的是字符的 ASCII 码。

```
c[0] = 's';
c[1] = 't';
c[2] = 'r';
```

如执行以上三条赋值语句后，数组 c 在内存中情况如图 6-11 所示。

c[0]	0111 0011
c[1]	0111 0100
c[2]	0111 0010

图 6-11　字符数组存放情况

字符数组的初始化是在数组定义的同时给出数组中各字符元素。例如：

```
char c[6] = {'s','t','r','i','n','g'};
```

应注意，字符初值数量必须小于等于数组长度，否则有语法错误。与一般数组初始化一样，没有初值的字符数组元素用 0 填充(也可用'\0'表示，称为空字符)。

定义“char s[4]={'a', 'b'};”后，各元素的初值为：

```
s[0] = 97,        s[1] = 98,        s[2] = 0        s[3] = 0。
```

如果定义时省略数组长度，系统会自动根据字符个数确定数组长度，并给数组中各元素赋值。如：

```
char c[ ] = {'s','t','r','i','n','g'};
```

二维字符数组的定义与初始化，以一维字符数组为基础类推。例如：

```
char ch[3][2] = {{49, 50}, {'3','4'},{'5','6'}};
```

第一行以 ASCII 码值 49 和 50 直接初始化，和用{'1','2'}效果是一样的。

6.4.2　字符串

在 C 语言中，没有字符串变量，只有字符串常量。字符串常量简称字符串，是用双引号括起来的字符序列,例如“string is”,它由有效字符加上字符串结束标识'\0'组成。

字符串的处理是学习者不容易掌握的编程问题之一,要加强练习。

字符串常量和字符常量是不同的量。它们之间有以下主要区别。

(1) 字符常量由单引号括起来,字符串常量由双引号括起来。

(2) 字符常量只能是单个字符,字符串常量则可以含一个或多个字符,甚至不含任何字符。

(3) 可以把一个字符常量赋予一个字符变量,在C语言中没有字符串变量,但是可以用字符数组来存放字符串。

(4) 字符常量占一个字节的内存空间。字符串常量所占字节数等于字符串中有效字符数加1。

图6-12和图6-13对比了'0'和"0"在内存中的存储情况。图6-12是单个字符'0',只占一个字节,内存中存放的是它的ASCII码,值为0x30(二进制为0011 0000),即十进制的48。

图6-13是字符串"0",在内存中不仅有字符'0',还有一个结束符'\0',共占两个字节。

0011 0000

图6-12 字符'0'的存储情况

0011 0000
0000 0000

图6-13 字符串"0"的存储情况

⚠C语言专门为字符串规定结束符的好处是处理文本文件时,可以避开字符的个数(实际情况是文章可长可短),用结束符结合while语句或do…while有效地测定是否处理完所有的字符,这也是字符数组编程上不同于其他类型数组的特殊之处。同时,C语言库函数中有关字符串处理的函数(如附录C的string.h中的各种函数),一般都要求所处理的字符串必须以'\0'结尾,否则将会出现错误。

为了方便字符数组的初始化,C语言还常用一个字符串常量来初始化字符数组,如:

```
char c[] = {"string"};
```

或

```
char c[] = "string";
```

经过上述初始化后,c数组中每个元素的初值如下:

```
c[0] = 's',c[1] = 't',c[2] = 'r',c[3] = 'i',c[4] = 'n',c[5] = 'g',c[6] = '\0'
```

VC++系统会自动在字符串常量的末尾加上结束字符'\0',所以c数组中有7个元素,长度为7。如果要给定c的长度,则c的容量应该至少是7,若少了会出错。若多了则以空字符'\0'填充。

⚠**注意**:以单个字符初始化字符数组时,如果希望字符数组能作为字符串使用,则需编程者自己在字符串的末尾加'\0'。如:

```
char  s[3] = {97, 98, '\0'};      // s数组有三个初始值: 'a'、'b'和'\0'。
```

【例6-11】 检测某一字符串中的字符个数,不包括结束符'\0'。

```
#include <iostream.h>
void main()
{   char str[] = {"string"};
    int i = 0;
    while (str[i] != '\0')                        //此处两行合并为 while(str[i++]);
        i++;
    cout <<"The length of string is :"<< i << endl;
}
```

重要

运行结果：The length of string is ：6

要检测字符串的长度，需要把字符串赋给字符数组，通过字符数组求得字符串长度。

阴影处循环条件的写法是字符串处理时常常用到的，当 str[i]的值不是结束符'\0'时，就执行循环体，i 增 1 指向下一个字符，再判断是否是结束符，不是就再执行循环体，如此重复处理，直至取到字符串最后的结束符为止，这时 i 的值就是字符串的长度。

若例 6-11 中阴影行改为"while(str[i++]!='\0')；"程序应如何改动？

【例 6-12】 不调用标准库函数，写一段字符串比较程序，比较两个字符串 s1 和 s2 的大小。

要求以整型变量 x 的值代表比较结果：

s1＞s2 时 x＞0，

s1＝s2 时 x＝0，

s1＜s2 时 x＜0。

分析：比较两个字符串，(如任意两个人名或两个城市名、两个国家名的比较)，比较的是每个字符的 ASCII 码值，应该从左到右逐一比较，按英语词典顺序前小后大，两个字符串第一个不同字符的差值正好反映了两个串的大小关系。如图 6-14 所示，字符串"abc"与"abcd"的比较结果是负数。

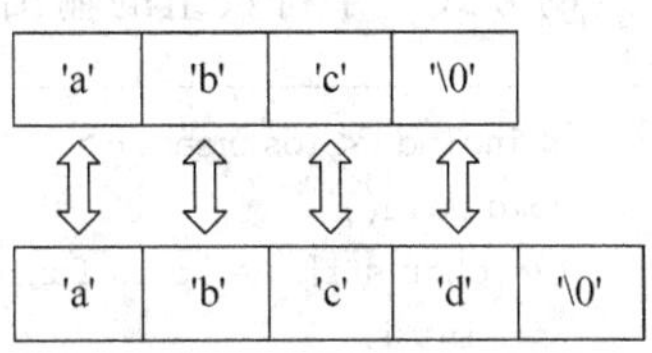

图 6-14　字符串的比较

```
#include <iostream.h>
void main()
{   int i,x;
    char s1[100] = {"abc"},s2[100] = {"abcd"};
    i = 0;
    while(s1[i] == s2[i] &&s1[i]!= '\0')
        i++;
    x = s1[i] - s2[i];
    cout <<"x = "<< x << endl;
}
```

程序中"i=0；"，目的是结合 while 循环，取 s1 和 s2 的第一个字符。阴影部分 while 语句的循环条件是两个字符串对应位置字符相等，且不是结束符。只要满足循环条件，执行

“i++;”,指向下一对字符。当循环条件不满足时,s1、s2 当前位置的两个字符的差值就是所需要的答案。

程序中定义 s1[100]、s2[100]长度为 100,100 定义的是字符数组的最大长度,实际字符串的长度可以是此范围内的任意值,字符数组处理往往如此。

6.4.3 字符数组的输入和输出

字符数组的输入和输出有以下两种方式。

方式 1:逐个字符输入和输出。

字符数组的每一个元素都是一个字符,与整型、实型数组一样,可以逐个进行字符的输入和输出。例 6-13 的第一次循环输出就是这样。

方式 2:若字符数组存放的是字符串,整体输入和输出则更为方便,这一点有别于整型数组和实型数组。例如,定义了“char str[20];”可以进行如下操作。

```
cin >> str;            //用字符数组名整体输入一串字符
cout << str;           //用字符数组名整体输出一串字符
```

“cin >> str;”过程是从键盘上输入相关字符串,以回车键结束,但是输入字符中有空格等间隔符时,间隔符及以后的字符不送到 str 数组中,并自动加结束标识符'\0'。

“cout << str;”过程是从 str 数组的第一个元素开始逐个输出字符,直到遇到'\0'为止。

【例 6-13】 字符数组的两种输出方式比较。

为了简化问题的说明,字符数组的内容没有采用键盘输入的方式,而是采用初始化直接给定的方式。字符数组的输出可以采用单个字符的输出方式,也可以采用整体输出的方式。

```
#include <iostream.h>
void main()
{   char str[ ] = "c is fun.";
    int i;
    for(i = 0;i < 6;i++)
        cout << str[i];           //逐一输出
    cout << endl;
    cout << str << endl;          //整体输出
}
```

运行结果:

```
c is f
c is fun.
```

第一次输出的本意是想输出 6 个字母 c is fun,但因为空格也是一个字符,所以就只能显示到 f。这也从另一个角度说明字符串处理通常要用结束符'\0'来控制循环,而不用字符个数来控制循环的原因;

第二次输出采用整体输出的形式,从运行结果可以看出,输出内容与初始化时的内容是一样的,因此,字符数组存放字符串时常采用整体输出形式。

【例 6-14】 用 cin 输入字符串。

用 cin 输入字符串,可以一个一个字符进行输入,以回车符作为结束标识。但是中间遇有空格、Tab 等间隔控制符，不算在输入字符之内。

程序中，第一次输入，采用单个字符输入方法，虽然输入了 7 个有效字符及空格和 Tab 键，但是只读了 6 个有效字符，并令 s1[6]为结束符，故输出 s1 只有 6 个有效字符。

用 cin 整个输入字符串时，字符串中间不能有空格、Tab 等间隔控制符，遇到了这些间隔控制符，则控制符之后的输入是无效的。

第二次输入数，本想给 s1 输入一个带空格的一句话，但是从输出结果来看，s1 中的内容，仅仅是第一个空格之前的内容。

第三次输入 3 个字符串，中间用空格间隔，从输出结果来看，因为空格的输入，确实是把输入的字符串送给了 3 个字符数组，空格不属于字符串的内容。

在三次输入之间，为了消除前一次错误输入的影响，用 cin.ignore 来清除键盘缓冲区的内容，保证第二次输入内容恰好是键盘重新输入的内容。

```
#include <iostream.h>
void main()
{   char s1[20],s2[20],s3[20];
    int i;
    for (i=0;i<6;i++)                  //第一次输入
        cin>>s1[i];
    s1[i]='\0';
    cout<<s1<<endl;
    cin.ignore( 256, '\n');            //忽略输入缓冲区回车符前面的内容
    cin>>s1;                           //输入 1 个字符串,第二次输入
    cout<<s1<<endl;                    //输出该字符串
    cin.ignore( 256, '\n');            //忽略输入缓冲区回车符前面的内容
    cin>>s1>>s2>>s3;                   //输入 3 个字符串,第三次输入
    cout<<s1<<s2<<s3<<endl;            //输出 3 个字符串
}
```

运行结果：

```
c is    fun.
cisfun
c is fun.
c
c is fun.
cisfun.
```

从例 6-14 可以看出，cin 确实可以输入字符串，但是却不能包含空格等间隔控制符，这给实际文字处理带来了不方便。处理这类问题时，我们可以用 getline 函数来实现，其格式如下：

```
cin.getline(字符数组名,字符个数,<结束符>);
```

字符数组名就是用来存放字符串的数组；字符个数是输入字符串的最大长度，通常为字符数组长度；结束符是用来界定字符串结束的标识字符，该字符及之后的内容不再属于输入字符串，默认以回车符作为结束标识，这是常用的方法。

getline 函数可以一次输入一个含多个间隔符的字符串，当读到最大字符数或遇到结束

符时结束。

【例 6-15】 cin.getline 举例。

在输入一句话或长段文章时，getline 是常用的输入方法，通常以回车符作为结束符标识，也可以以其他字符作为结束符标识，但是，这种情况下，这个标识就不能作为字符串的输入内容了。

```
#include <iostream.h>
void main()
{   char str[200];
    cin.getline(str,sizeof(str));            //结束符省略，默认回车符为终止符
    cout << str << endl;                     //输出
    cin.getline(str,sizeof(str),'X');        //结束符为'X'
    cout << str << endl;                     //输出
}
```

运行结果：

```
I am a student.
I am a student.
They are students.X 123 it
They are students.
```

6.4.4 应用举例

【例 6-16】 输入一个由若干单词组成的文本行(最多 80 个字符)，每个单词之间用若干个空格隔开，统计此文本行中单词的个数。

分析：单词是由一串字母字符组成的，因此单词必然以字母开始，以非字母字符结束。程序中用 i 记录当前字符位置，len 记录当前单词的长度，num 统计单词个数。外循环从 i=0 开始检查 str[i]，首先设 len=0，如果 str[i]是字母，则 i 和 len 自动加 1，再内循环检查是否是字母，只要是字母，说明还是同一个单词，i++、len++，直到不是字母，结束内循环。此时如果 len>0，则说明前面字符是一个单词，num 加 1。看看 str[i]是否是结束符，如果不是则再统计下一个单词，如果是结束符则结束外循环输出统计结果，流程图如图 6-15 所示。

程序清单如下。

```
#include <iostream.h>
void main()
{
    char str[80];
    int i,len,num = 0;
    cout <<"请输入一段话:"<< endl;
    cin.getline(str,sizeof(str));
    i = 0;
    do
    {   len = 0;
        while(((str[i]>= 'a')&&(str[i]<= 'z'))||((str[i]>= 'A')&&(str[i]<= 'Z')))
        {   len++;i++;
```

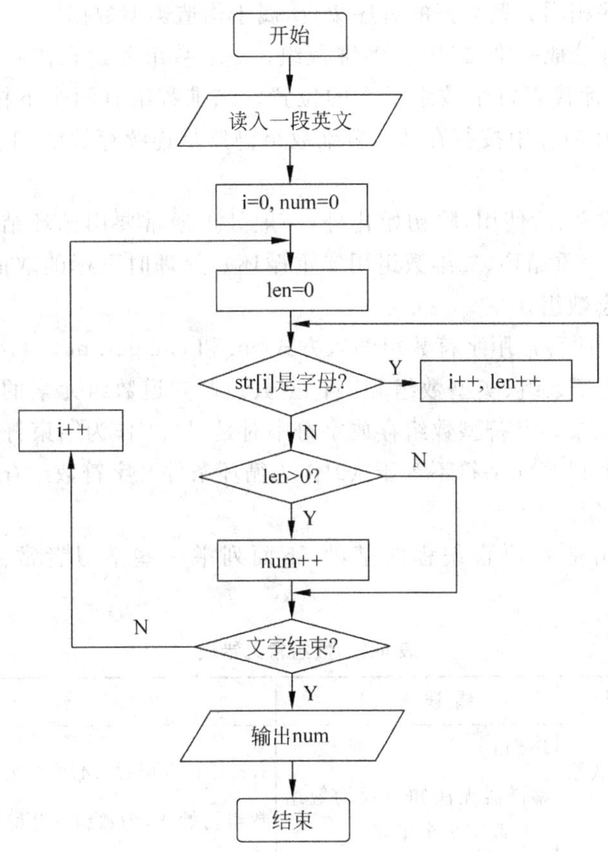

图 6-15　统计一段英文中的单词的个数

```
        }
        if(len) num++;
    }while(str[i++]!= '\0');
    cout <<"单词数"<< num <<"个\n";
}
```

运行结果：

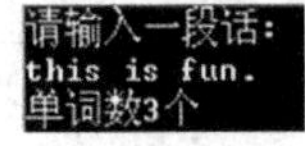

6.5　本章知识要点和常见错误列表

数组是使用最多的一种构造数据类型，所以本章是本书的重点之一，小结如下。

(1) 本章主要知识点共 4 节，6.1 节引入数组的概念，6.2 节介绍一维数组，6.3 节介绍二维数组，6.4 节介绍字符数组和字符串。

一维、二维数组的定义形式、引用方式、初始化方式和编程等虽有自己的特点(如字符串以结束符作为循环条件)，但也有类似之处，可以对比着学习(建议整理一个对比表格)。

(2) 数组是一些相同类型数据的有序集合,属于构造类型数据。

(3) 数组按下标分成一维、二维和多维数组;一维数组元素在内存中是按下标递增的顺序连续存放的,下标代表每个数组元素的位置。二维数组有两个下标,第一个下标代表行,第二个代表列,在内存中按行存放;多维数组仍然是连续存放的,其最右边的下标变化最快。

(4) 数组要先定义、后使用,除初始化外,一般处理通常要用循环结构逐一处理每个数组元素(一维数组用一重循环、二维数组用二重循环),处理时下标的取值要特别注意,不要越界。不能定义动态数组。

(5) 本章介绍了两种常用字符数组输入方式 cin 和 cin. getline。

(6) 本章讲述整型数组、实型数组和字符型数组。知道数组元素的个数时,宜采用 for 循环遍历处理每个元素。字符型数组存放字符串时是以'\0'作为结束符的,宜采用 while 或 do…while 循环语句,以当前字符不等于'\0'作为循环条件。字符数组存放字符串时可以整体输入输出,比较方便。

数组的正确使用是 C 语言编程的基础,下面列举一些学习者常犯的错误,如表 6-1 所示。

表 6-1 数组常见错误

序号	错误类型	错误举例	分析
1	定义时未指定数组的长度	int b[ ]; 编译器无法知道要为数组 b 开辟多少个单元	int a[ ] = {1,2,3,4,5,6,7}; 数组初始化,为数组 a 开辟了 7 个整数单元
2	数组初始化时,初值数量大于数组长度	int a[3] = {1,2,3,4,5};	a 数组只有三个元素,初值不能多于三个
		float b[2][2] = {1,2,3,4,5};	b 数组有 2×2=4 个元素,初值只能少于等于 4 个,不能多
		char c[4] = "abcd";	c 数组只有 4 个单元,但字符串有结束符,共 5 个字符,所以多了一个

3	试图定义动态数组	int n = 10; //初始化
		或 cin >> n; //输入 n 的值
		int a[n]; //编译时开辟数组
			开辟数组是在编译阶段进行,早于初始化或程序运行阶段,无法实现

4	数组元素的引用方式错误	试图用一条语句: cout << a[0]; 完成数组中所有数组元素的输出; 或用语句 cin >> a[4]; 完成数组中所有数组元素的输入	数组是同类型数据的集合,所以一条输入和输出语句只能完成一个元素的输入和输出。大量数据的处理必须结合循环语句,多次重复来实现。每个数组元素的处理通常要配合循环语句逐一进行(不管是输入、输出还是其他任何处理),称为数组的遍历

续表

序号	错误类型	错误举例	分　析
4	数组元素的引用方式错误	for(i = 0;i < 5;i++) 　cout << a[1]	显示出 5 个 a[1],而不是遍历所有的元素。 i,1,l(len)易混淆,使用时要小心

		#define N 10
		for(i = 0;i < N;i++)
		　cout << a[N];
		//输出了 N 个越界的数 a[10]
			只有如下写法是正确的:
			for(i = 0;i < N;i++)
			　cout << a[i];
			//随着 i 值的逐一增加,循环遍历所有的数组元素

5	误以为数组名代表数组中的全部元素	int b[5];
		int a[5] = {55,45,35,25,15};
		b = a;
		//企图把数组 a 的每个元素赋给数组 b 相应的元素
			在 C 语言中,数组名代表数组的首地址,a,b 是两个数组的首地址,是两个地址常量,自然不能相互赋值。
			试图以数组名整体引用数组进行其他工作也是错误的

6	数组越界操作	int i, a[5] = {1,2,3,4,5}; for(i = 1;i <= 5;i++) 　cout << a[i]; 编程者想输出 a[1]～a[5]这 5 个元素,但结果丢了值是 1 的 a[0],结果成了 2 3 4 5 −832 843 562 多出的这个非常规的数就是越界访问到的 a[5]	当定义一个 N 元数组时,数组下标从 0 到 N−1,其他下标的数组元素都越界。如左例的 a[5],这种"越界"错误,C 编译器是不检查的,学习者一定要小心
		char str[5]; strcpy(str,"aabbccdd"); 目标数组只有 5 个单元,存储不下源串的所有字符,运行出错,若此处改为 str[80],则一般的复制都不会出错了	字符数组在处理文字类程序中常用,通常不知道文字的长度,所以宜开辟比计划多一些的空间,否则,容易出错
7	字符串的比较操作	if(str >"abc")…	字符串是多个字符的序列,不能用关系运算符">、<、=="等直接进行比较,两个字符串的比较必须用附录 C 函数库中的标准函数,或自己定义的函数

习题

一、选择题

1. 若有说明"int a[10];",则对数组 a 元素的正确引用是(　　)。

　A. a( )　　B. a[10−10]　　C. a[10]　　D. a[3.5]

2. 以下不正确的定义语句是(　　)。

A. double x[5]={2.0,4.0,6.0,8.0,10.0};

B. int y[5]={0,1,3,5,7,9};

C. char c1[]={'1','2','3','4','5'};

D. char c2[]={'\x10','\xa','\x8'};

3. 若有定义“double a[3]={2.0,3.14,6.0},b=9;”则错误的赋值语句是(　　)。

A. b=a[2];　　B. b=a+2.1;　　C. a[1]=b;　　D. b=a[0]+7;

4. 若有初始化“int a[5]={1,2,3,4,5};”,则值为 4 的表达式是(　　)。

A. a[4]　　B. a[a[2]+1]　　C. a[a[2]]　　D. a[3]+1

5. 以下不能正确进行字符数组初始化的语句是(　　)。

A. char str[5]="good!";　　B. char str[]="good!";

C. char str[8]="good!";　　D. char str[5]= {'g','o','o','d'};

6. 以下不能对数组 x 进行正确初始化的语句是(　　)。

A. int x[3]={0,1,2};　　B. int x[3]={0,1};

C. int x[3]={0,1,2,3};　　D. int x[ ]={1,2,3};

7. 以下一维数组 a 的正确定义是(　　)。

A. int a( );　　B. float n=10.0,a[n];

C. int n;
cin >> n; int a[n];

D. #define N 10
int a[N];

8. 以下对二维数组 a 进行正确初始化的是(　　)。

A. int a[2][3]={{1,2},{3,4,},{5,6}};　　B. int a[][3]={1,2,3,4,5,6};

C. int a[2][]= {1,2,3,4,5,6};　　D. int a[2][]={{1,2},{3,4}};

9. 在定义 int a[3][2];之后,对 a 元素的正确引用是(　　)。

A. a[0][2]　　B. a[1+2][0]　　C. a[3-2][0]　　D. a[3][2]

10. 以下对字符数组初始化的语句,正确的是(　　)。

A. char str[2]={'12'};　　B. char str[1]= "0";

C. char str[3]="xyz";　　D. char str[ ]="123";

11. 设有数组定义 char str[]="Hello",则数组 str 所占的内存空间为(　　)。

A. 4 个字节　　B. 5 个字节　　C. 6 个字节　　D. 7 个字节

12. 若有定义 int s[ ][3]={0,1,2,3,4,5,6};则 s 数组第一维的大小是(　　)。

A. 2　　B. 3　　C. 4　　D. 无确定值

13. 下面描述正确的是(　　)。

A. 两个字符串所包含的字符个数相同时,才能比较字符串

B. 字符个数多的字符串比字符个数少的字符串大

C. 字符串"SHORT"与"SHORT　　"相同

D. 字符串"that"小于"the"。

14. 对两个数组 a 和 b 进行如下的初始化后,下面正确的叙述是(　　)。

```
char a[ ] = "0123";
char b[ ] = {'0','1','2','3'};
```

A. 数组 a 和数组 b 相同　　　　　B. 数组 a 比 b 长

C. 数组 a 存的是数字，b 存的是字符　　　　　D. 数组 a 和 b 一样长

15. 在定义 char str[10]；之后，以下哪个操作是不合法的？（　　）

A. str="C is fun"；　　　　　B. cin >> str；

C. cout << str；　　　　　D. cout << str[0]；

二、编程题

1. 输入某同学 5 门课的成绩，求出该同学的平均分，送显（用数组实现）。

2. 用数组来存放 Fibonacci 数列的各项值。设 f[0]=0，f[1]=1，f[i]=f[i−1]+f[i−2]，求其他项，并显示如下：

```
  0     1     1     2
  3     5     8    13
 21    34    55    89
144   233   377   610
987  1597  2584  4181
```

3. 若数组 a 包含 20 个整型元素，将 a 中所有的后项除以前项的商存入实型数组 b 中，并按每行四个元素的形式输出数组 b。

4. 输出以下的杨辉三角形（要求打印出 10 行）。

```
1
1   1
1   2   1
1   3   3   1
1   4   6   4   1
1   5   10  10  5   1
…   …   …   …   …   …
```

5. 输入两个矩阵 A、B 的值，求 C=A+B，

$$A=\begin{bmatrix} 3 & 5 & 7 \\ 12 & 16 & 6 \end{bmatrix},\quad B=\begin{bmatrix} 4 & 8 & 10 \\ 6 & 13 & 16 \end{bmatrix}$$

6. 找出一个 M×N 的整型数组每一行的最小值，并显示出来。即结果显示如下：

```
           12    3    4   67
            8   23   61   19
           13   78    5    1
Mins are：  3    8    1
```

7. 分别求出一个 N×N 矩阵的两条对角线元素之和，并求出它们的总和。

8. 定义一字符数组 char str[30]；输入任一字符串（长度在 29 以内），编程将其中的小写字母转换成大写字母，其余不变，输出修改后的字符串。

9. 输入一串由数字组成的字符串（不超过 100 个数字），串的最后以@符号结束；统计这串数字中 0，1，2，…，8，9 等各个数字出现的次数。

10. 输入一个字符串，判断其是否是回文，是则输出“yes”，不是则输出“no”。回文即正

读、反读是完全相同的文字。如 ABCDCBA、madam 是回文,abcd 不是回文。

11. 应用字符数组实现两个字符串的连接,结果放在前一个数组中,输出连接后的字符串。

12. 编写程序完成以下任务,从键盘输入由 5 个字符组成的单词,判断此单词是不是 hello,并显示结果。

```
#include <iostream.h>
void main()
{
    char str[] = {'h','e','l','l','o'};
    char str1[6];
    int i,flag;
    cin >> str1;
    flag = 0;
    //请在两条星线之间填入相应的代码,判断输入的单词是否为 hello,使用已有的变量编程,
    //不能创建其他变量
    //*******************************************

    //*******************************************
    if(flag)
        cout <<"this word is not hello";
    else
        cout <<"this word is hello";
}
```

13. 将数组 b 中的字符串复制到数组 a 中,在两条星线间填入相应的内容,使得程序完成该功能。(注意:不要改动其他代码,不得更改程序的结构。)

```
#include "iostream.h"
void main()
{   char a[100],b[] = "You are a student.";
    int  i = 0;
    for( ; a[i]!= '\0';i++)
    //************** 请在两条星线之间填入相应的内容 ***********

    //************** 请在两条星线之间填入相应的内容 ***********
    cout << a << endl;
}
```

第7章 函数及变量存储类型

7.1 为什么要用函数

在前几章的编程示例中，所有的代码都写在一个 main 函数中，这样，随着程序规模的增大，程序的质量怎样？请考虑如下问题。

(1) main()当中能放多少行程序？

(2) 多少行的程序让你读起来不头疼？

(3) 假如每个程序都要用到的输入或输出语句用 100 行代码替换，程序是不是很啰唆？

(4) 如果所有代码都在 main()当中，大型软件的开发怎样进行团队分工合作？

C 语言作为面向过程的语言，采用"结构化程序设计"来解决这些问题。在传统的程序设计中，结构化程序设计占有主导地位，即使在现今大型软件开发所采用的面向对象的程序设计中，某些具体实现过程仍然遵循结构化程序设计的要求，本章充分地体现了其"自顶向下、逐步细化和模块化"的思想。

7.1.1 模块化的优越性及 C 的实现

在结构化程序设计思想的指导下，每次着手编写一个程序时，要自顶向下，全面考虑，将整个程序分为几个大的部分，每个部分又细分成若干部分，把某些部分的功能抽象成函数，逐步细化，直到每一个小模块都能用有限 C 语句表示，就实现了 C 程序设计的模块化。

模块化有如下优越性：

(1) 每个模块只负责处理一件事情，便于进行单个模块的设计、调试、测试和维护等。

(2) 某些需要反复出现的模块只需写一遍代码，反复调用这段代码，既提高了代码的利用率，又简化了程序的结构，缩小了程序的规模，使程序层次清楚、易读。

(3) 编程者可以一个模块、一个模块地完成，再将它们集成在一起，逐步完成一个大的系统。

(4) 现今的软件已经越来越大，必须多人合作完成，模块化恰恰适合按模块分配任务，职责明确，并行开发，缩短开发时间，大大提高软件开发效率。

图 7-1 展示了 C 的结构化程序组成，一个 C 的应用系统可以由多个源程序组成，每个源程序可以没有或有多个数据定义和函数定义，每个函数可以理解为程序中的一个模块。但

是要注意的是，在一个应用系统中，必须有且只有一个主函数 main，起主控作用。

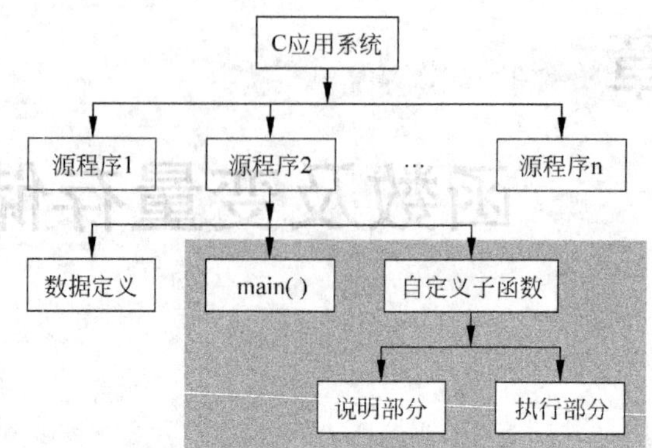

图 7-1 C 程序的结构图

本章主要讲述图 7-1 中阴影部分的实现过程，一个源程序不再像以前，只有一个 main 函数，而是由一个 main 函数与若干个子函数组成，将某些功能用自定义函数来实现。

图 7-2 说明了 C 程序的建立过程，编译系统对组成 C 程序的多个源程序以源文件为单位进行编译，生成二进制代码形式的目标程序，再由链接程序将各目标文件中的目标代码和系统函数库链接成一个可执行程序。程序加载执行后，就可以完成预定的功能。

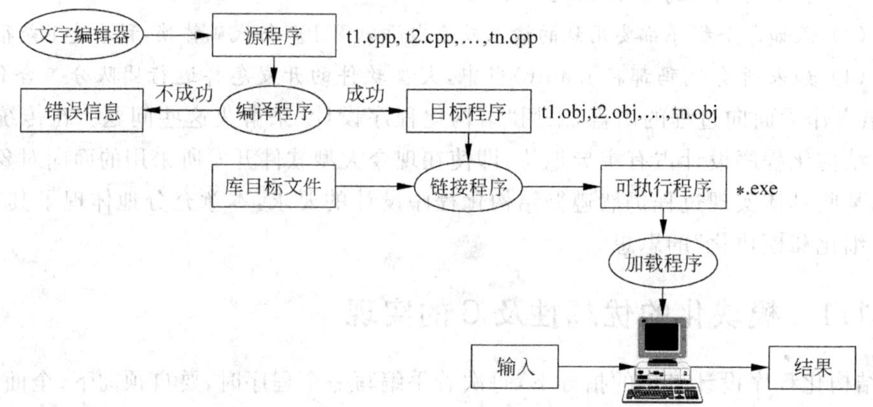

图 7-2 程序的建立与运行过程

7.1.2 函数概述

C 程序的执行实质上是函数的运行，程序从 main 函数开始，通过函数和语句的执行完成所要求的任务。

在源程序编辑过程中，main 函数的位置任意，可以处于程序的最前面、中间或者最后，但 C 程序的执行总是从 main 函数开始，在 main 函数中结束。

函数是一个独立的程序模块，它包含若干条语句，完成一个特定的任务。函数可以分为两大类。

第 1 类：由系统提供的标准库函数。VC++系统已经提供了很多有用的函数，它们都存放在标准函数库中，系统同时提供了这些库函数的格式声明，放在头文件中。编程时，要先包含相应的头文件，才可以调用其中的函数，如：

使用C的标准输入和输出函数(scanf,printf,…)要包含 stdio.h。

使用C++的输入和输出(cin,cout,…)要包含 iostream.h。

使用数学计算函数(sin,cos,abs,fabs,sqrt, …)要包含 math.h。

使用字符串处理函数(strlen, strcpy, strcmp,…)要包含 string.h。

更多这类函数见附录C。

【例 7-1】 编程求某数的绝对值。

```
#include <iostream.h>
#include <math.h>                    //包含数学头文件
void main()
{   int num,anum;
    double f,af;
    cout<<"Please input an integer:";
    cin>>num;
    anum = abs(num);                 //调用 abs 函数求绝对值
    cout<<"The absolute of "<<num<<" is "<<anum<<endl;
    cout<<"Please input a floating - point number:";
    cin>>f;
    af = fabs(f);                    //调用 fabs 函数求绝对值
    cout<<"The absolute of "<<f<<" is "<<af<<endl;
}
```

运行结果：

```
Please input an integer:-18
The absolute of -18 is 18
Please input a floating-point number:-3.14
The absolute of -3.14 is 3.14
```

程序中调用了求整型数绝对值函数 abs 和求浮点数绝对值函数 fabs，为了使用这两个库函数，要求在程序开始包含头文件 math.h。阴影部分为函数调用。

注意：

(1) 函数功能是什么？(abs、fabs 函数的功能是求绝对值。)

(2) 函数参数的数目、顺序及各参数意义和数据类型(此处只有一个参数)。

(3) 函数返回值意义和类型(此处2个函数均返回绝对值，abs 函数的返回值类型是整型，fabs 是双精度型)。

(4) 需要包含相应的头文件(此处是 math.h)。

第2类：用户自己定义的函数，又称为自定义函数。它是由编程者按照C语言规定的格式编写的一段程序，使用系统提供的合法语句和已定义的函数，完成某一特定功能。这是本章学习的重点。

下面先看一个实例，有些感性的认识。

【例 7-2】 定义一个名为 cabs 的函数，求 $\sqrt{x^2+y^2}$，并用主函数调用验证。

此函数名为 cabs，具体的任务是接受调用函数传来的两个实数，分别按顺序放在 x，y 中，求 x 和 y 平方和的平方根，返回给调用函数。

```
#include <iostream.h>
#include <math.h>
double cabs(double,double);
void main()
{   double a,b,c;
    a = 3;
    b = 4;
    c = cabs(a,b);
    cout<<"The result is "<<c<<endl;
}
double cabs(double x,double y)
{   double result;
    result = x * x + y * y;
    result = sqrt(result);
    return result;
}
```

函数声明

函数调用

函数定义

运行结果：

```
The result is 5
```

此程序的运行过程：从 main 函数开始，给变量 a 和 b 赋值 3 和 4，然后调用 cabs 函数，得到 5，赋给 c，然后输出结果 c 的值，程序在 main 中结束。

调用 cabs 函数时，x 和 y 分别赋值 3 和 4，求出 3 与 4 的平方和为 25 赋给 result，再对 result 调用系统库函数 sqrt 得到平方根 5，返回这个值。

自定义函数要有通用性，这里定义的 cabs 函数，可以用在很多地方，如求直角三角形的斜边长度，复数的模等。

从此例中可以看出：main 函数不再像以前那样包罗万象，把解决问题的所有步骤都写在里面，而升级成为真正的"main(主要)函数"。这样，在简单程序设计中，主函数一般只做以下三件事。

(1) 准备数据。

(2) 调用函数，在函数中对数据进行具体处理，完成所需要的功能。

(3) 输出处理结果。

7.2 函数三部曲

从例 7-2 的直观印象可以看到，要使用一个自定义函数通常有三个部分：声明、定义和调用，可以称之为"三部曲"，下面用三节来描述。

7.2.1 函数声明——函数三部曲之一

函数声明的目的是"告诉"编译系统有这样一个自定义函数可以被调用，同时指出函数输入参数的类型、函数返回值的数值类型和函数的存储类型，函数声明的形式如下：

```
存储类型标识符 数据类型标识符 函数名(形式参数类型表);
```

函数名是函数的重要标识，不能缺少，它是一个标识符，其要求与第 3 章中所讲的标识符一样。

数据类型标识符是说明函数返回值的数值类型的，以前学过的 int，float，char 等以及以后还要学习的指针、结构体等数据类型都是合法标识符。

存储类型标识符(static 或 extern)是说明这个函数在工程文件中的使用范围。

形式参数类型表是说明函数输入参数的数目、顺序和数值类型的，输入参数的数值类型可以是已经学过的 int，float，char 等以及将要学习的指针、结构体等数据类型。

比如一个求 x^n 的函数就可以采用如下的声明。

```
extern double power(double, int);
```

此声明"告知"编译系统，有一个名叫 power 的函数，可以被本工程的任何文件调用，调用后返回一个 double 型的函数值。函数的形式参数有两个，第一个是 double 型，第二个是 int 型。

在说明形式参数类型时，还可以同时说明输入参数的名称，但是这些名称在声明时只是个形式，没有实际意义，所以下面两个声明与前面一个声明效果完全一样。

```
extern double power(double x, int n);
extern double power(double y, int m);
```

7.2.2　函数定义——函数三部曲之二

前面的函数声明仅仅说明了函数的存在及相关参数类型，但是这个函数的功能具体如何实现还没有定义，函数定义就是按要求的格式写一段独立的 C 程序，完成一个特定的功能。下面就这个定义过程做说明。

函数定义一般包括两大部分：函数头和函数体，如下所示：

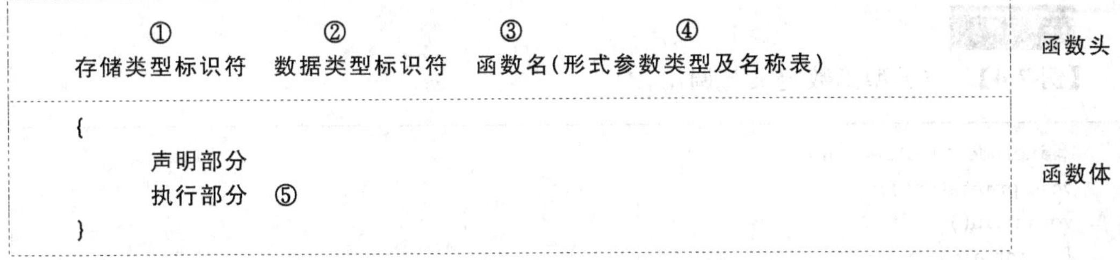

为了叙述和记忆的方便，把函数定义表示为五个部分，并按所标注的顺序一一介绍。

① 存储类型标识符

函数的存储类型规定了函数可被调用的范围。

一个工程可以包含多个源文件，一个源文件中定义的函数可以在本源文件中被调用，也可以在本工程的其他源文件中被调用。存储类型标识符用来说明这两者的区别。

指定为 static 的函数为静态函数，它局限于所在的源文件，只能在本源文件中被调用。

指定为 extern 的函数为外部函数,局限于它所在的工程文件,可以在本工程的任何文件中被调用。

存储类型标识符的默认值默认为 extern 类型,在同一个工程中可被随意调用,如例 7-2 中的 cabs 函数就是外部函数。

② 数据类型标识符

函数通常要得到一个运算结果——返回值,数据类型标识符就是用来说明这个返回值数据类型的(常称为"函数值的类型"或"函数的类型")。可以是整型、实型、字符型以及以后将要学的各种数据类型。

函数也可以只完成某项工作而不返回任何值,这时数据类型标识符设为 void。这类函数称为无返回值函数,又称为"空类型函数",此函数不向调用函数返回任何值,也禁止使用此函数的返回值。

⚠**注意**:数据类型标识符默认时的默认值是 int 型,而不是 void 型。为养成良好的编程习惯,请最好不要省略数据类型标识符。

例 7-3 和例 7-4 为整型函数和无返回值函数的应用对比示例。

【例 7-3】 整型函数定义与调用。

```
#include <iostream.h>
int printstar();
void main()
{   int a;
    a = printstar();        //把返回值赋给 a
    cout << a << endl;
}

int printstar()
{   cout <<" *********** "<< endl;
    return 1;
}
```

运行结果:

```
***********
1
```

【例 7-4】 空类型函数定义与调用。

```
#include <iostream.h>
void printstar();
void main()
{   int a;
    a = printstar();              //不该引用返回值
    printstar();                  //正确的函数调用
    cout << a << endl;
}
void  printstar()
{   cout <<" *********** "<< endl;
}
```

编译错误！

error C2440: '=' : cannot convert from 'void' to 'int', Expressions of type void cannot be converted to other types

说明：

例 7-3 中 printstar 是整型的，返回整型数 1 并赋给变量 a，输出结果 1。

例 7-4 阴影部分想将 printstar()的函数返回值赋给 a 时就出错了，因为定义函数时函数返回值类型设成了 void 型，即不返回任何值，所以只能独立成语句来引用，如阴影下一句就是正确的函数调用。

再比如例 7-2 中的 cabs 函数是一个 double 类型函数，main 是 void 类型函数。

③ 函数名

函数名是函数定义中不能缺少的一项。函数的英文 function 同时又是"功能"的意思，所以一个函数最好完成一个功能，其名字就反映该功能，要见名知意、名符其实。初学者有时会写出完成"半个"功能的函数（如 average 函数中只作了求和运算，返回主函数后才求平均）或在一个函数中试图完成两个甚至多个功能，都是不妥的。函数名一般不要太长，读者可以研究一下附录 C 中库函数的起名规律并模仿，比如 max 是找最大数的函数名，square 是求平方的函数名等。

⚠ C 语言（非 C++）同一工程中定义的函数不能同名，也不要和变量名相同。

④ 形式参数类型及名称表

函数定义中的形式参数表说明函数输入参数的名称、类型、数目和顺序。参数表由一对圆括号里的参数名称和数值类型说明构成，有多个参数时，多个参数之间用逗号隔开，如果没有参数，也必须写一对括号，此为函数标志，不可省略。形式为：

```
(数据类型标识符1  形参名1,数据类型标识符2  形参名2,…)
```

函数定义中的参数称为"形参"，顾名思义，就是形式上的参数。形参是函数要处理数据的名称，只在该函数内有效，等同于在函数里定义的其他变量的功能。设置形参的数量及其类型要视主子函数间参数传递情况而定，如 extern double power(double x，int n)；因为 power 函数是求 x 的 n 次方，所以要设两个形参 x 和 n。

以上四部分组成函数的头部。如例 7-2 的头部是" double cabs(doule x, double y) "注意此后切勿加分号，因为"函数头"跟后面的"函数体"是一个完整的整体。之间若有分号，就会出现 missing function header 的错误。

⑤ 函数体

函数定义中紧跟在函数头后面用"{}"括起来的部分称为函数体。自定义函数和主函数的函数体是类似的，由声明部分和执行部分组成。声明部分是本函数内除形参外还需要的其他变量的定义。执行部分是可执行语句的序列，通常包括对形参变量的处理，完成本函数的具体功能。

有返回值的函数至少要包含一个带表达式的 return 语句。return 语句有三种形式：

return;	return 表达式;	return(表达式);

通常一个函数只包含一个 return 语句,每次调用一个函数只能执行一次 return 语句,返回一个值。执行 return 语句后,程序的控制权就交回给调用函数,所以逻辑上位于 return 之后的语句是执行不到的。

如果函数有返回值,需要用后 2 种形式,把表达式值返回给调用函数。如果函数没有返回值可以用第一种形式,也可以不用 return 语句,执行到函数的最后一个“}”时自动返回;

函数体语法上是一个复合语句,它可以没有声明部分而只有执行部分,也可以两者都没有。最简单的合法函数是形参表为空(void)且函数体也为空的函数(称为哑函数或空函数),例如:

```
void dummy(void)
{
}
```

哑函数对构建一个大中型的应用系统很有用处,它可以出现在任何需要函数的地方,先占个位置,使程序完整,先进入框架调试,等调试好系统框架后,再逐一把它们换成一个个具体的函数,逐步扩大,直至完成整个系统。

了解了以上 5 部分,就可以按这个形式定义任何一个函数了。

【例 7-5】 定义一个求 x 的 n 次方的 power 函数,它有一个实型参数 x 和非负整型参数 n,求出的值以 double 型返回。

```
double power(double x,int n)        /*  函数头   */
{   int i;                          /*  声明部分  */
    double p = 1;
    for(i = 0;i < n;i++)            /*  执行部分  */
        p = p * x;
    return(p);                      /*  返回 p 值  */
}
```

此函数的函数体内除了最后的 return 语句之外,与前 6 章的编程没什么大区别,只是按格式要求把本来在 main 函数中数据处理部分移到函数内而已。

函数声明和函数定义有部分内容是相同的,是否可以不重复这部分内容呢?

C 语言允许先调用后定义,或被调函数在同一工程的其他源文件中定义,这时在调用函数之前必须做函数声明。函数声明可位于调用函数体内或函数体外,在函数体内声明的函数只能在该函数体内被调用。在函数体外声明的函数,声明之后直至该源文件结束任何位置都可以调用。基本原则是在调用发生之前进行声明。

函数声明一般位于程序开头部分,这样做的好处是,函数声明之后主子函数定义的顺序就可以任意安排了。一个工程里有多个文件时,各个文件的函数应该可以互相调用,所以不管是否必须,对所有被调用函数均进行声明是较好的编程习惯,既符合现代程序设计风格,又方便了程序的检查和阅读,所以常用图 7-3 的结构。

对于只有一个源文件的应用程序,可以简单化处理,函数定义在前、主函数在后。这时声明可以省略,源文件的结构如图 7-4 所示。

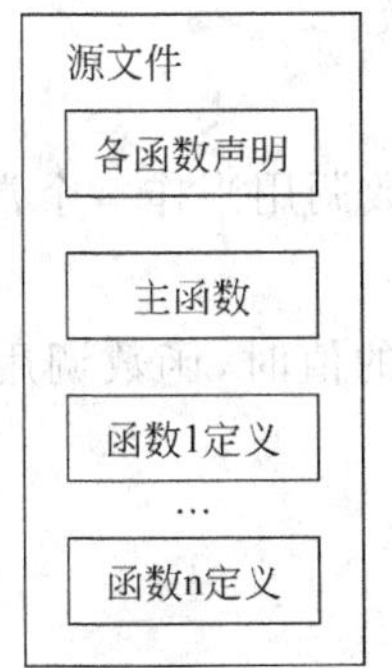

图 7-3 经典程序结构图

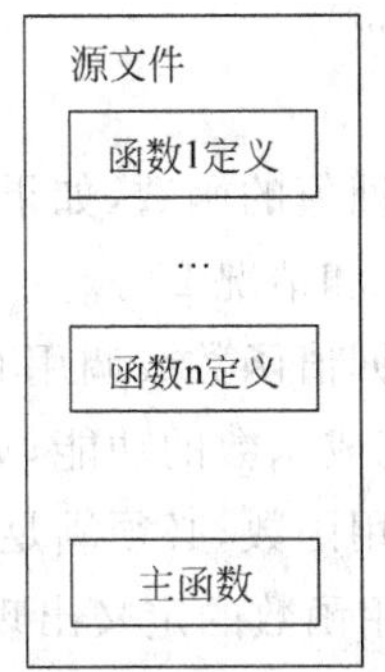

图 7-4 简单程序结构图

7.2.3 函数调用——函数三部曲之三

三部曲中的前两部“声明”了一个函数并做好了“定义”，目的就是要调用这个函数来完成它的功能。一个函数可以被其他函数或它本身多次调用，每次调用时可以处理不同的数据，因为函数是对不同数据进行相同处理的通用程序段。

通常将函数定义时的输入参数表称为形式参数，简称形参。之所以称为“形式上的参数”，是因为在函数定义时还没有开辟相应的存储单元，更没有具体的值，只是形式，是函数要处理的数据名称。只有在函数调用时，系统才为其分配相应存储单元，并将实际数据送给形参。每次调用时使用不同的实际数据，从而实现对不同数据的相同处理。调用时被送给形参的实际数据通常称为实际参数，简称实参。

⚠形参是变量，实参是每次调用时传递给形参的值。

函数调用的形式：

```
函数名(实参 1,实参 2, …,实参 n)
```

⚠**注意**：实参可以是常量、变量或表达式，实参和形参应在数目、次序上一一对应，在类型上一致。若形参与实参类型不一致，自动按形参类型转换。对于无参数的函数，调用时实参表为空，但“( )”不能省略。

什么时候可以调用函数呢?

程序中凡是需要完成某函数功能的时候，就可以调用该函数。下面给出常见的三种函数调用的示例。

情况 1：函数调用作为表达式的一部分，如：

```
c = getche();              //conio.h 中的字符输入函数
d = cabs(a,b) * 2;         //例 7-2
```

情况 2：函数调用作为实参，如：

```
d = cabs(3,cbas(4,5));     //d 是 3² + 4² + 5² 的平方根
```

情况 3：函数调用作为语句，如：

```
strcpy(s1,s2);             // string.h 中的字符串复制函数
getch();                   // conio.h 中的字符输入函数
```

调用有返回值的函数，如果需要使用这个值，可以把函数调用当作一个常量或变量的值看待，如情况 1 和情况 2。

调用无返回值函数或调用有返回值的函数而不使用它的值时，函数调用单独以语句形式出现，直接完成函数的功能，如上面的情况 3。

欲成功调用函数，必须满足下列三个条件之一：

(1) 被调用函数的定义出现在调用之前。

(2) 被调用函数的声明出现在调用之前。

(3) 在调用标准库函数时，包含相应的头文件。

现在举例说明例 7-5 定义的 power 函数的调用，主函数中用一个循环，10 次调用 power 函数，同时从输出结果可以检验这个函数是否能正确完成任务。

```
#include <iostream.h>
double power(double, int );                 //函数声明
void main()
{   int i;
    for(i = 0;i < 10;i++)                   //10 次调用，测试 power 函数
        cout <<"2 ^"<< i <<" = "<<power(2, i)<< endl;
}
```

运行结果：

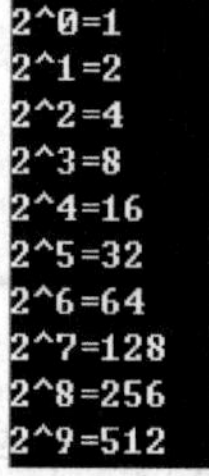
```
2^0=1
2^1=2
2^2=4
2^3=8
2^4=16
2^5=32
2^6=64
2^7=128
2^8=256
2^9=512
```

⚠ 函数调用的一般过程如图 7-5 所示，具体如下。

① 函数调用时：首先准备实参的值，接着为每个形参分配存储单元，然后把实参值送到对应形参的存储单元中。

② 主程序从调用语句转去执行被调用的函数，函数内语句顺序执行，直到函数结束。

③ 被调用函数执行结束后，返回调用语句的下一条语句，继续执行。

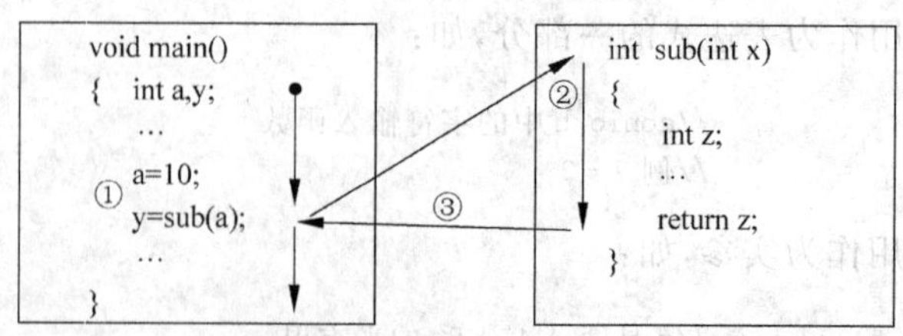

图 7-5 函数调用过程图示

至此，函数三部曲就完成了，可以从声明、定义、调用三个步骤去实现一个函数，完成某个具体功能。有了函数后，主函数仍然是编程必不可少的一部分，但主函数基本上不做具体工作、居于"主控"地位，通常只负责设计或输入数据（实参）、调用、控制子函数，然后输出结果，通过结果判断函数是否完成了任务。对于简单题目，可以理解为检验函数的正确性。

在函数调用过程中，主子函数间数据的传入、返回非常重要，也是函数部分的难点，专设两节详述如下。

7.2.4 实参到形参的单向值传递

函数调用时，调用函数中的实参是准备好的具体数值，通过形参传递给函数，供函数处理，形参是函数调用时才开辟单元的变量，接受调用函数传递来的实参，**实参值到形参的传入是单向的值传递过程。**

【例 7-6】 用函数实现两个变量内容的交换。

```
#include <iostream.h>
void swap(int x, int y)
{    int z;                                   ②
     z = x; x = y; y = z;
}                                             ③
void main()
{    int a, b;
     a = 10; b = 20;
     swap(a, b);                              ①
     cout<<"a = "<< a <<"b = "<< b << endl;   ④
}
```

运行结果：

```
a=10 b=20
```

此例的函数名为 swap，英文含义是"交换"，试图完成两个变量内容交换的功能，但这是个名不符实的函数，因为从程序运行结果看，主函数中输出的 a 还是 10，b 还是 20，都是调用前的值。从主函数角度来看，交换根本没发生。

为什么呢？

程序的执行过程细致分析如下。

① 如图 7-6(a)所示，程序先执行主函数，准备好实参 a、b 的值。由于子函数要实现两个变量的交换，所以设两个形参，无返回值，阴影处的函数调用 swap(a,b)就自成语句。执行这个语句时，先创建两个形参单元 x、y，然后将实参 a、b 内的值传递给形参 x、y；程序转去执行函数 swap。

② 如图 7-6(b)所示，执行函数 swap 时，利用中间变量 z 交换了 x、y 中的值，从 swap 函数的角度来说，形参 x、y 的值的确交换过了。

③ 交换结果如图 7-6(c)所示，对主函数的 a、b 丝毫没有影响。执行完 swap 函数返回

主函数时,由于 x、y 只在函数内部有效,离开函数时就被释放掉了,当控制权交回给主函数时,主函数里就看不到 x 和 y 了,所以形参的值不能返回给实参。

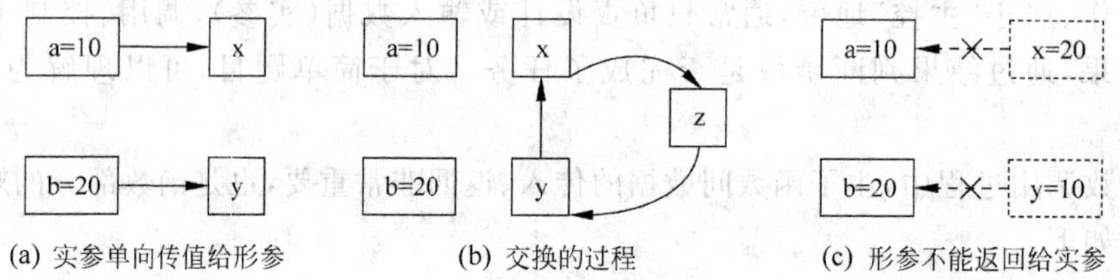

图 7-6 swap 函数的调用过程

④ 主函数中的实参 a,b 根本没受子函数的影响,返回主函数后执行第四步输出 a 仍是 10、b 仍是 20,交换没发生。

总结:此例虽为经典例题,但由于函数 swap 没有实现所要求的交换功能,不能算是成功的函数,特设此例只是为了说明"主子函数间实参到形参单向值传递"的实质。

想返回交换结果,即使 swap 函数改成整型函数,使用 return 语句也只能返回一个值。如何从函数中返回两个交换过的数据?留待第 9 章指针解决。

7.2.5 函数的返回值

7.2.2 节函数的定义中已经提到过,函数值一般由 return 语句来返回。当函数有返回值时,return 后的表达式的值应该与定义时的函数类型一致。具体地,C 语言处理时分为以下三种情况。

(1) 当函数类型是基本数据类型时,表达式的类型和函数的类型最好相同,不同时,表达式的值自动转换为函数值的类型,即以定义时函数类型为准。需注意,当 return 返回值的数据类型"大于"函数类型时,返回的值可能有损失,如例 7-7。

【例 7-7】 用函数实现求两数中的大数。

```
#include <iostream.h>
#include <iomanip.h>
max(float x, float y)                //实型形参 x,y
{   if(x>=y) return(x);
    else     return(y);
}                                    //整型函数 max
void main()
{   float a, b, c;
    cin>>a>>b;
    c=max(a, b);                     //返回整型值赋给变量 c
    cout<<"max="<<setiosflags(ios::fixed)
    <<setprecision(2)<<c<<endl;
}
```

运行情况如下：

```
2.5 ↙ 5.9 ↙
max = 5.00
```

函数 max 定义时类型默认，是整型，定义时设的这个类型可以用“一言九鼎”来形容。按照函数的返回值类型以函数定义时的类型为准的原则，max 将形参值 5.9 截尾成整型数 5 返回，主函数中又将整型数 5 赋给实型变量 c，就变成了最后的 5.00 输出。

(2) 当函数类型是指针时，return 后表达式的类型和函数的类型不相同，必须使用类型强制符将表达式的值转换为函数的类型(指针将在第 9 章讲述)。

(3) 当函数类型是结构体时，表达式值的类型与函数定义的类型必须相同(结构体将在第 10 章讲述)。

7.3 变量的存储类型

C 语言的变量有两种属性：数据类型和存储类型。前面已经学习了数据类型，现在学习另一种属性——存储类型，完整的变量声明应该是：

```
存储类型标识符      数据类型标识符 变量名;
```

存储类型标识符有 auto(自动)、extern(外部)、static(静态)和 register(寄存器)4 种，用来说明变量在计算机中不同的存储形态，包括存储位置、作用域和生存期。

7.3.1 变量的作用域和生存期

变量的作用域：指一个范围，这个范围内程序的各个部分都可访问该变量。换句话说，变量在这个范围内是可使用的或“可见的”，是从空间角度来说的。

变量的生存期：指变量在程序运行期间占用内存的时间。当一个程序运行时，程序中所包含的变量并不一定在程序运行的整个过程中都占用内存，往往是需要时开辟内存，不需要时释放所占内存，这样可以提高内存单元的使用效率，这就是变量的生存期问题。

为一个变量在内存中开辟相应的存储单元时，这个变量就“活了”，相当于给它“注册了户口”，它处于生存期内。如果这个变量所占用的内存单元被释放，那么这个变量就“死”了，即为其“注销了户口”，它就处于生存期之外。所以生存期是从时间角度来说的。

下面从局部变量和全局变量两方面来叙述变量的作用域和生存期。

1. 局部变量

局部变量又称为内部变量，是在一个函数或复合语句内定义的变量，其作用域限制在所定义的函数或复合语句中，在其所定义函数或复合语句中，该变量是可见的，可使用的。

此前变量的使用形式都是局部变量，无论是在主函数还是在子函数中定义，其作用域仅限于该函数，出了该函数，该变量就“不可见”了，就不能使用了。

【例 7-8】 局部变量示例。

```
#include <iostream.h>
void print_value(void);
void main()
{
    print_value();
    cout <<"x1 = "<< x;
}
void print_value(void)
{   int x = 999;
    cout <<"x2 = "<< x;
}
```

主函数的局部变量x的作用域

子函数的局部变量x的作用域

在 print_value 函数中定义了一个变量 x,给它初始化为 999,并对 x 进行输出。主程序在调用了 print_value 函数后,还试图再次输出 x,但是编译时提示阴影行有错误——"未定义变量 x"。这是因为变量 x 的定义位于 print_value 函数内,是该函数内的局部变量,在该函数内是可见的,可以使用的。当函数运行结束,控制权交回给主函数时,子函数中的变量 x 就不可见了,不可访问了。

在主函数中,x 被看作是另一个变量(变量名恰好与子函数定义的变量名一样),而此处并没有对 x 进行定义,这就是阴影行出错的原因。

类似地,在 main 函数中定义的变量,在 print_value 函数中同样也看不到,不可访问。

了解了局部变量的特性,从局部变量的角度可以更好地理解例 7-6 的执行过程。

2. 全局变量

全局变量又称外部变量,是在所有函数(包括 main 函数)之外定义的变量。它的作用域是从该变量定义之后直到所在源文件结束的所有函数。

【例 7-9】 全局变量示例。

```
#include <iostream.h>
int x = 999;
void print_value(void);
void main()
{   print_value();
    cout <<"x1 = "<< x << endl;
}
void print_value(void)
{
    cout <<"x2 = "<< x << endl;
    x = 888;
}
```

运行结果:

```
x2=999
x1=888
```

变量的定义形式类似于例 7-8，区别之处在于此次变量 x 在所有函数体外，位于所有函数之前定义并初始化为 999，是全局变量，全程有效，对所有程序来说，x 都是"可见的"，在主函数、子函数内都可以访问它。

在主程序中，首先调用 print_value 函数，在函数中输出 x 的值 999 后，又给 x 赋新值 888，结束函数，返回主程序，接着又输出 x，这时 x 值已经是新值 888 了。

全局变量 x 的作用域为定义之后的整个源程序，任何位置都可以使用或修改它。它的生存期为程序的整个运行期间。

例 7-8 和例 7-9 的区别在于变量 x 定义的位置，位置不同，其作用域和生存期都不同。

⚠**注意**：全局变量可以说是透明的，定义后一直都有效，之后任何位置的代码都可以改变它的值，很难控制管理，也不符合模块化程序设计的要求，不建议初学者使用。

【例 7-10】 局部变量与全局变量同名的情况。

对于这种同名的情况，可以用一句俗语概括："近水楼台先得月"，局部变量屏蔽了全局变量，先起作用。

```
#include <iostream.h>
int a = 1, b = 2;                   //定义全局变量 a、b
max(int a, int b)                   //子函数中的局部变量 a、b
{   int c;
    c = a > b?a: b;
    return(c);
}
void main()
{   int a = 8;                      //定义局部变量 a
    cout <<"max = "<< max(a, b)<< endl;
}
```

运行结果：

```
max=8
```

程序中定义了全局变量 a、b，在 main 函数中定义了局部变量 a，在 max 函数中定义了形参变量 a、b。先执行 main 函数，以 main 内的局部变量 a=8 和全局变量 b=2，(全局变量 a=1 离得太远，不取)作为实参传给 max 函数。

max 函数的形参也是局部变量，按顺序 a 接受了 8，屏蔽了全局变量，b 接受了 2，求值后 c=8，返回。

在 main 函数中输出结果 8。

全局变量定义后一直存在，而局部动态变量只在执行其所在函数时生存，退出函数时就释放相应的空间，退出生存期。这里的同名只是表象，其实质是每个变量都占用不同的单元。刚开始使用函数时，变量名最好不要重名，以免混乱出错。

7.3.2 变量的动态存储和静态存储

在程序运行期间，如表 7-1 所示，内存中供用户使用的存储空间可分为程序区和数据区，分别用来存放程序代码和数据。数据区又可分为动态存储区和静态存储区。另外，数据还可以存放在寄存器中。因此在编写程序时,要告诉计算机这些数据的存储位置。变量的存储类型的功能之一就是确定该变量是放在动态数据区、静态数据区还是寄存器中。

表 7-1 计算机内存分配

内 存 区	存储的内容	
程序区	程序代码	
数据区	静态存储区	全局变量,静态局部变量
	动态存储区	局部动态变量,形参

动态存储区是指其存储单元在程序运行的不同时间可以分配给不同的变量,需要时开辟单元,不需要时就释放该单元,这样某单元可以在不同的时间分配给不同的变量,如函数里 auto 类型的局部变量就是这样,调用函数时,分配变量空间,退出函数时释放该空间,再调用时,再开辟……。

静态存储区是指存储单元在程序运行的整个过程中分配给某些变量,这些变量一直"静静地"占有这些单元,一直都不释放,直到程序运行结束。

在介绍了作用域、生存期和数据存储区的概念后,下面具体介绍变量的存储类型所代表的具体含义。

1. auto 存储类型

```
auto int i,j;
```

如此声明后的 i 和 j 就是自动存储类型变量(存储类型缺省时的默认值为 auto),根据其声明的位置,有以下两种情况。

在函数或复合语句内声明时,该变量是局部变量,放在动态数据区,其作用域在所声明的函数或复合语句内部,生存期也限于该函数或复合语句的运行期间。

在所有函数之外声明的全局变量,存放在静态数据区,其作用域是声明之后的所有程序,生存期是整个程序运行期间。

2. static 存储类型

```
static  int m,n;
```

静态存储类型变量在函数或复合语句内部声明时,该变量是静态局部变量,存储在静态数据区,在整个程序运行期间,它都占有着某些单元、不释放。虽然生存期很长,但因为是局部变量,其作用域是其所定义的函数或复合语句,对它的引用仅限于该函数或复合语句内部。由于其存在于静态数据区,所以每次执行的结果可以保留到下一次继续使用,如例 7-11 所示。

在所有函数之外定义的全局静态变量,只在本源程序中使用。

3. register 存储类型

寄存器是计算机 CPU 中的一些特殊存储单元,它们离运算器近,与一般存储器相比有内部特殊的读写机制,存取速度快,不参与外部存储器的编址,但寄存器数量很少。

```
register  int k;
```

寄存器存储型变量在函数内部或复合语句内部声明时，该变量数据存放在寄存器中，其作用域和生存期与 auto 型局部变量一样。由于计算机寄存器数量有限，当没有足够寄存器可用时，该变量自动转换为 auto 型局部变量。

不允许把全局变量定义为 register 型。

4. extern 存储类型

```
extern float x;
```

当一个工程文件有多个源文件时，对全局变量不能重复定义。如果在一个文件中已经用 auto 存储类型对全局变量做了定义，那么在其他文件中如果需要这个变量，就要用 extern 存储类型来声明这个变量，告诉编译系统，在其他文件中已经定义了这样一个全局变量，此时不能初始化。该声明在函数或复合语句内部时，作用域就限于该函数或复合语句；若该声明在函数外部，其作用域就是声明之后到本源程序结束。其生存期是整个程序运行期间。

各种变量的作用域和生存期的总结如表 7-2 所示。

表 7-2　各种存储类型变量的作用域和生存期

变量存储类型		作　用　域	生　存　期
auto	局部变量	所定义函数内部	所定义函数运行期间
	全局变量	所定义处到本源文件结束	程序运行的整个过程
static	局部变量	所定义函数内部	程序运行的整个过程
	全局变量	所定义处到本源文件结束，限于本文件	程序运行的整个过程
register	局部变量	所定义函数内部	所定义函数运行期间
extern	全局变量	所声明处到本层次文件结束	程序运行的整个过程

动态区与静态区变量的初始化在程序中的处理是不同的。

静态区中的变量：全局变量和静态局部变量在程序的“编译”阶段初始化，且只赋值一次。对静态局部变量多次调用时，每次在前一次的结果上进行。

动态区中的变量：每调用一次，就重新赋值一次。

【例 7-11】 两种局部变量初始化的对比示例。

```
#include <iostream.h>
void fun()
{   int a,b = 3;
    static int c,d = 5;
    a = 2;  c = 4;
    a++;  b++;  c++;  d++;
    cout << a <<' '<< b <<' '<< c <<' '<< d << endl;
}
void main()
{   fun();
    fun();
}
```

运行结果：

```
3 4 5 6
3 4 5 7
```

函数 fun 中有两个局部动态变量 a、b，b 的初始化相当于赋值语句，每次调用都要初始化，所以两次执行后，a、b 结果没变化。

函数 fun 中还有两个静态局部变量 c、d，d 的初始化在编译阶段只做一次。第一次调用 fun 后，c、d 分别为 5 和 6，并被保留下来。第二次调用时，c 又被赋值一次仍然为 4，d 不再初始化，仍然为 6，再各自加 1 后，c、d 分别变成了 5 和 7。所以两次运行的结果 d 值不同。

若只定义了一个变量，却没有初始化，它的值是多少呢？

静态区中的变量，即全局变量和静态局部变量，无初始化时，系统默认值是 0。

动态区中的变量，即局部动态变量，系统不提供默认值，保留所占空间的随机值，如图 5-4 中 i 的初值，是－858 993 460。

7.4 函数的嵌套与递归

嵌套是一个结构里面还有另一个相同的结构，比如前面学习过的 if 语句的嵌套、循环语句的嵌套等。C 语言规定：函数可以嵌套调用，但不能嵌套定义。定义一个函数时，不能心有旁骛，同时去定义另一个函数。必须完整地写完一个函数的定义，才可以再写另一个函数的定义。用 C 语言开发一个软件系统其实就是写一个个独立的函数，并完成函数的调用。

7.4.1 函数的嵌套调用

C 语言规定任何函数都可以调用其他函数(包括自己)，但一般函数不能调用 main 函数。函数在调用一个函数的过程中，又调用另一个函数，就是函数的嵌套调用。如图 7-7 所示，main 调用 sub 函数，sub 的执行过程中，又调用 fun 函数，就形成了嵌套调用。实际上，在稍微复杂一点的程序中，嵌套调用是常常发生的。

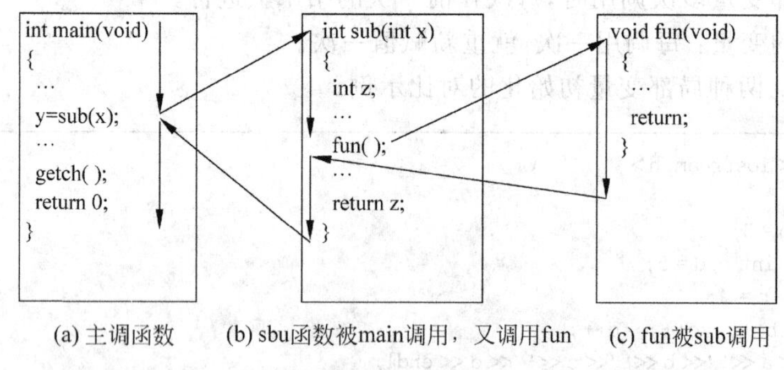

图 7-7　函数嵌套调用图

函数嵌套调用的原则是：层层调用，层层返回，如图 7-7 所示。子函数 fun 结束时，只能返回 sub，不可能一步返回到主函数 main 中。

【例 7-12】 输入三个数，计算以它们作为两个底的半径和高所形成的圆台的体积。

分析：已知圆台的上下底的半径 r_1、r_2 和高 h，可用下式计算圆台的体积：

$$V=\frac{1}{3}h\times(s_1+\sqrt{s_1\times s_2}+s_2)$$

其中：$S=\pi r^2$

```
#define   PI   3.1416
#include <math.h>
float area(float r)
{   return(PI * r * r);
}
float volume(float r1, float r2, float h)
{   float s1,s2,v;
    s1 = area(r1)
    s2 = area(r2)
    v = h * (s1 + s2 + sqrt(s1 * s2))/3;
    return(v);
}
```

此例只写了部分程序，读者可以自己完善。程序运行时，主函数调用 volume 函数求体积，volume 函数中又调了 2 次 area 函数求面积，即为函数的嵌套调用。

【例 7-13】 编写一个程序求 arcsin(x)的值，计算到 n=50 项，输出结果用角度表示，并四舍五入，保留为整数。

$$\arcsin x=x+\frac{1}{2}\times\frac{1}{3}x^3+\frac{1\times3}{2\times4}\times\frac{1}{5}x^5+\cdots+\frac{(2n-1)!!}{(2n)!!}\times\frac{1}{2n+1}x^{2n+1}+\cdots$$

题目中，已经给出了表达式中的通项，如果能计算出 n 从 0～50 的每一个项，结果自然容易得到，这样设置一个函数 arscl 求通项，在通项中还需要计算双阶乘和幂，这样又设置两个函数 fac2 和 power1。

```
#include <iostream.h>
#define PI 3.1415926
double fac2(int);
double power1(int,float);
double arcs1(int,float);
void main()
{   double x,d;
    int i,n = 50,y;
    cout <<"Please input a number between -1 and 1 :";
    cin >> x;                                //输入正弦函数值
    d = x;
    for (i = 1;i <= n;i++)
    {
        d += arcs1(i,x);
    }
    if(d >= 0)                               //四舍五入,保留为整数
        y = d/PI * 180 + 0.5;
    else
        y = d/PI * 180 - 0.5;
```

```
    cout <<"arcsin("<< x <<") = "<< y << endl;          //输出反正弦函数值
}
double fac2(int n)                                      //双阶乘
{   double fac = 1;
    int i;
    for(i = n;i >= 1;i -= 2)
        fac = fac * i;
    return(fac);
}
double power1(int n,float x)                            //x的n次方
{   double p = 1;
    int i;
    for (i = 1;i <= n;i++)
        p * = x;
    return(p);
}
double arcs1(int n,float x)                             //通项计算
{   double y;
    y = fac2(2 * n - 1)/fac2(2 * n)/(2 * n + 1) * power1(2 * n + 1,x);
    return(y);
}
```

```
Please input a number between -1 and 1 :0.5
arcsin(0.5)=30
```

```
Please input a number between -1 and 1 :-0.866
arcsin(-0.866)=-60
```

```
void main()
{
    double x,x1,d;
    int i,n = 50,y;
    cout <<"Please input a number between  - 1 and 1 :";
    cin >> x;                                           //输入正弦函数值
    d = x;
    x1 = x;
    for (i = 1;i <= n;i++)
    {
        x1 = x1 * x * x * (2 * i - 1)/(2 * i);
        d += x1/(2 * i + 1);
    }
    y = d > 0?d/PI * 180 + 0.5:d/PI * 180 - 0.5;        //四舍五入,保留为整数
    cout <<"arcsin("<< x <<") = "<< y << endl;          //输出反正弦函数值
}
```

本程序定义了三个函数,并实现函数的嵌套调用。程序累加的项数越多,结果越精确。当然,程序可以进一步优化。在运行结果的下面,给出了完全不用函数的实现方法。可以看出程序是否优化,程序量和运行时间相差很大。

7.4.2　函数的递归调用

当一个函数直接或间接地调用它自身时，称为函数的递归调用。

递归是一种特殊的解决问题方法，要用递归解决的问题，必须满足以下两个条件。

(1) 函数直接或间接地调用它本身。

(2) 应有使递归结束的条件。

【例 7-14】 用递归函数求 n!。

```
#include <iostream.h>
double fun(int);
void main()
{
    int x;
    double y;
    cout<<"Input an integer :";
    cin>>x;
    y = fun(x);
    cout<<x<<"!= "<<y<<endl;
}
double fun(int n)
{
    double d;
    if(n == 0)d = 1;          递归结束条件
    else d = n * fun(n - 1);
    return d;                 fun函数内直接调自己，递归！
}
```

运行结果：

```
Input an integer :5
5!=120
```

分析：求 n! 可以用递推方法，即从 1 开始，乘 2，再乘 3……一直乘到 n；也可以用递归方法实现，即 5! 等于 5×4!，而 4! =4×3!，…，0!=1。可以用下面的递归公式表示：

$$n! = \begin{cases} 1 & n=0 \quad //\text{递归结束的条件} \\ n\times(n-1)! & n>1 \quad //\text{递归公式} \end{cases}$$

求阶乘为递归经典题，fun 函数(也可命名为 fac 或 jiecheng)写起来不难，但其执行过程复杂，如图 7-8 所示，实质就是函数嵌套的层层调用、层层返回。这些过程完全是计算机内部自动完成的，读者也可不深究，只需写好程序代码，计算机即会自动完成复杂的递归调用。但这个过程要占用大量的堆栈和时间资源，条件受限制时要慎用。

递归是 C 程序设计中比较难理解的概念，可以从以下两个比喻中去体会递归的含义，更好地理解递归的实质。

一是“挖宝藏”：从地下挖宝藏时，一个台阶一个台阶往下(相当于参数每次递减)，然后到一个终点；拿到宝藏(递归结束条件)，最后还要一个台阶一个台阶上来(一步一步返回结

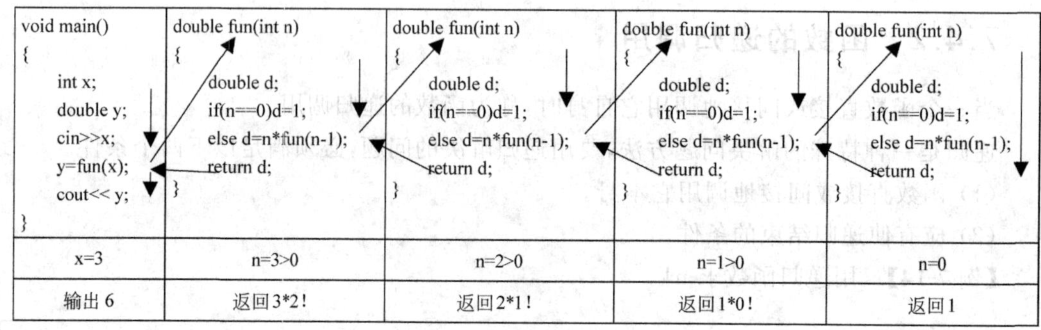

图 7-8　函数递归调用图

果),最终得到宝藏归来(运行得到最终结果)。

二是"要赖皮":若要实现 n 的结果,先要假设 n－1 的结果已完成,或者说要赖,你让我做 n 的结果,那你先把 n－1 的结果给我做出来,然后我才做 n 的结果。这体现在程序设计过程中,也就是编写递归程序的时候,把 n－1 当成已实现的结果来使用。

建议学习者,做一下本章习题编程题第 11 题,是递归编程的经典题——汉诺塔。

7.5　本章知识要点和常见错误列表

函数是编程提高篇的开始,之前可以称为编程的基础篇,学习者需加倍努力,多多上机练习。本章知识要点如下。

(1) 函数是结构化程序设计在 C 程序设计中的具体应用:一个函数就是一个功能模块,一个简单的 C 语言程序,通常是由一个主函数和若干个函数组成。

(2) 函数分为两类:
- 标准库函数:由系统提供的函数,见附录 C。
- 自定义函数:程序设计者定义的函数,是本章学习的重点。

(3) 实现一个函数要完成"三部曲"。

① 函数声明——三部曲之一

```
存储类型标识符 数据类型标识符 函数名(形式参数类型表);
```

② 函数定义——三部曲之二

```
存储类型标识符 数据类型标识符 函数名(形式参数类型及名称表)
{
    声明部分
    执行部分
}
```

③ 函数调用——三部曲之三

```
函数名 (实际参数表)
```

(4) 函数调用时,实参到形参的数值传递是单向的。

形参是形式上的局部变量,函数被调用时,才为形参开辟存储单元,将调用函数实参的值单向传递给形参，由函数对这些数据进行处理。普通类型形参值的变化无法影响到实参。

(5) 根据是否要返回处理结果，将函数分为以下两类。

无返回值的函数：定义时声明为 void 型的函数，只处理，不返回任何值。

有返回值的函数：向调用者返回一个处理结果，返回值的类型以定义时的类型为准。

(6) 变量定义可以在函数内，也可以在函数外，还可以在同一个工程的不同文件中，这就涉及变量的存储位置、作用域和生存期。重点掌握局部动态变量及形参。

(7) 变量的作用域是指一个范围，这个范围内变量是可见的。变量的生存期指变量在内存中占用内存单元的时间。作用域和生存期是变量的空间和时间属性。

(8) 在 C 语言中，不允许函数嵌套定义，但允许函数的嵌套调用和函数的递归调用。

嵌套调用：在调用一个函数的过程中，又调用另一个函数。

递归调用：一个函数直接或间接地调用自己。

函数是完成有一定规模和深度的程序设计必须要掌握的重要内容。

本章常见错误如表 7-3 所示。

表 7-3　本章知识点常见错误

序号	错误类型	错误举例	解释及更正

1	定义函数时，函数头的最后多加了一个分号"；"	void disp();
		{　cout <<"error";
		}
			阴影处的分号像刀一样将函数的头部与身体砍开了，这是粗心的学习者最易犯的错，提示为 missing function header

2	声明函数原型时漏掉了分号	void disp()	错误声明，missing；(阴影处应该有分号)

3	函数定义时嵌套	int maxnum()
		{　int　x, y;
		　int getnum()
		　{　　…
		　}
		　y = getnum();
		　return x > y?x:y;
		}
			函数定义不能嵌套，调用可以嵌套。
			getnum 函数不能嵌在函数 maxnum 中定义，应该在 maxnum 定义前或后单独定义

4	自定义函数与标准库函数重名	#include <math.h> int abs() { … }	无语法与逻辑错误，只是以自定义函数为准。建议修改自定义函数的名字，简单的办法是前面加 my_即可

5	使用库函数时，忘记包含该函数所在的头文件	如完整的源程序如下：
		void main()
		{　char　s[10];
		　int　len;
		　cin>> s;
		　len = strlen(s);
		}
			编译时两行阴影处出错：
			第一行要求在程序开始有预处理命令"#include <iostream.h>"
			第二行必须在程序开始有预处理命令"#include <string.h>"

续表

序号	错误类型	错误举例	解释及更正
6	函数的局部变量与形参同名或与函数名同名	int max(int x , int y) { int max, x,y ; max = x > y ?x :y ; return max; }	在C中,函数的局部变量与形参的作用域都是所定义函数的内部,是同一个区域,所以不能同名。当然变量名与函数名是完全不同性质的标识符,也不可同名,易导致混乱
7	形参列表的形式写错	void func(int x,y,z) { … }	定义函数时每个形参的定义都需要带一个类型标识符,必须写成: void func(int x, int y, int z){ … }
8	函数调用时,实参形式写错	int max(int x, int y) { return x > y ?x :y; } void main() { a = max(int a,3) ; }	实参是主调函数准备传给形参的具体数据,可以是常量或者已经有了具体值的变量或表达式,不能定义变量。实参前多了阴影部分
9	在函数调用时,实参个数与形参个数不匹配	void main() { int a,b; a = max(a,b,4) ; b = max(a) ; } int max(int x, int y) { return x > y ?x :y;}	C要求实参个数和类型必须与定义时的形参的个数和类型完全一致。 阴影第一行:实参个数多于形参,错 阴影第二行:实参个数少于形参,错
10	函数的实参与形参类型不一致	如上例9,若函数调用为:max(3.9,3),实参3.9赋给整型形参x时,被截尾成整型数3了,结果只能得到错误的3	把"大类型数"赋给"小类型数"变量时,即实型→整型→字符型,可能把"大数"削足适履,虽没有错误提示,但警告可能引发错误的结果

11	函数中少了return语句	min(int x, int y)
		{ int z;
		z = x< y?x:y ;
		cout << z;
		}
		void main()
		{ int a, b;
		cin >> a >> b;
		cout << min(a,b);
		}
			函数定义时默认函数返回值类型为int,函数体内应该有一个return返回处理结果,没有会导致编译出错。
			(1) 上阴影处无错误提示,但通常结果输出不应该在子函数中进行,尽量放在主调函数中。
			(2) 下阴影处想输出min函数调用的返回值,因min函数中缺少return而出错

12	认为形参的改变会影响到实参的值	void getnum(int n)
		{ cin >> n;
		}
		void main()
		{ int a = 0;
		getnum(a);
		cout << a;
		}
			实参到形参的传递是单向值传递,普通形参的改变不会反过来影响实参。以为阴影处可以打印出输入的任意数,其实永远打印出0

习题

一、选择题

1. 每个C工程都必须有且仅有一个(　　)。

   A. 主函数　　B. 函数　　C. 预处理命令　　D. 语句

2. 下面叙述中正确的是(　　)。

   A. 一个C的应用系统中,可以有两个以上的main函数

   B. main函数可以调用其他函数

   C. 因为main函数可不带参数,所以其后的参数小括号可以省略

   D. 根据情况可以不写main

3. 以下说法正确的是(　　)。

   A. C程序总是从第一个定义的函数开始执行

   B. C程序中,要调用的函数必须在main函数中定义

   C. C程序总是从main函数开始执行

   D. C程序中的main函数必须放在程序的开始部分

4. 一个函数返回值的类型是由(　　)决定的。

   A. return语句中表达式的类型　　B. 调用该函数的主调函数的类型

   C. 在调用函数时临时　　D. 定义函数时指定的函数类型

5. 下面叙述中不正确的是(　　)。

   A. 实参可以是常量、表达式或有确定值的变量

   B. 实参和形参共用一个内存单元

   C. 实参和形参的类型、个数必须一致

   D. 只有发生函数调用时,系统才为形参分配存储空间

6. 以下说法正确的是(　　)。

   A. 形参是变量

   B. 函数中必须有return语句

   C. 在其他函数中定义的变量不能与main中的变量同名

   D. return语句必须指定一个返回值

7. 对于C程序的函数,(　　)的叙述是正确的。

   A. 函数定义不能嵌套,但函数调用可以嵌套

   B. 函数定义和调用均不能嵌套

   C. 函数定义可以嵌套,但函数调用不能嵌套

   D. 函数定义和调用均可以嵌套

8. 下面叙述中不正确的是(　　)。

   A. 当函数调用完后,静态局部变量的值不会消失

   B. 全局变量若不初始化,则系统默认它的值为0

C. 全局变量的值可以在任何函数中进行修改

D. 局部变量若不初始化,则系统默认它的值为 0

9. 以下定义中正确的是(　　)。

A. fun(float x,y)
　{　return x+y ;}

B. fun(int x,int y)
　{　return x+y ;}

C. fun(int x,int y) ;
　{　return x+y ;}

D. void fun(int x,int y)
　{　return x+y ;}

10. 以下正确的函数声明是(　　)。

A. void f(x,y);　　B. void f(int, int);

C. void f(int x,y);　　D. f(int x,int y){…};

11. 若程序中定义了以下函数

```
double  myadd(double a,double b)
{    return (a + b);}
```

并将其放在调用语句之后,则在调用之前应该对该函数进行声明,以下选项中错误的声明是(　　)。

A. double myadd(double a,b);　　B. double myadd(double,double);

C. double myadd(double b,double a);　　D. double myadd(double x,double y);

12. 凡是未指定存储类型(缺省)的变量,其默认的存储类型是(　　)。

A. 外部(extern)　　B. 静态(static)

C. 自动(auto)　　D. 无存储类型(void)

13. 在函数内,下列(　　)存储类型的变量,是占住内存一直不释放的。

A. auto　　B. static　　C. extern　　D. register

14. 函数调用不可以(　　)。

A. 出现在执行语句中　　B. 出现在一个表达式中

C. 作为一个函数的参数　　D. 作为一个函数的形参

15. 下面叙述中正确的是(　　)。

A. 在一个函数的执行过程中又出现对其他函数的调用,称为函数的递归调用

B. 递归函数中必须存在递归结束条件

C. 函数的递归调用可以提高程序的执行效率

D. 只允许直接递归调用

二、编程题

1. 写一个函数,接受两个数并返回其乘积,并编写主函数调用函数进行验证。

2. 自定义求平方函数 square 求 x^2,主函数调用 square,求 $S=2^2+3^2+4^2$。

3. 编写一个函数,求 3 个整数中的最大值,并用主函数调用它,看函数是否正确。

4. 从 m 个球中取出 n 个球,有多少种取法? 先编写函数 factorial(n),求 n!,再用它求出表达式 $C_m^n=\frac{m!}{n!\,(m-n)!}$的值。用主函数验证。

5. 输入正整数 m 和 n,如果 m+n 是偶数,输出“Yes”,否则,输出“No”。用主子函数的

结构实现(子函数名为 judge,功能是判断某数是不是偶数)。

6. 编写函数,判断一个大于 1 正整数是否是素数,若是返回该整数,不是返回零。编写主函数,输入任意一个正整数,调用函数进行验证。素数的定义是:只能被 1 或自身整除的正整数。

7. 在题 6 的基础上完成 2～100 之间的素数和。

8. 编写两个函数,分别求两个自然数的最大公约数和最小公倍数,用主函数调用这两个函数,并输出结果,两个整数由键盘输入。

9. 5 个人坐在一起,问第 5 个人多少岁?他说比第 4 个人大两岁。问第 4 个人岁数,他说比第 3 个人大两岁。问第 3 个人,他又说比第 2 人大两岁。问第 2 个人,他说比第一个人大两岁。最后问第一个人,他说是 10 岁。请问第 5 个人多大?(用递归函数实现)

10. 编写程序,自定义一个函数"double fun(double x)",返回值保留变量 x 中的 2 位小数,并对第三位进行四舍五入(规定 x≥0)。

11. 汉诺塔(Hanoi)问题:古代有一个梵塔,塔内有三个座 A、B、C,A 座上有 64 个盘子,盘子大小不等,大的在下,小的在上(如图 7-9 所示)。有一个和尚想把这 64 个盘子从 A 座移到 B 座,但每次只能允许移动一个盘子,并且在移动过程中,三个座上的盘子始终保持大盘在下,小盘在上。在移动过程中可以利用 C 座,要求输出移动的步骤。

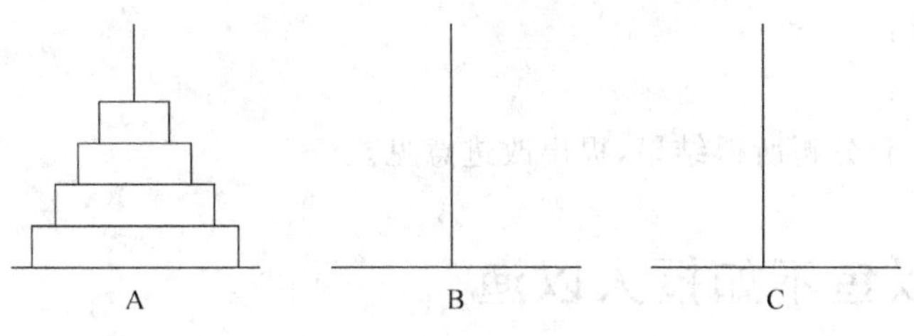

图 7-9　汉诺塔问题

第8章 编程深入

学习程序设计的目的不只是学习某一种特定的语言，而应当是学习“程序设计的一般方法”，同时进行工程技术工作必需的专业素养训练。专业素养的训练是大学的主要任务，它远比掌握一些知识重要得多。程序设计学习中的实践环节对训练学习者的专业工作能力、提高专业水平尤其重要。前7章的基本知识学完之后，每个学习者应该有目的地训练自己如下5种能力。

(1) 读懂题目，找到问题，并将其抽象为数学模型；

(2) 构思算法步骤；

(3) 编写程序；

(4) 调试程序；

(5) 运行程序和分析所得结果，提出改进意见。

8.1 授人以鱼不如授人以渔

根据多年的教学实践，本着“授人以鱼不如授人以渔”的思想，本章形象地提出“三根鱼竿”的概念，对程序设计过程中三种最重要的思想进行总结，可以有效地提高上述5种能力。鉴于许多学生对某些难题感到无从下手，8.2节选择了一些常见的题目，引领学习者学习如何去考虑问题，如何逐步完善程序代码，如何从不同角度、用多种方法进行思考，进行程序优化等，使学习者掌握正确的编程思路和有效的上机技巧，深入掌握C程序设计。

由于有了前面的基础，本章部分例题只给出编程思路及部分代码(希望学习本章时能结合上机同时进行，而不是只读文字)，以便读者自己完善、上机实现，更好地锻炼编程能力。

8.1.1 编程思想——顺杆儿爬

第一根鱼竿：顺杆儿爬。

题目的要求、题目的文字描述就是“杆儿”，就是编程思路和编程目标。拿到一个题目，最简单、直接的做法是“顺杆儿爬”，“要完成什么任务？完成任务的步骤是什么？如何逐步实现？”，顺着这个题目的文字描述去考虑算法、编程。

前面章节的很多例题也显示：对于简单的题目，顺杆儿爬，将题目的文字描述对应地准确地翻译成C语言代码，就完成编程了。比如找出两个数中大数，对学生成绩分档，1～100求和等，看到题目要求，分别选用if语句，else if语句和for语句，就可以实现了。下面再举例说明“顺杆儿爬”的实现。

【例8-1】 判断任一大于1的正整数i是不是素数。

分析：看到题目，容易想到，编程的任务是从键盘上读入一个大于1的整数，判断它是不是素数，输出结果。编程的关键问题是要搞清素数的概念，如何判断一个数是否是素数？数学上把“只能被1和自己整除的数”称为素数，如2、3、5、7、11、13、17等。

变量i被1和自己整除的条件，可以用“if(i%1==0 && i%i==0)…”来表示，如果用这个条件来判断i是不是素数，会发现这个条件没有反映“只能”的含义，任意一个数都满足这个条件，无法分辨出是否是素数，这样写程序就没有顺杆儿爬，没有准确反映题目的要求，因此问题的关键是如何满足“只能”这个条件。

方法一：“顺杆儿爬”的思想——只能被1和自己整除的数。如欲判断i是不是素数，用for循环令j从1循环到i，逐一用i除以j，定义一个变量count，记住i能被j整除的次数，凡是素数都只发生两次整除，而非素数，就肯定发生两次以上整除。这样循环完成后，根据count变量是否等于2，就可以判断该数是否是素数。

方法二：因为每个数都能被1和自身整除，可以不考虑这两个数，将i逐一除以2～i－1，如果均不能整除，就说明i是素数；只要有一次整除发生，该数就不是素数。但如果for循环写成如下形式，结果会怎样呢？

```
for(j = 2;j <= i - 1;j++)
    if(i % j == 0)
        cout <<"i 不是素数";
    else
        cout <<"i 是素数";
```

仔细分析这个程序段，或设计几个数去试验：如选i＝2，发现程序什么也没有输出，因为这时不满足循环条件，for语句一次循环都没有执行，没有判断出结果；如选i＝3，程序输出“i是素数”的结论，结果正确；但是再选i＝4，发现程序不仅输出“i不是素数”，而且也输出了“i是素数”的结论；用i＝9再试，输出了“i不是素数”，也多次输出“i是素数”的结论。可以想见，这个结果肯定是不对的，程序有问题。

按素数定义，要求2～i－1都不能整除时i才是素数，没有说一次不整除就怎样的结论，而程序中阴影的else分支无中生有地加了这个结论，因此是不对的。

顺杆儿爬，必须在试完所有的2～i－1之间的数后，才判断i是不是素数，为此需要设一个有整除发生的标识变量flag：flag＝0时表示没有整除发生，flag＝1时表示有整除发生。正确的程序段如下：

```
flag = 0;                              //先假设标识变量 flag 为 0,表示无整除发生
for(j = 2;j <= i - 1;j++)
    if(i % j == 0)  flag = 1;          //有整除发生,令 flag = 1
if(flag == 0)
    cout <<"i 是素数!"                 //根据标识 flag 的值判断 i 是不是素数
else
    cout <<"i 不是素数!"
```

不管选哪种算法,完成一个题目后,应考虑还有没有可以优化之处?

此题可以从下面两个角度进行优化,请读者上机实践,可使程序的运行速度更快。

(1) 因为12=2×6=3×4,所以只要检验2、3能不能整除就可以了,不必再检验4、6,即对任意i,从2检查到i的平方根sqrt(i)就可以了,这样可以少很多次循环,速度自然更快。

(2) 一旦有一次整除发生,该数肯定就不是素数了,就没必要再检查下去,应该用break语句结束循环。此处的启示是:编程处理一件事情,要干净利落,做完后就结束,不再拖泥带水。有一次整除发生后,仍继续判断下去,即使不一定有错,也浪费时间。

【例8-2】 找出1000以内整数所有数字含5的数。

分析:1000以内的最大数是999,只要个、十、百位中有一位是5就行。要找出所有符合条件的数,自然想到用for循环从1到999逐一进行筛选。

对于任意一个数,先用数学表达式求出个位ge,十位shi,百位bai,初学者往往会写成如下形式:

```
if(ge == 5) …
else if (shi == 5) …
else if (bai == 5) …
```

这样就没"顺杆儿爬",因为我们的"杆儿"是含5就符合要求,没有含几个5或5在哪一位的要求,"else if"表示在个位不是5的前提下再判断十位,在个位、十位都不是5时才判断百位,而实际上个位是5十位也可以是5,所以两个阴影的else if语句分门别类来考虑,就没顺着"杆儿"爬,思路不顺,使程序复杂化了。

含5的数,顺着题意,凡是个位是5或者十位是5或者百位是5的任意一个数,都满足要求,这个逻辑关系直接用或逻辑表达式来写,就是:

```
ge == 5 || shi == 5 || bai == 5
```

如果这个表达式成立,该数就含5,就打印该数。这样顺杆儿爬的思路,容易理解得多。

8.1.2 大程序逐步完善——鱼竿一节节加长

第二根鱼竿:鱼竿一节节加长。

大程序逐步完善,像鱼竿一样可以一节节加长,只有鱼竿长了,才可能深入远离岸边的水域,钓到大鱼。

结构化程序设计思想是自顶向下,但对于初学者,如果题目太难,没有头绪,难以一下子从全局的角度去把握,可以找突破口,先做自己会的部分,然后再一点点儿扩展,逐步解决每个问题,最终达到目的。

例8-2的上机实现过程可以一开始就写好三个条件,写出ge, shi, bai应有的逻辑关系,输出全部符合要求的数。由于结果数据量很大,如果某一条件的细节写错,导致数据遗漏或重复,检查起来就比较麻烦,不如按下面叙述的分步实现更稳妥,检查、验证结果也容易。

建议例 8-2 的上机分步实现过程如下。

t8_2a.cpp：找出 1～999 中个位是 5 的数，上机实现，检查结果，重点按照 5、15、25、35、45…995，检查有没有遗漏任何数据，确认结果正确无误，然后“升级”完善：将文件 T8_2a.cpp 复制成 T8_2b.cpp 进一步修改。

t8_2b.cpp：找出 1～999 中十位是 5 的数。检查有没有遗漏任何数据，确认结果正确再复制成 T8_2c.cpp 进一步修改。

t8_2c.cpp：找出 1～999 中百位是 5 的数。检查有没有遗漏任何数据，确认结果正确。

t8_2.cpp：此为最后的程序，这时要注意前三个程序打印出的数有没有可能重复？只要从 1～999 逐一查询，凡是满足三个条件之一的(用“或”而不是“与”)，就打印出来，便不会重复。三个条件都已经试过是对的，没有遗漏，此程序运行后，再查，若无遗漏和重复，基本上可以保证程序正确。

虽然此题有些简单，可以一步完成，但建议学习者还是模仿本例一步步地逐步完成、稳扎稳打，借助于这个题目训练自己稳健、缜密的思维，对将来实现复杂的程序，确保程序结果正确，是很有好处的。

【例 8-3】 求 3～n 之间的素数和。

题目可以理解为用循环语句逐一对 3～n 的自然数进行判断，如果是素数，则加到累加和中，如不是则不加，这个程序可以分成两部分，一是循环，二是素数判断。

方法一：分两步逐步完善。

第一步：设计程序 t8_3a.cpp，参考例 8-1 程序，判断整数 i 是不是素数。

第二步：将上面的程序复制成 t8_3.cpp，然后在同一个 main 函数内，将前一步判断素数的程序段作为循环体，外加一层循环，使 i 从 3 变到 n，求其间素数的和。

方法二：将判断一个数是不是素数写成一个函数，是素数时，函数返回这个数，为非素数时返回 0；这样主函数用一个 for 循环，直接累加函数的返回值就可以完成任务。

此例还可以优化吗？

由于 3 之后的所有偶数都不可能是素数，在判断素数或求素数和时，这些数可以不予考虑、直接跳过，将 for 语句写成“for(i=3;i<=n;i+=2)”，这样更好。

8.1.3　程序单步调试——用竿儿步步试探

第三根鱼竿：用竿儿步步试探。

学习程序设计，计算机是最好的老师，动态调试是学习者与老师间的互动。

经过第 5 章动态调试的初步学习，读者应该有所体会了：程序无错通过语法检查，但运行结果不正确时，编程者的感觉犹如盲人，对出错原因和哪里出错很茫然。这时单步调试就如盲人用竹竿儿步步试探：正确了、往前走一步，再正确、再往前走一步……如果哪步没有得到预想的结果，就找到错误所在了，要仔细分析此处的代码，查找原因、改错、再运行，直到得到正确的结果，完成调试任务。

C 的上机实践，重在训练思维习惯，边运行程序、边思考、边看结果：这一步程序做什么，应该有什么结果，看是否出现了这个结果，如果不是，为什么？如何修改？在第 5 章 4 个例题的基础上，再次举例如下。

【例 8-4】 如下的程序代码，想实现一个数组的求和，没有语法错误，但运行结果不对，利用单步运行跟踪查找逻辑错误。

有经验的编程者从下面的运行结果就可以判断出错误的原因了。但此处还是单步跟踪一遍，学习如何添加、跟踪、观察数组及其各个元素。

```
#include <iostream.h>
void main()
{   int i,sum;
    int s[6] = {1,3,2};
    for(i = 1;i <= 3;i++)
    {   sum = sum + s[i];
    }
    cout <<"sum = "<< sum << endl;
}
```

运行结果：

```
sum=-858993455
```

如上程序无错通过编译后，按 F10 键或 F11 键单步跟踪运行至如图 8-1 所示位置，可以观察到 i 的值和数组的值，选择 Auto 窗口，自动显示与当前行有关变量值，图中 i 显示的是内存中的原值，s 数组元素却看不到。

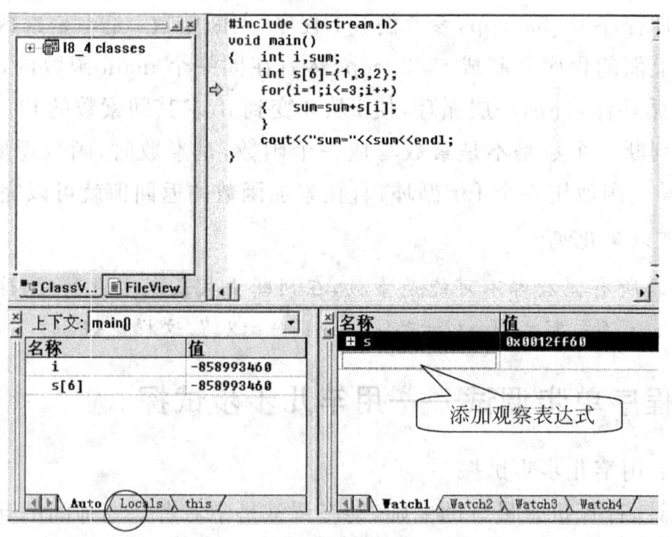

图 8-1　单步跟踪到数组，看不到具体的数组元素

这时可以在图 8-1 右下的 Watch 窗口处添加要观察的变量名或表达式，此处输入数组名“s”，然后单击“+”号展开，就可以看到所有的数组元素了。再执行一步，如图 8-2 所示，此时 i=1，取的是 s[i]的值 3，应该意识到漏了第一个元素 s[0]，i 的初值错了，i 不应该从 1，而应该从 0 开始。

注：对于某个函数的局部变量，也可以用信息显示窗口选 Locals 窗口查看，但观察数组不如图 8-2 直观。

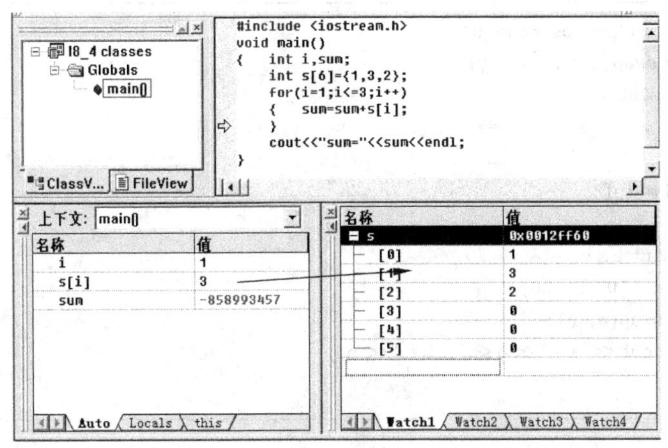

图 8-2 填加了跟踪变量后,可以观察数组元素

再继续执行,可以发现 sum 加完后是一个大负数,不是预想的 1+3+2,应该意识到是因为 sum 没初始化为 0 所致,这样程序中的两处错误就都找出来了。修改后反复用不同数据验证,结果都正确,完成任务。

逐步耐心细致地查错、找错、排除故障是程序员非常重要的素质。C 程序上机提供给学习者一个非常好的训练机会,第 5 章中已经讲了具体的调试过程,学习到此章应该熟练掌握了,请多多练习。

8.1.4 单步调试的三大功能及其他调试手段

1. 功能一:查找程序的错误

这在第 5 章和第三根鱼竿处已详尽介绍。

2. 功能二:观察程序的运行过程

第 7 章引入函数之后,程序不再简单地都写在 main 函数里,从上到下一行行地执行到结束,而是主函数调用子函数。具体是如何跳转的,用单步跟踪可以很清楚地进行观察。此时 F10 键和 F11 键的区别要注意:

F10 键(Step over),单步执行程序,图标为{}:把函数调用作为一步,即不进入函数体内跟踪执行。当代表程序执行位置的黄色箭头指向 cin(或 scanf 语句)和 cout(或 printf 语句)时,应该按 F10 键,使其作为一步执行而不进入其内部。

F11 键(Step into)逐条执行语句,图标为{}:当执行函数调用语句时,会进入该函数体内逐行执行。若要观察函数的跳转、运行过程,在运行到自定义函数调用时按 F11 键可进入函数,观察函数运行的全过程。

例 8 5 演示了 F10 键的功能,上机时注意阴影行,执行子函数调用时,不进入 swap 内部,相当于一步执行完子函数全部内容。

【例 8-5】 用 F10 键跟踪,不进入子函数。

```
#include <iostream.h>
void swap(int x, int y)
{    int z;
     z = x; x = y; y = z;
}
void main()
F10 ➡{
     int a, b;
F10 ➡  a = 10; b = 20;
F10 ➡  swap(a, b);
F10 ➡  cout <<"a = "<< a <<"  b = "<< b);
}
```

运行结果：

```
a = 10  b = 20
```

跟踪子函数调用语句时的界面如图 8-3 所示，整个过程看不到子函数 swap 的执行过程及其变量值。

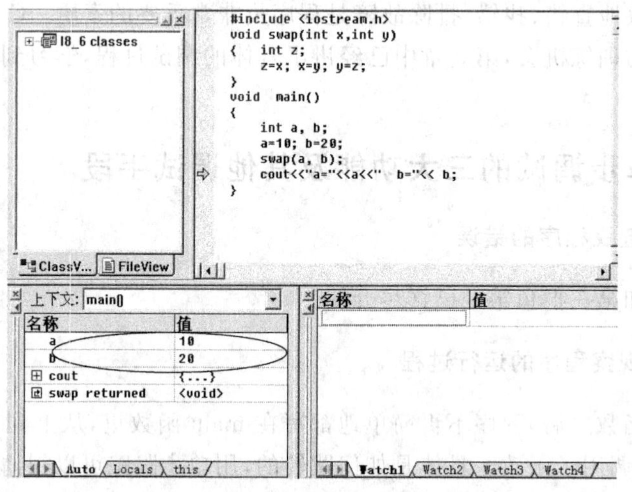

图 8-3　F10 键一步执行子函数示意图

若在阴影行函数调用时不按 F10 键，而是按 F11 键，就会进入 swap 函数内部，跟随黄色箭头观察如何从主函数跳至子函数，并将实参传递给形参；执行完子函数后，返回到主函数的哪个位置？一步步按 F11 键即可观察全过程。如例 8-6 所示，长箭头代表程序执行的跳转执行方向，箭头边的数字可以形象地称为“三步跳”。

第①步：执行函数调用语句，从主函数跳至子函数。

第②步：一步步执行子函数至子函数尾。

第③步：从子函数跳回主调函数。

3. 功能三：观察变量的生存期和作用域

【例 8-6】 用 F11 键跟踪进入子函数，观察主子函数之间的跳转。

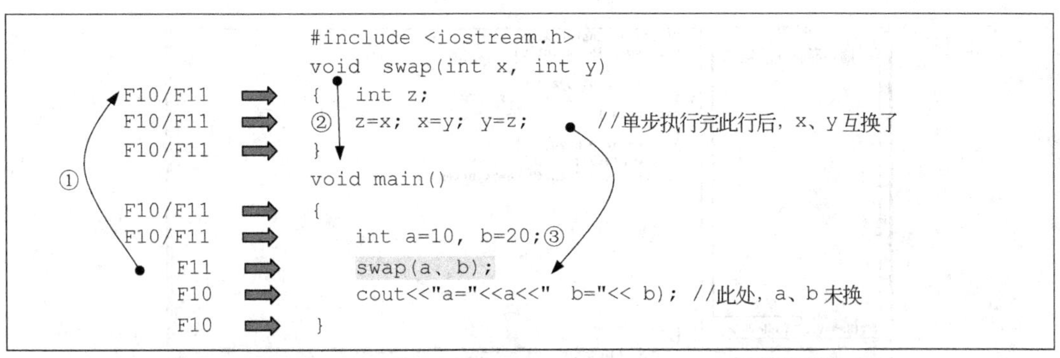

运行结果：

```
a = 10   b = 20
```

在例 8-6 的三步跳转过程中，观察主函数中的局部变量和函数中的局部变量的显示情况，就可以体会出各种存储类型变量的作用域和生存期。

程序先执行主函数，主函数中的实参 a、b 是局部变量，其作用域和生存期都只在 main 函数内。

① 按 F11 键执行阴影行的函数调用语句，执行子函数 swap 时，系统才创建两个形参单元 x、y，然后将实参 a、b 内的值传递给形参 x、y，如图 8-4 所示。程序的控制权转到子函数 swap 内，虽然主函数的变量 a、b 的值仍处于生存期中，但在 swap 函数里是看不到它们的，也不可拿来使用。

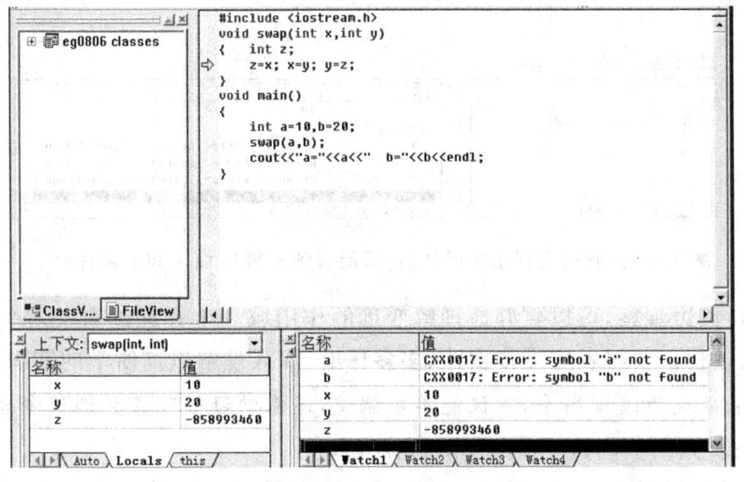

图 8-4 程序执行到子函数，只能观察其局部变量，看不到主函数中的变量 a、b

② 执行子函数 swap，其形参 x、y 的作用域在函数 swap 内，其生存期是函数 swap 的运行期间，执行 swap 函数至末尾时，x、y 的值确实交换了，如图 8-5 所示。

③ 返回主函数时，x、y 的生存期也结束了，所占存储单元被释放掉了，控制权交回给主函数，主函数里就看不到 x 和 y 了，只能看到没有受到任何影响的实参 a、b，如图 8-6 所示。

结论：普通变量作形参时，改变了的形参值不能直接返回给实参，实参到形参确实是单向传递的。

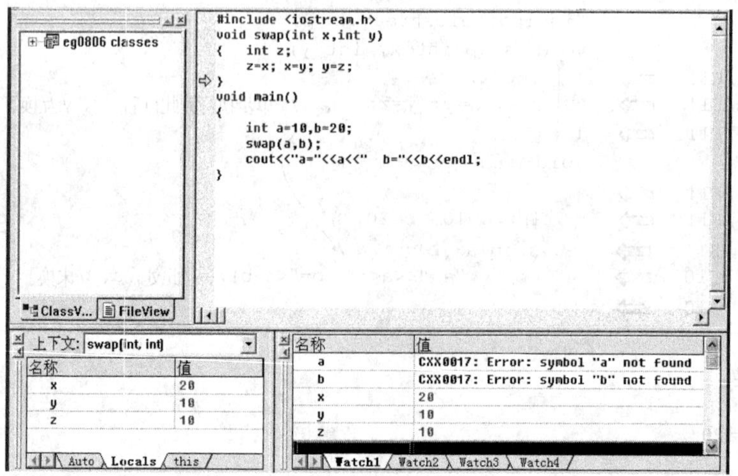

图 8-5 程序执行到子函数末尾,完成了 x 与 y 的交换

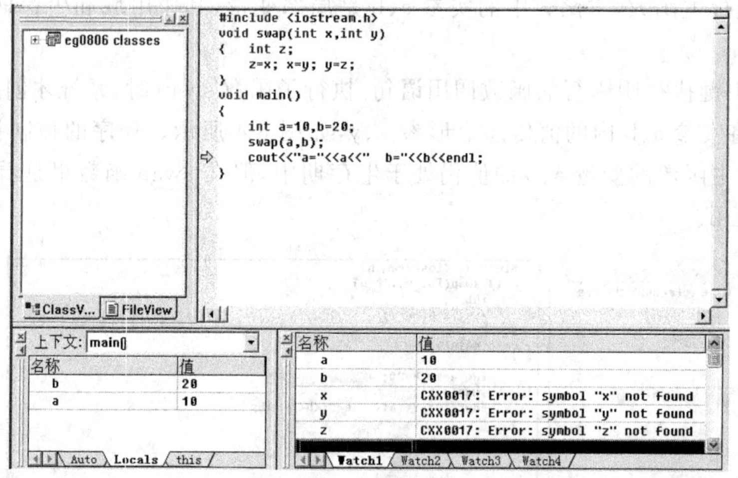

图 8-6 控制权交回给主函数后,只能看到 a 和 b,而 x 和 y 被释放了

如此边执行、边观察,可以更好地理解变量的作用域和生存期的含义,深入理解计算机内程序执行的过程。学习者应多多实践、多多琢磨,深入理解以前所学的知识。

注意:欲成为编程高手,不仅能单步调试,还需学习如下各种调试命令。

(1) 执行到当前光标行(Run: Goto cursor):

可以先一步跳过前面正确的部分,执行到怀疑有错处,再一步步具体查找错误。

(2) 程序重置(Run: Program reset,Ctrl+F2)。

(3) 设置和使用断点(Break/watch: Toggle breakpoint,Ctrl+F8):

程序大时,可以利用此功能将程序分成几段,分段连续执行,缩小查错的范围。

(4) 查看函数调用情况(Debug: Call stack,Ctrl+F3)。

(5) 查找函数(Debug: Find function)。

(6) 更新屏幕内容(Debug: Refresh display)。

在 C 程序设计和调试过程中,编程者还应掌握一些基本的手段。

(1) 逐步完善。大程序的设计,宜先完成程序框架的调试,各函数以空函数 dummy 函数占位,然后逐步完善每一个子函数,增加程序量,一步步有条不紊地完成任务。

(2) 分支检查。分支程序必须遍历每个分支,都能得到正确答案,才算正确。

(3) 边界检查。循环程序在数据的边界点容易发生错误,需重点检查。

(4) 测试数据检验。要仔细设计多组测试数据,选择有代表性的数据,如本章的例 8-1 和例 8-9。

(5) 利用注释符对程序进行调试和测试。可以将怀疑出错的程序代码注释掉,对计算机而言相当于临时删除一些代码(注意对前后的影响),然后再编译,如果不再有错,那么就可以判断错在注释掉的部分,可帮助确认程序错的大概位置。

(6) 增加输出语句。在适当的位置输出想知道的变量值,是很有效的调试办法,与分段跟踪有异曲同工之妙,应学着采用。这对静态变量的跟踪特别有效,因为 Debug 时,局部静态变量不显示。

对于复杂的程序,一次性通过的可能性很小,特别是现在的软件产品功能复杂性和结构复杂性越来越高,想完全无错几乎不可能,历史上已经多次发生软件系统失效造成计算机系统失败和瘫痪的重大事故,不仅损失巨额资金,有时甚至夺去了人的生命。所以每个程序员都要养成规范、严谨的工作作风,多模块的衔接更要有周密安排和测试,尽全力保证软件产品的质量。目前,软件测试已成为一个行业,一些公司里的软件测试人员的数量已超过程序设计人员,可见软件测试的重要性。

8.2 典型题目的编程思路及优化

8.2.1 分解质因数

【例 8-7】 输入任一整数,将其分解成若干个质因数相乘的形式,为了表示的方便,把 1 也作为一个因子。例如:24=1×2×2×2×3,18=1×2×3×3,17=1×17…

分析:最小的质因数是 2,因此对任一个整数来说,可以从 2 开始一个个遍历尝试。

方法 1:根据“顺杆儿爬”的思想,假如输入的数是 24,则 2、3、4…中的某些数可能是 24 的因子,因此从 2 开始查找,并且 24 中有多个因子 2,要把所有的因子 2 都找出来,然后再检验因子 3……,自然想到用循环结构。

用 while 循环找出整数 n 中包含的多个因子 i。若 n 能被 i 整除,就输出因子 i,然后去掉这个因子 i,得到一个新的 n=n/i,再继续判断 i 是不是新数 n 的因子,直到找出所有的因子 i。程序段如下:

```
while(n % i == 0)
{   cout << i;
    n = n/i;
}
```

如果 n 不能被 i 整除,则要试下一个数 i+1,再用上面的程序找出多个 i+1 因子。让 i 增加到新的 n,直到找出所有质因子。

可以看出,这个过程需要二重循环:外循环要从最小的质数 i=2 开始检验,用内循环找出所有质因子 2；然后再令外循环 i=3，再用内循环找出所有质因子 3；……。本来分解质因子是对合数进行的，为了对素数也能采用这种方法表示，比如 n=17，17=1×17，所以 i 要从 2 开始逐一检验到 n 才可以。

外循环选哪个循环语句呢？既然 i 是从 2 到 n，自然想到用 for 语句比较方便，这就是方法 1。

方法 2：内循环与方法 1 相同，外循环选用 do…while 或 while，外循环控制变量 i 初值是 2，循环控制条件是 i≤n。因为每次内循环，都有可能修改 n 的值，因此对于合数来说，外循环的次数不会很多。

用内循环 while 判断 i 是不是 n 的因子，有几个就除几次得到新的 n 值，找到所有质因子 i 后结束内循环，然后 i++，再判断外循环的条件，再用内循环找到 n 的因子……一直到找出所有的因子。

```
i = 2;
while (i <= n)
{
    …
    i++
}
```

循环条件也可以写成"n>1"。至此，请先上机实现方法 1 和 2，成功后再琢磨方法 3。

方法 3：只用一层循环找 n 的因子。循环体用 if…else…语句判断 i 是否是 n 的质因子：满足条件打印出该质因子，保持 i 值不变再去循环，不满足条件时使 i 加 1 再去循环。循环用 do…while 语句，循环条件写成 i<=n，程序完整清单如下。

```
#include <iostream.h>
void main()
{ int n, i = 2;
    cout <<"Please input an integer: ";
    cin >> n;
    cout << n <<" = 1";                    //单独输出 n = 1
    do
    { if(n % i == 0)
      {    cout <<" * "<< i;               //如果 i 是其中一个质因子,就输出 * i
           n = n/i;                        //去掉一个因子后的新数
      }
      else  i++;                           //数 i 不再是 n 的质因子后,变成 i++,然后再试
    } while(i <= n);                       // 此处的条件需仔细斟酌
    cout << endl;
}
```

运行结果：

```
Please input an integer: 24
24=1*2*2*2*3
```

```
Please input an integer: 13
13=1*13
```

(1) 程序清单中的阴影行中去掉 else 会怎样？

(2) 外循环的循环条件写成(n>1)或(n!=1)或(n>0)行不行？建议上机验证。

8.2.2　数字字符转换成十进制数

【例 8-8】　将输入的多位数字字符转换成十进制数输出。

分析：

数字字符与数据间的转换，首先是一位数字字符转换成十进制数，然后是多位数字字符的处理。

(1) 将字符变量 ch 中的一个数字字符变成对应的十进制数，即把数字字符对应的 ASCII 码值转换成一位十进制数，方法为：ch－'0'，可以形象地理解为"脱衣服"，这是根据数字字符的 ASCII 码值的特点得出的，如 ch＝'8'时，ch－'0'就"脱"成了真正的十进制数 8。

(2) 多位数字字符转换成十进制数，就是将每次变换成的一位十进制数，从高位开始，按位加权，变成一个数，放在变量 data 中。如输入'1'、'2'、'3'和'4'得到 4 个一位十进制数 1、2、3 和 4，则：

$$data=1234=1\times10^3+2\times10^2+3\times10+4=(((0\times10+1)\times10+2)\times10+3)\times10+4$$

```
#include <iostream.h>
void main()
{
    unsigned int i,n,data = 0;
    char ch[20];
    cout<<"请输入欲转换的字符串:";
    cin>>ch;                          //输入字符串
    i = 0;
    while(ch[i]>= '0' &&ch[i]<= '9')  //统计在'0'～'9'范围内的字符数
        i++;
    n = i;
    for(i = 0;i<n;i++)
        data = data * 10 + ch[i] - '0';  //转换后的数值
    cout<<"转换后的数值: "<<data<<endl;
}
```

运行结果：

```
请输入欲转换的字符串: 125678x23
转换后的数值: 125678
```

```
请输入欲转换的字符串: 1234567890
转换后的数值: 1234567890
```

程序定义了字符数组用来存放输入的字符串，在输入字符串后，对有效字符数进行统计，程序只对从一开始就连续输入的十进制数字进行转换，非数字字符及其后面的数字字符不再转换。在统计出有效数字字符后，用 for 循环实现数字到数的转换。

8.2.3　数组插入

【例 8-9】　有一个已排好序(升序)的整型数组，现输入一个整数，要求按原来的顺序(升序)将其插入到数组中，并输出结果。

分析：能画图辅助整理编程思路时，一定要画图辅助。

插入一个数k，自然想到图8-7所示情形，找到k应该插入的位置，将其后的数据后移一位，让出空位后，完成插入，前面的数据不变。

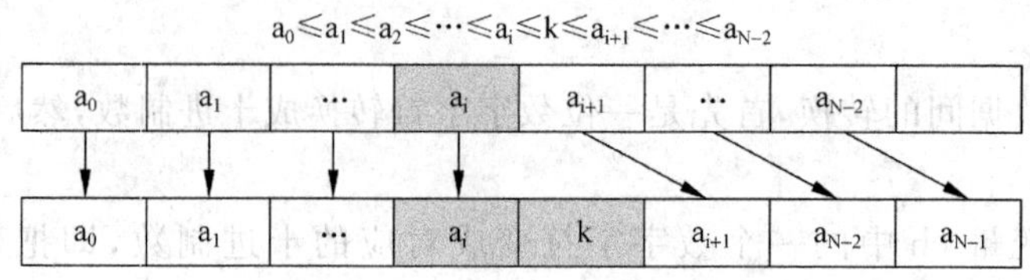

图8-7　插入原理图

⚠写程序前注意此题的细节，最好按常规定义数组为a[N]，数组元素依然为a[0]～a[N－1]，只是初始化时少一个元素，只给出前N－2个初始值，留下a[N－1]留给插入数据使用。

如数组长度为N＝4，有4个元素，初始化它的前三个元素为{5,7,9}，准备插入一个元素k＝6，即：

　　　　　　　　　　插入6
5　7　9　⇨
　　　　　　　　5　6　7　9

方法1：从最后的最大数开始，找插入位置，边比较边把大数向后移动一位(如图8-8所示)，找到位置后，空位已经腾出，直接插入(如图8-9所示)，基本程序段如下。

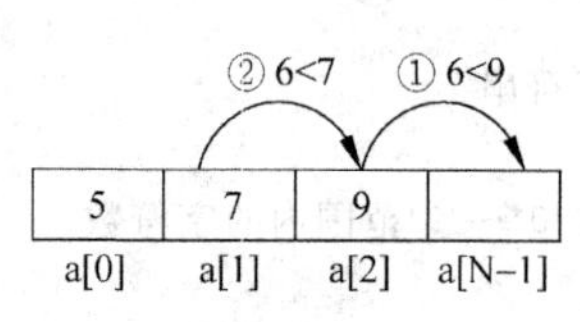

图8-8　边查询边移动

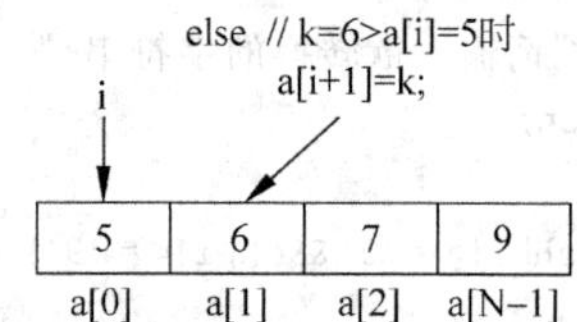

图8-9　找到位置后插入

```
for (i = N - 2;i >= 0;i -- )
{   if  (k < a[i])
        a[i + 1] = a[i];        //对应图 8-8
    else
        a[i + 1] = k;           //对应图 8-9
}
```

这样完成后，试运行时，插入6，正确。但考虑到测试数据的完整性，应该至少测试插在最前、中间、最后三种情况(比如3、6、11)。插到末尾时明显出错，如k＝11时，结果成了5　11　11　11。从结果推理或用F10键单步跟踪发现，在11插入后应该退出循环，而不是继续比较。此处又一次强调：编程处理一件事情，要干净利落，做完后就结束，不再拖泥带水、继续循环，导致错误。

完善步骤一：在插入完成之后用break退出循环，程序段如下。反复试运行后，其他位置都没问题了，只有数据插在最前面时不对，这又是为什么？

```
for (i = N - 2;i >= 0;i -- )
{   if  (k < a[i])
        a[i + 1] = a[i];
    else
    {   a[i + 1] = k;           //插入完成
        break;                  //完成后退出循环
    }
}
```

当 k=3 时，插在数组最前面时，仔细分析写出的程序，因为只有 k>a[i]，满足 else 分支之后才插入，3 小于所有的数组元素，如图 8-10 所示，没有一次满足 else 分支，确实没处理插入，需要单独处理。

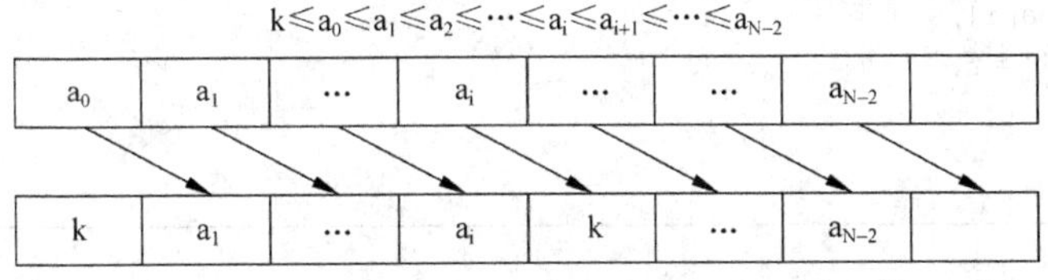

图 8-10 插在最前面的情况

完善步骤二：设一插入标识变量 flag，flag=1 标识已经完成插入，flag=0 表示没插入。循环前假设 flag=0，循环结束后，检查 flag，若 flag 还等于 0，说明 k 还没有完成插入任务，需要插在最前面，直接把 k 放入 a[0]就行了。

至此，反复用各种数据检验程序至无错，这个程序才算完成。综合考虑完整的算法如图 8-11 所示。

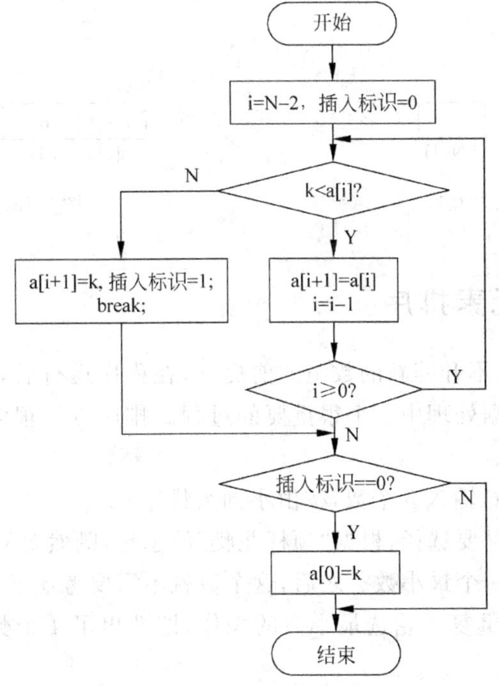

图 8-11 插入算法完整流程图

⚠**注意**：本题学习重点仍是第二根鱼竿的思想，先考虑基本做题思路，编出基本程序，运行或调试，发现问题、解决问题，再运行、再调试、再完善，……，最终完成完整的程序设计。

方法 2：从最小数开始，将 k 与每一个数比较，如果 k 大，则什么也不做，比较下一个数，如果 k 小，则找到了插入位置，如图 8-12 所示。把 k 和这个数互换，就把 k 插进去了，但这个数必须后移一位，继续用比较互换，逐一置换将所有后面的数后移一位。

程序段如下：

```
for(i = 0; i <= N - 2; i++)
{    if(k < a[i])
     {    t = k;
          k = a[i];
          a[i] = t;
     }
}
```

如此逐一置换后移，完成插入。

但是试运行时，前面都对，但最后的单元不是 9，而是 0，想想为什么？

结果分析：前面程序仅处理了前 N－1 个数，每次比较后都保证 k 保持为较大的数，则比较完所有的数后，k 的值是 9，就是最大的数，没跟初始化为 0 的最后单元交换。因此要单独处理，在循环后直接将 k 放到最后一个位置即可，如图 8-13 所示。

当然还有其他方法，请学习者自己考虑。

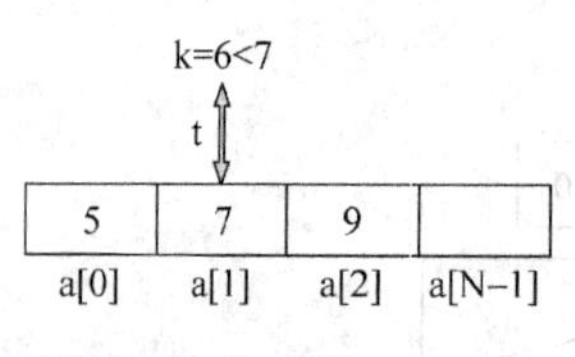

图 8-12　找到插入处互换

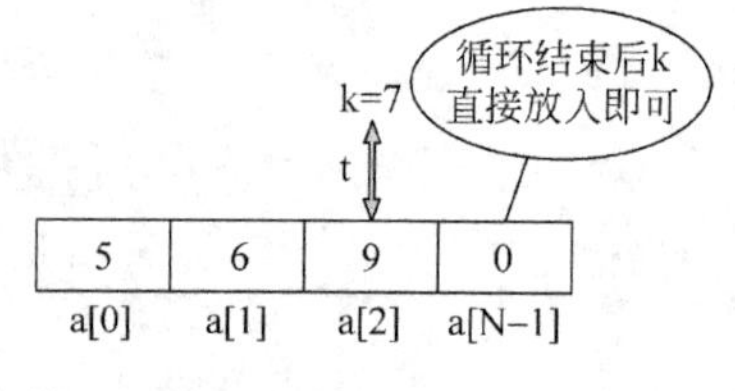

图 8-13　替换到最后

8.2.4　数组元素排序

排序是将一组数，在不开辟新的数组的前提下，在程序运行后，排列成由小到大或由大到小的有序数。它是数据处理中一个很重要的过程。排序方法很多，本章只介绍两种方法及其优化。

方法 1：选择法(任意输入 5 个数，按由小到大排序)。

选择法，顾名思义，是要选择，根据“顺杆儿爬”的思想，既然要从小到大排序，第一步，应该从所有数中“选择”出一个最小数。之后，这个数就不需要考虑了，在余下的数中再选出其最小数……如此 5 个数重复 4 轮选最小数的操作，即选出了 4 个数，最后剩下一个最大的数，完成了排序。

用 C 程序实现这个算法，需要两重循环。若 5 个数放在数组 a 的 a[0]～a[4]中，排好序后没必要另设一个数组。用 a[0]去装第一个找出的最小数，则此循环的写法是让 a[0]逐一与后面的数比较，凡是比 a[0]小的，就与 a[0]的内容互换，这样循环一遍，即：

```
for( j = 1; j <= 4; j++)
    if( a[0]> a[j] )
    {   t = a[0];                        //两数交换的代码
        a[0] = a[j];
        a[j] = t;
    }
```

此后，a[0]就是 5 个数中的最小数了。这是内循环。

外循环的任务是重复 4 轮，分别找出 4 个最小的数。第一轮是 a[0]，第二轮是 a[1]…，最后剩下的数自然是最大数。外循环写成“for(i=0; i<=3; i++)”。

如果用 a[i]来表示每轮的最小数，这时上面的内循环要做相应的改动：a[0]要变成 a[i]，变量 j 应该从 i+1 开始，即每一轮 a[i]都与其后面的数(前面已找出的最小数已经是结果的一部分，不必再考虑)比较一遍，选择出最小的数。代码如下：

```
for( i = 0; i <= 3; i++)                 //外循环
    for( j = i + 1; j <= 4; j++)         //内循环
        if( a[i]> a[j] )
        {   t  =  a[i];
            a[i] =  a[j];
            a[j] =  t;
        }
```

这样双重循环嵌套着，内循环执行一遍，就找出一个最小数，外循环共执行 4 轮就完成了 5 个数的排序了。

有了如上细致的分析，学会具体个数的数据排序后，下面归纳写出对任意 N 个数都能进行排序的程序。

【例 8-10】 用选择排序法对从键盘输入的 N 个整数排序，按由小到大顺序输出。

分析：选择排序法的思路如图 8-14 所示：先在 a[0]～a[N−1]中选出最小的数，放到 a[0]；然后抛开 a[0]，再选出 a[1]～a[N−1]中的最小数放到 a[1]的位置……每比较一轮，选出剩余数中一个最小数，逐步缩小排序范围直至完成排序。若数组中的元素个数为 N，则共需进行 N−1 轮比较。

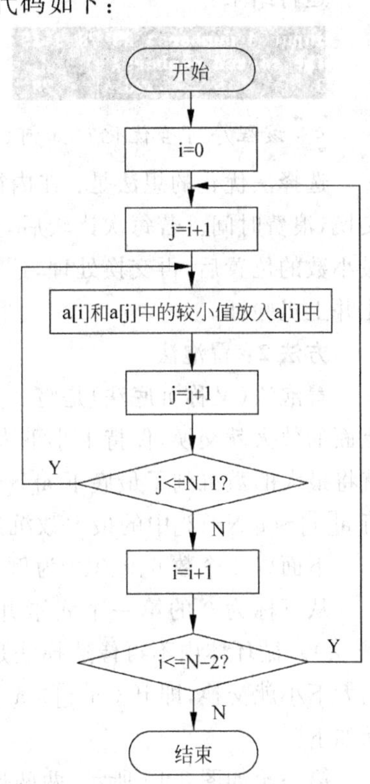

图 8-14 选择法排序流程图

程序清单如下。

```
#define N   4
#include < iostream.h >
void main()
{
    int a[N], i, j, t;
    cout <<"input "<< N <<" numbers: ";
```

```
    for(i = 0;i < N;i++)
        cin >> a[i];                        //输入 N 个数
    for(i = 0;i < N - 1;i++)                //外循环,控制 N - 1 轮比较
        for(j = i + 1;j < N;j++)            //内循环
            if(a[i] > a[j])                 //将最小数换到前面
            {   t = a[i];
                a[i] = a[j];
                a[j] = t;
            }                               //双重循环结束
    cout << "The sorted numbers:\n";
    for(i = 0;i < N;i++)
        cout << a[i] << "\t";               //输出排序后的数
    cout << endl;
}
```

运行结果：

```
input 4 numbers: 23 78 3 15
The sorted numbers:
3       15      23      78
```

该程序可否优化？如何优化？

选择法优化的想法是：在内循环选最小数的过程中，每一个比 a[i]小的数都要与 a[i]交换，浪费时间。若每次比较后，先不交换，只记住最小数的位置，待内循环一遍，找到此轮最小数的位置后，再交换处理，这样可以少很多次无谓的交换，节省时间，请读者自己完成优化并上机验证。

方法 2：冒泡法

冒泡法(又称沉底法)是将 a[0]～a[N－1]的 N 个数中相邻两个数进行两两比较，如果上面的数大就交换，保持上小下大(像小气泡往上冒或像重石头沉入水底)；这样比较一遍，就将最大的数沉到了最底下 a[N－1]；然后抛开此最大数，还从第一个数开始，重复内循环将 a[0]～a[N－2]中的最大数沉到 a[N－2]中，如此循环 N－1 轮，即完成排序。

下面以 4 个数 6、9、0、7 为例，来总结冒泡法排序程序的提炼过程。

从下标为 0 的第一个元素开始，对 4 个数，两两比较需要三遍，即 for(j＝0; j＜＝2; j＋＋)。循环体内不再像选择法是用一个数跟其他所有数比，而是相邻数的两两比较，如果上大下小就交换，即 if (a[j]＞a[j＋1])二者就交换，使小数上浮，大数沉底……程序段及图示如下。

第一轮如图 8-15 所示，两两比较，如果已经如愿上小下大，就不交换(如图中的 6 和 9)，否则交换(使小气泡上冒，大石头沉底，如图中的 9 和 0 以及 9 和 7)，如此循环一遍，找出 4 个数中的最大数，即图中的 a[3]＝9，两两比较后就沉到了最下面。

```
for(j=0; j<=2; j++)
    if(a[j]>a[j+1])
        {t=a[j];a[j]=a[j+1];a[j+1]=t;}
```

a[0]	6	6	6	6
a[1]	9	9	0	0
a[2]	0	0	9	7
a[3]	7	7	7	9

图 8-15　i＝0 时，第一轮找出 4 个数中的最大数

然后，抛开已经找好的最大数不管，将其余三个数如法炮制，找出剩余数中的最大数，a[2]=7，如图 8-16 所示。

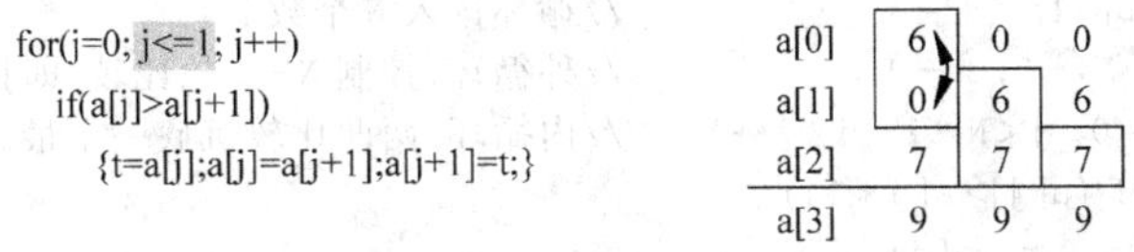

```
for(j=0; j<=1; j++)
  if(a[j]>a[j+1])
    {t=a[j];a[j]=a[j+1];a[j+1]=t;}
```

a[0]	6	0	0
a[1]	0	6	6
a[2]	7	7	7
a[3]	9	9	9

图 8-16　i=1 时，第二轮找出三个数中的最大数

然后，抛开已经找好的两个数不管，将剩下的两个数如法炮制，找出剩余数中的最大数，a[1]=6，如图 8-17 所示。然后 a[0]=0，自然就是最小的数。

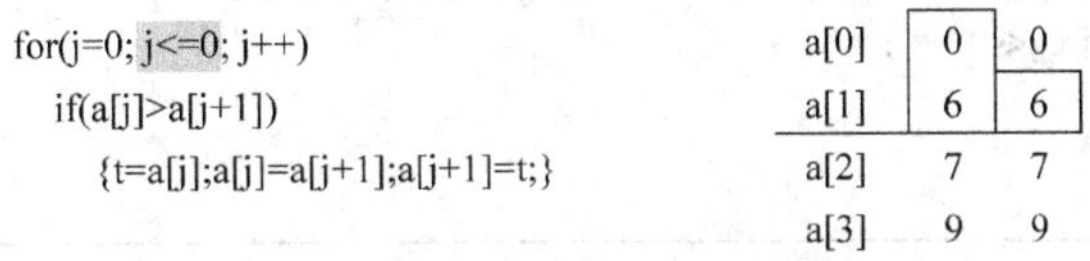

```
for(j=0; j<=0; j++)
  if(a[j]>a[j+1])
    {t=a[j];a[j]=a[j+1];a[j+1]=t;}
```

a[0]	0	0
a[1]	6	6
a[2]	7	7
a[3]	9	9

图 8-17　i=2 时，第三轮找出两个数中的大数

4 个数，每一轮外循环，找出一个余下数中的最大数，重复三轮就可以将 4 个数排好序，这三轮重复靠外循环来控制，写成 for(i=0; i<=2; i++)。此时内循环 j 的终止值(以上三个图中的阴影处)应归纳，随 i 而变，仔细观察上面三个图，i 的值为 0、1、2 时，对应 j 的终值应该是 2、1、0，(i 渐增 1 的同时 j 渐减 1)，所以可以归纳为 j 小于等于 2-i，逐一检验如下。

第一轮 i=0 时，j<=2-i 就是图 8-15 中的原来的 j<=2。

第二轮 i=1 时，j<=2-1 就是图 8-16 中的 j<=1。即 j 最大取值为 1，两两比较时 a[j]>a[j+1]，只比较判断 a[1]>a[2]是否成立，就结束了，自动抛掉了已经找出的 a[3]。

第三轮 i=2 时，就是图 8-17 中 j<=2-2。

所以 4 个数排序的双重循环可写成：

```
for( i = 0; i <= 2; i++)
     for(j = 0; j <= 2 - i; j++)
         if (a[j]> a[j + 1])
         {   t  =  a[j];
             a[j] =  a[j + 1];
             a[j + 1] =  t;
         }
```

有了这个基础，就容易推广到 N 个数的冒泡法排序了，完成程序清单如例 8-11(注意一个细节：其中的 i 和 j 的终值由于用了"<"而不是"<="而与 4 个数时的程序写法有点区别)。

【例 8-11】 用冒泡法对数组中的 N 个整数排序，按由小到大顺序输出。

```
#define N  10
#include <iostream.h>
void main()
{   int a[N],i,j,t;
```

```
    cout <<"Input "<< N <<" numbers:  ";
    for(i = 0;i < N;i++)
        cin >> a[i];                    //循环读入 N 个数
    for(i = 0; i < N - 1; i++)          //外循环,控制 N - 1 轮比较,即找 N - 1 个最大数沉底
        for(j = 0; j < N - 1 - i; j++)  //内循环,两两比较沉底一个最大数
            if (a[j] > a[j + 1])
            {   t = a[j];
                a[j] = a[j + 1];
                a[j + 1] = t;
            }
    cout <<"The sorted numbers:  ";
    for(i = 0;i < N;i++)                //输出排好序的数
        cout << a[i]<<' ';
    cout << endl;
}
```

运行结果:

```
Input 10 numbers:   4 6 7 10 13 2 1 9 20 3
The sorted numbers:   1 2 3 4 6 7 9 10 13 20
```

该程序可否优化? 如何优化?

如果数据已经是从小到大的有序数了,或者已经基本有序了,只有个别的数在几次排序后就调整结束,调用这个排序程序时,程序没有判断力,不知道已经排序结束,照样进行了很多次无谓的循环,而不发生交换,这在数据量大时浪费时间。

从这一点考虑优化:设置一个 change 标识变量,change=0 时表示内循环查询时没有交换发生,change=1 时表示内循环查询时有交换发生。内循环前令其为 0,内循环中如果有一次交换发生,就将其改为 1,内循环完成之后检查这个标识变量,如果仍为 0,说明剩余数都是上小下大,不需要再处理了,这时就跳出循环,结束排序。关键程序段如下。

```
for (i = 0; i < N - 1; i++)         //外循环,控制 N - 1 轮比较,即找 N - 1 个最大数沉底
{   change = 0;                     //假设没有交换发生
    for (j = 0; j < N - i - 1; j++) //内循环,两两比较沉底一个最大数
        if(a[j] > a[j + 1])
        {   t = a[j];
            a[j] = a[j + 1];
            a[j + 1] = t;
            change = 1;             //有交换发生,改 change 标识值
        }
    if(change == 0)   break;        //如果确实没有交换发生,排序完成,退出循环
}
```

8.3 常用字符串处理函数及其应用

VC++系统提供了很多标准库函数,在编程处理字符串时,要在最前边加上"# include < string.h >",这样就可以在后续程序中调用其中的函数了,方便地处理很多字符串方面的

问题。学习者既要学会如何使用这些函数,也要会编写类似的函数。由于这些函数原型涉及第9章才学到的指针内容,这里用已学过的方法引用它们。在学了第9章后,可以进一步深化学习和应用。本节使用的字符数组需要时应先存好字符串。现介绍几个重要函数,有些函数返回值类型暂不考虑。

1. strlen 字符串长度测试函数

函数形式:

```
size_t  strlen(字符串)
```

功能:测试字符串的长度,函数的返回值为字符串的实际长度(不包括'\0')。

2. strcpy 字符串复制函数

函数形式:

```
char * strcpy(字符数组名1,字符串2,< n>)
```

功能:将字符串2前n个字符复制到字符数组1中去。n默认时,全部复制。

说明:字符数组1必须定义得足够大,以便容纳被复制的字符串;字符串2可以是字符串常量或另一个以'\0'结束的字符数组。

例如,"strcpy(str1,str2,2);"即是将str2中前两个字符复制到str1中,然后再加一个结束符'\0'。

3. strcmp 字符串比较函数

函数形式:

```
int  strcmp(字符串1,字符串2)
```

功能:将两个字符串从左至右逐个进行比较(按ASCII码值大小比较),直到出现不同的字符或遇到'\0'为止。比较的结果由函数值带回。

函数值=0说明字符串1等于字符串2。

函数值>0说明字符串1大于字符串2。

函数值<0说明字符串1小于字符串2。

两个字符串均可以是字符数组或字符串常量。

4. strcat 字符串连接函数

函数形式:

```
char *  strcat(字符数组名1,字符串2)
```

功能：将字符串2中的内容接到字符数组1中字符串的后面，结果放在字符数组1中。

说明：字符数组1必须足够大，以便容纳连接后的新字符串。字符串2与strcpy函数一样。

⚠**注意**：还有很多字符串处理函数，请参考附录C，一定要记住在程序的前面包含相应的头文件string.h。

【例8-12】 请将任意输入的多个国家的名字排序。

排序的算法如8.2.4节，仍可以采用选择法或冒泡法，此处麻烦的是要排序的不是数，而是字符串，就要做相应的改变，一组数可以用一维数组，一组字符串要用二维数组表示。此时的二维数组可以看作是由一维数组嵌套构造成的：将str数组看成是一个有10个元素的一维数组，分别是str[0]，str[1]，每个元素又是一个包含10个元素的字符串，不同行表示不同字符串。程序清单如下，其中的阴影部分是字符串需要注意的。

```
#include <iostream.h>
#include <string.h>
void main()
{   char str[10][10],word[10];
    int i,j,k,n;
    cout<<"请输入国家名的个数";
    do
    {
        cin>>n;
    }while((n<1)||(n>10));
    cout<<"请输入若干国家名";
    for(i=0;i<n;i++)
        cin>>str[i];                                   //循环读入n个国家的名字
    for(i=0;i<n-1;i++)
    {
        k=i;                                           //用k记住最小串的位置
        for(j=i+1;j<n;j++)                             //内循环一遍,k就是最小串的下标
            if(strcmp(str[k],str[j])>0) k=j;
        if(k!=i)                                       //将最小串换到最前面
        {
            strcpy(word,str[i]);
            strcpy(str[i],str[k]);
            strcpy(str[k],word);
        }
    }
    for(i=0;i<n;i++)                                   //输出排序后的国家名字
        cout<<str[i]<<endl;
    cout<<'\n';
}
```

说明：此题采用的是优化的选择法，思路与整数排序是一样的，不同之处是字符串比较与赋值只能用strcmp和strcpy等标准库函数。

【例8-13】 编程查找一段正文中某单词出现的次数。

由于网络的普及，上网查资料几乎是每个人都常做的事情。本题编程模拟搜索引擎查

询资料的功能。

分析：一段正文存放在 str[80]字符数组中，待查字符串存放在 word[10]字符数组中。现要查询 word 中的单词在 str 中出现了几次，首先要设一计数变量 num，然后需将 str 中的一个个单词(以连接在一起的字母为一个单词)“剥离”出来，放在 nows 数组里，然后 nows 和 word 数组比较，二者一样时，即找到一个单词，就执行 num++，接着处理下一个单词，直至全文结束。

```
#include <iostream.h>
#include <string.h>
void main()
{   char str[80],word[10],nows[10];
    int i,j,num = 0;
    cout<<"请输入一段话: "<<endl;
    cin.getline(str,sizeof(str));
    cout<<"请输入要找的单词: "<<endl;
    cin.getline(word,sizeof(word));
    i = 0;                                            //从第一个字符开始
    do
    {   j = 0;                                        //新单词开始,长度为 0
        while(((str[i]>= 'a')&&(str[i]<= 'z'))||((str[i]>= 'A')&&(str[i]<= 'Z')))
                                                      //是英文字母?
        {   nows[j++] = str[i++];                     //复制字母,并移向下一个字符
        }
        nows[j] = '\0';                               //单词加空字符
        if (strcmp(nows,word) == 0) num++;            //单词相等则 num 加 1
        if(str[i++] == 0) break;    //是结束符则退出循环,否则指向下一个字符,继续循环
    }while(1);
    cout<<"单词出现"<<num<<"次\n";
}
```

运行结果：

8.4 编译预处理

C 语言提供编译预处理的功能，这是它与其他高级语言的一个重要区别。在 C 编译系统进行编译前，先对程序中一些特殊的命令进行“预处理”，然后将预处理的结果和源程序一起再进行通常的编译处理，得到目标代码。

C 语言提供的预处理功能主要有三种：宏定义、文件包含和条件编译，分别用宏定义命令、文件包含命令、条件编译命令来实现。为了与一般 C 语句区别，这些命令以符号“#”开头。

8.4.1 宏定义

宏定义即＃ define 指令，具有如下形式：

```
＃ define 宏名  替换文本
```

其中的"＃"表示这是一条预处理命令。"define"为宏定义命令关键字，宏名是一个合法的标识符，"替换文本"可以是常数、表达式等，正常情况下，替换文本是＃define 指令所在行宏名后的剩余部分，但也可以把一个比较长的宏定义分成若干行，这时只需在尚待延续的行后加上一个反斜杠"\"即可。

前面的例子中使用的"＃define PI 3.1415926"和定义数组大小的"＃define N 10"是两个经典的宏定义的例子。

C 的编译器遇到宏定义时，自动进行替换处理：将宏名用后面的替换文本代替。

说明：

(1) 宏名一般习惯用大写字母表示，以便与变量名区别。

(2) 在程序中，用宏名代替一个字符串，可以减少程序中重复书写某些内容的工作量。

(3) 宏替换是预处理时，用替换文本替换程序中所有的宏名。只做简单的置换，不做语法检查。

(4) 宏定义不是 C 语句，不必在行末加分号，如果加了分号则会连分号一起进行置换。如：

```
#define N  3;
float score[N];
```

宏替换后成了 float score[3;];，编译时必然出错。

(5) 宏名的有效范围为宏定义之后到本源文件结束。通常＃define 命令写在文件开头、函数之前。

(6) 在进行宏定义时，可以引用已定义的宏名，并层层替换。

(7) 程序中用双引号括起来的字符，即使与宏名相同，也不进行替换。例如：

```
#include <iostream.h>
#define OK 100
void main()
{
    cout <<"OK";
}
```

定义宏名 OK 表示 100，但在 cout 中 OK 被引号括起来，因此不做宏代换。程序的运行结果为：OK。

还有一种带参数形式的宏定义，请参阅有关参考书。

8.4.2 文件包含

所谓的文件包含，是指一个源文件可以将另外一个源文件的全部内容包含进来，相当于将被包含文件复制到本文件之中。C语言用include命令来实现文件包含的操作。

其一般形式为：

```
#include "文件名"   或   #include<文件名>
```

例如：

```
#include "iostream.h"
#include <mymath.h>
```

图8-18表示文件包含的含意。图8-18(a)为文件file1.h,其内容以A表示。图8-18(b)为另一文件file2.c,它有一条#include <file1.h>命令,而且还有文件内容,以B表示。

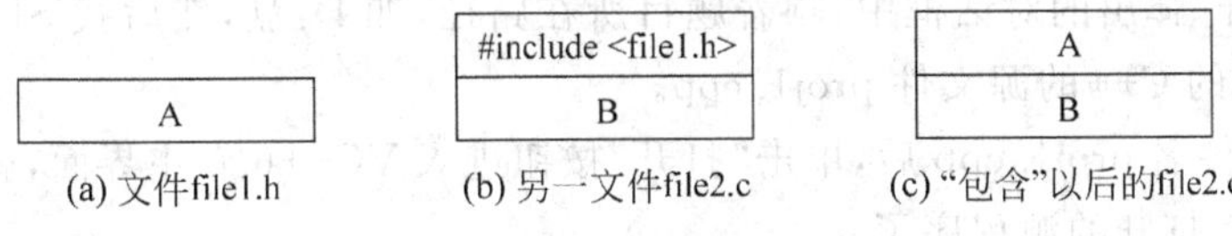

图8-18 文件包含示意图

在编译预处理时,要对#include命令进行处理：用file1.h的全部内容代替"#include <file1.h>"命令,即file1.h的内容A被复制到file2.c中,得到如图8-18(c)所示的结果。在编译中,将"包含"以后的file2.c作为一个源文件进行编译。

说明：

(1) 一个#include命令只能指定一个被包含文件,如果要包含n个文件,就要用n个#include命令。

(2) 一个被包含文件中可以包含另一个被包含文件,即文件包含是可以嵌套的。

(3) #include命令中,文件名可以用双引号或尖括号括起来。

二者的区别是：使用双引号,系统首先在源文件所在的目录中查找要包含的文件,若未找到,再按系统指定路径查找；用尖括号时,不检查源文件所在的目录而直接按照系统指定的路径查找。一般地说,用双引号比较保险。一般地,用系统提供的库文件采用尖括号形式,用户自定义的文件采用双引号形式,这样程序的可读性更好些。

8.5 关于全国高校计算机水平考试

全国高校计算机水平考试是由各省市教育厅组织的计算机证书考试。广东省每年举行两次(多在每年的六月和十二月),二级水平考试设了多种语言供学生选考。电子类学生应当参加真正代表编程水平和能力的C或C++考试,广东省的二级只有C++,没有C语言。目前虽然C或C++的教材如汗牛充栋,真正适合高校计算机水平大纲要求的书却难以找到,这也是本书成书的原因之一。

1. 考试形式

完全机考,共105分钟。两种题型：①20道四选一选择题,共20分；②3～4道编程题,共 80 分,编程题每人都有简单操作题、简单应用题、综合应用题三种类型,从内容上讲通常包含分支、循环、数组、函数、指针和 C++等几大重点。

2. 打开文件

计算机水平考试中,每个考生的考题放在以该考生准考证号码为名字的文件夹下。比如一道题的部分程序代码以 proj1.cpp 文件形式存放在 D:\SHITI\PRO\123456 文件夹下,若直接按路径找到 proj1.cpp,双击此源程序,则打开此代码的程序很有可能是机房里其他 C 语言环境,如 TC 或 C++Builder 等,所以最好操作如下。

(1) 在桌面上先找到要用的 VC++6.0 的图标,双击进入,然后在主界面菜单栏中选择"文件"菜单项,在其弹出的下拉菜单中选"打开"命令。

(2) 在"打开"弹出的对话框中,顺着题目所在路径,如 D:盘,然后找 SHITI 文件夹,一直找到想要打开的 C++的源文件 proj1.cpp。

(3) 选中文件名 proj1.cpp 后,单击"打开"按钮进入 VC++6.0 主界面,就可以在编辑区中编辑、调试已经打开的源程序了。

考生肯定不愿意在上机考试时做了后面的题,却丢了前面做好的题目或者后面做的题目又和前面的题目纠缠在一个工程下。最可悲的是题目全都调试成功了,却没成功存盘,交了白卷。

这些都不是假想的,而是学生们遇到过的残酷现实。如果不想发生这样的事情,请注意下面的存盘问题。

3. 存盘问题

每个考生都应该先打开一道编程题,利用此题熟悉考试系统的具体操作:打开后在显眼处输入几个字,比如"my typing",然后试着存盘。接着用"文件"中的"关闭工作区"(或直接退出 VC++,再进入,但稍浪费时间),自己模拟改卷老师从"文件"菜单的"打开"开始,顺着路径找到你做过的题目,如果打开,能看见你加的字,就说明正确完成了存盘操作,否则就错了。重新再试。万不可跳过此步,糊里糊涂做完所有题目,却不知是否存在了将要打包上交的文件夹下。

按要求做好题目后,安全的存盘方式是直接单击"文件"菜单中的"保存"命令;或者用"另存为"命令,在系统通常提示"已经有 proj1.cpp 文件存在,是否覆盖"时,务必确保正在编辑的程序正确,再选"是",在成功存盘后,系统最左下脚会显示:"成功保存 D:\SHITI\PRO\123456 的 proj1.cpp"字样。

编写程序时,除了下画线外,不要删除原程序中任何代码和说明文字,只在要求的位置填写自己的代码。

注意:很多存盘错误是由"另存为"引起的,将程序存在桌面上,或自己建的其他文件夹下,或编辑窗口中空白时存盘,冲掉了原代码。

学习者平时应多多上机,并认真动脑、加强训练,培养应有的严谨细致、有条不紊的工作作风。

8.6　本章知识要点

本章总结自作者多年的教学实践，本着“授人以鱼不如授人以渔”的思想，首先总结了三根鱼竿，然后比第 5 章更深入地介绍了动态调试和单步跟踪的三大功能。然后以多个题目为例，引领学习者如何去考虑问题，如何逐步完善程序代码，如何从不同角度、用多种方法进行思考，进行程序优化等，使学习者掌握正确的编程思路，正确有效地进行上机实践，深入掌握 C 程序设计。本章小结如下。

(1) 三根鱼竿。

① 第一根鱼竿：编程思想要顺杆儿爬。

② 第二根鱼竿：大程序逐步完善，如鱼竿一节节加长。

③ 第三根鱼竿：程序单步调试犹如盲者用杆儿步步试探。

(2) 单步调试的三大功能

① 查找程序的错误，本章介绍了如何添加跟踪变量，及如何跟踪数组的各个元素，作为第 5 章的补充。

② 观察程序的运行过程，可深入理解第 7 章函数的执行过程。

③ 观察变量的生存期和作用域，可帮助理解各种变量的存储特性。

(3) 数据排序问题是 C 程序设计的重要问题，本章给出了选择和冒泡两种排序方法及其优化思路。

(4) 字符串处理函数本属于数组一章的内容，因第 7 章才讲函数，故在本章介绍更容易理解。VC++系统提供了很多标准库函数，当编程处理字符串时，调用头文件 string.h 中的函数，可以方便地处理很多字符串方面的问题。

(5) C 语言提供编译预处理，对程序中的预处理命令在编译之前提前进行“处理”，然后将预处理的结果和源程序一起再进行通常的编译处理，得到目标代码。

C 语言提供的预处理功能主要有三种，即宏定义、文件包含和条件编译，本章只介绍了常用的前两种命令。

习题

一、选择题

1. 下列关于数组初始化的说法不正确的是(　　)。

   A. "char s[10]={'a','b','c','d','e','f','g','h','i'};"表示 s[9]元素值为空字符

   B. "char s[10]={'a','b','c'};"是不合法的，因为数组长度为 10，而初始值仅有三个

   C. "char s[10];"的元素初值是不确定的

   D. "static char s[10];"，数组 s 的元素值均为空字符

2. 有以下函数定义：

```
void fun(int n, double x)  {… }
```

若以下选项中的变量都已正确定义并赋值，则对函数 fun 的正确调用语句是(　　)。

A. fun(int n,double x);　　B. k=fun(10,12.5);

C. fun(x,n);　　D. void fun(n,x);

3. 若有下面函数调用语句：

fun(a+b,(x,y),fun(n+k, d, (a+b)));，则此函数形参的个数是(　　)。

A. 3　　B. 5　　C. 4　　D. 6

4. 有以下程序段，输出结果是(　　)。

```
int f(int a)
{    return a % 2;  }
main()
{    int s[8] = {1,3,5,2,4,6},i,d = 0;
     for (i = 0;f(s[i]);i++)
          d += s[i];
     cout << d;
}
```

A. 9　　B. 11　　C. 19　　D. 21

5. 下面程序的功能是将字符串 s 中所有的字符'c'删除，请选择填空。

```
#include <iostream.h>
void main()
{    char s[80] = "abccdefccg";
     int i,j;
     for(i = j = 0;s[i]!= '\0';i++)
          if(s[i]!= 'c')_________;
     s[j] = '\0';
     cout << s << endl;
}
```

A. s[j++]=s[i]　　B. s[++j]=s[i]

C. s[j]=s[i];j++　　D. s[j]=s[i]

二、编程题

1. 青年歌手参加歌曲大奖赛，有 10 个评委对她打分，试编程求这位选手的平均得分(去掉一个最高分和一个最低分。处理数据时，要注意保留原始数据，不能随便破坏)。

2. 有三个字符串，要求找出其中最大者。

3. 将输入的一个数按原来的规律插入一个降序排好的实型数组中。

4. 输入 N×N 阶的矩阵，编程求两条对角线上各元素之积，N 可以是奇数或偶数。

5. 编程，判断一个字符串是否是另一个字符串的子序列。子序列定义：一个字符串，从中取走若干个字符后，得到的字符串，称为原字符串的子序列。例：adg 是 asdfgh 的子序列，但 adw 不是。

6. 已知 abc＋cba＝1333，其中 a、b、c 均为一位十进制数字，编程求出满足条件的 a、b、c 所有组合。

7. 找出 2～1000 之间所有的孪生素数，所谓孪生素数就是 k 和 k＋2 同时为素数的两个数，如 3 和 5、5 和 7、881 和 883 等。

8. 从键盘输入 10 个整数，编程实现将其中最大数与最小数的位置对换，再输出调整后的数组。

9. 输入任意多个整数，将之按从大到小排序后输出。可以编 4 个程序：选择法、冒泡法及其优化程序。

10. 找出 1～9999 间的全部同构数。同构数的定义见第 5 章第三题第 5 小题。

第9章 指针

指针是C的重要概念，是C的特色。C既可以像其他高级语言一样用来编写应用软件，还可用来编写系统软件，原因之一是C中强大的指针功能。正确灵活地运用指针，可以提高程序代码的质量。指针具有以下独特的优势。

(1) 可以有效地表示和引用各种数据(本章的基本点)。

(2) 可以令函数返回多个结果(本章重点)。

(3) 可以方便地使用数组和字符串(本章难点)。

(4) 能像汇编语言一样处理内存地址(在C51中体现得更明显)。

(5) 可进行内存的动态分配。

没有指针，C语言与其他高级语言相比就没有多少特色。所以真正掌握本章的内容是学会C语言程序设计的重要标志。

9.1 指针的概念与定义

9.1.1 内存地址的概念

计算机运行时，程序和数据都存储在计算机的内存中。为了对内存进行管理，给内存中的每一个存储单元都分配了一个地址，通过这些地址可以方便地访问对应的存储单元，图9-1说明了内存地址和内容的关系。内存地址通常是连续的，习惯用十六进制表示，若是16位二进制地址，则地址的编号从0x0000逐一增加到最大值0xFFFF，如图9-1左列所示。这可以形象地比喻成一栋特别的宿舍楼，每个宿舍住8个人，为了管理宿舍，必须给每个房间编个号，这个房间号就是地址，其中住的人就是内存的内容。

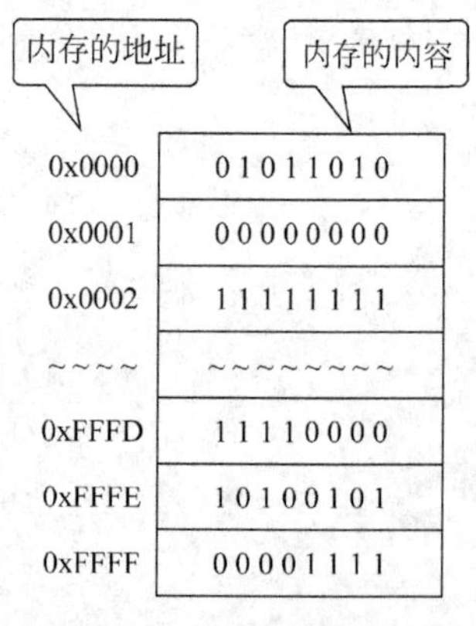

图9-1 内存的管理

以前学的变量就是指内存中的某些存储单元，这几个单元的内容表示一个数据，把这几个单元当作一个“盒子”看待，给它起一个名字，就是变量名。每次应用时，名字就等同于这个变量的值，直呼其名即可，而不需要知道这些单元在内存中具体的存储地址。

每个变量在内存中占据一个或多个字节单元，这些数据单元的首地址称为变量的地址。指针变量是专门存放这些变量在内存中的地址的。这样，变量名、变量值、变量地址就可以联系起来了。如定义了以下 4 个变量，并赋值：

```
int i,j;          char ch;         float f;
i = 5; j = 3;     ch = 'H';        f = 3.14;
```

则它们在内存中的存储形式及其关系示意图如图 9-2 所示(4 个变量地址只是示意，具体上机时可能不一样)。

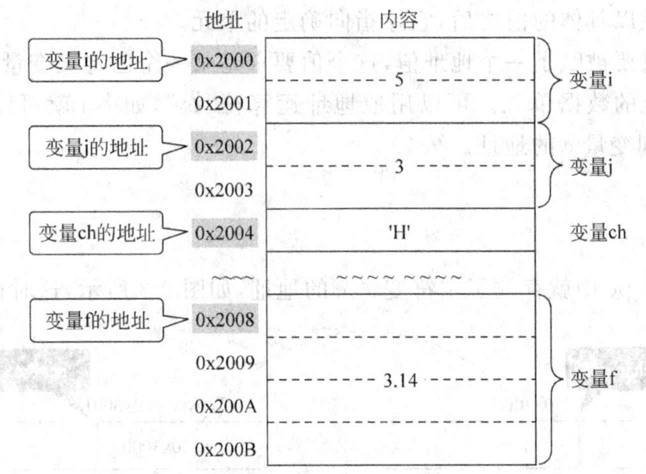

图 9-2　三种类型的变量及其地址示意图

图 9-2 中地址和内容两列是 4 个变量在内存中的具体地址和内容，变量名以及它们的值是我们以前编写程序所关心的，并且把变量名和它的值等同起来。现在开始关心这些变量在内存中的地址，具体如图 9-2 中的标注。

变量 i 的地址是：0x2000，内容是 5，占两个字节。

变量 j 的地址是：0x2002，内容是 3，占两个字节。

变量 ch 的地址是：0x2004，内容是它的 ASCII 码，0x48，占一个字节。

变量 f 的地址是：0x2008，　内容是 3.14，占 4 个字节。

9.1.2　指针变量的概念与定义

第 3 章介绍数据类型时，提到了指针类型，它实际上是一个地址值。指针变量就是存储值是地址的变量，是一种特殊的变量，它存储的不是一般数值，而是地址值。

为叙述方便，把以前所说的变量，如整型变量、实型变量和字符型变量等称为普通变量，把指针变量简称为指针，它存放了某个单元的地址值，形象地称为“指向”这个单元。

像普通变量一样，指针变量也必须先定义、后使用。定义指针变量的格式如下：

数据类型　*指针变量名

其中，“数据类型”说明指针所指变量的类型，可以是 C 语言允许的任何数据类型。

⚠ 星号“*”表示其后的变量是指针变量，格式中的阴影表示用数据类型与“*”一起，共同定义一种该类型的指针变量,它将指向该类型的一个数据单元或变量。

指针变量的命名与普通变量一样,遵守标识符的命名规则,通常以字母 p(pointer)打头来区别于以前的普通变量名,例如:

```
char   * pc;
```

定义了一个名为 pc 的字符型指针变量,pc 可以存放一个字符型变量的地址,指向一个字符数据单元。但此时指针变量 pc 与普通变量定义一样,还没有赋值,指向一个不确定的地方。只有给它赋以具体的值之后,它才指向确定的单元。

通常指针变量要被赋予一个地址值,这个值要求是某一个已定义变量的地址,这样指针才会指向一个安全的数据单元。可以用取地址运算符"&",如 &i 就可以得到变量 i 的地址,&c 就可以得到变量 c 的地址。

```
char c = 'F';
pc = &c;
```

这样指针变量 pc 中就存放了字符变量 c 的地址,如图 9-3 所示,这时称"pc 指向 c"。

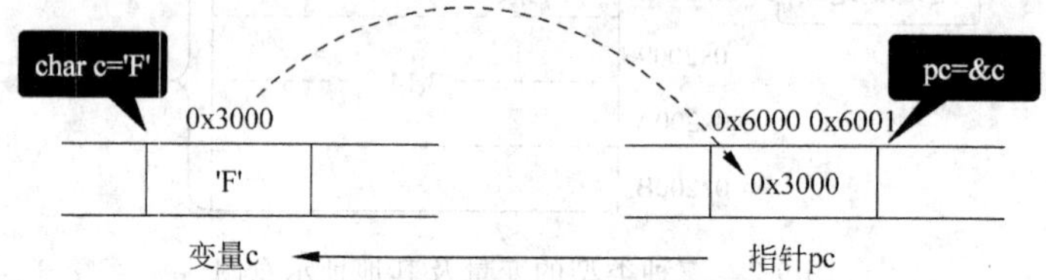

图 9-3 指针变量及其所指向单元

注意:

(1) int * p1, * p2;中指针变量名是 p1、p2,不是 * p1、* p2。

(2) 指针变量只能指向定义时所规定类型的变量,不能指向其他类型的变量。如有整型指针 p1 和字符变量 c,则"p1=&c;"是错的。

(3) 通常将指针变量与普通变量一起定义,以便得到安全的地址值,如:

```
int    i, j, * pi, * pj;
pi = &i;       //指针 pi 指向变量 i
pj = &j;       //指针 pj 指向变量 j
```

定义了指针,并指向安全的数据单元,就可以使用指针完成一些特殊功能了。

9.2 指针的使用

系统运行时,自动为变量开辟一定数目的内存单元存放变量的值。当变量是普通变量时,这些单元存放的是数值,直接使用变量名就可以访问这些存储单元,来存取变量的值,这种访问称为"直接访问"。这就好比找一个同学,直接到他的宿舍就可以找到这个人了。

如果这个变量是指针变量,系统也会为它开辟相应的单元,只是这些单元存储的是地址，是另一个数据单元的地址，而不是数据本身。如果想访问这个数据单元，可以先通过这个指针找到这个数据单元的地址，再通过这个地址对该单元进行数据的读写，这种通过指针变量来存取数据的过程称为“间接访问”。这就好比要找某个同学，先从宿舍管理员那里得到这个同学的宿舍号，然后按这个宿舍号找到该同学。

9.2.1 指针的两个运算符

与指针有关的运算符有两个。

1. 取地址运算符“&”

取变量的地址，单目运算符，右结合性，优先级为 2。

单目运算符“&”的对象是任一数据类型的变量，可以是基本类型变量、数组元素、结构体变量、结构体的成员（第 10 章）等，也可以是一个指针变量。“&”运算符不能作用于数组名、常量、寄存器变量或一般表达式。例如有定义：

```
double r, a[20];
int i;
register int k;
```

则 &a，&(2 * r)，&k 都是错误的，因为数组名本身就是数组的首地址，表达式和寄存器变量是没有地址的；而 &r，&i，&a[0]，&a[i]都是正确的。

2. 间接访问运算符“ * ”

简称“间访符”，单目运算符，右结合性，优先级为 2。

单目运算符“ * ”的对象是地址，是通过地址间接访问某单元的一种运算。完成了如图 9-3 所示的定义之后，下面以向图 9-4 中的阴影单元写入一个字符为例，说明间访符的用法。

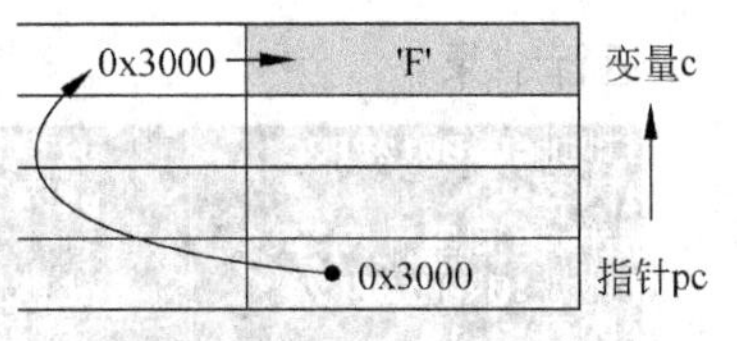

图 9-4 直接访问与间接访问

直接访问：在程序中直接引用变量的名字，如“c='F'; ”就把一个字符'F'写入了该字符单元。

间接访问：利用指向该单元的指针访问该单元，如“ * pc='F'; ”，从 pc 中取出该单元的地址，然后向该地址单元写入字符'F'。

图 9-4 的过程可以形象地理解成要用手把字符'F'放进阴影单元，变量名的直接访问是单元跟前的手，只能够着它面前的一个单元，抓了数据就直接放进去。而指针变量的间接访问就如同一个有长长手臂的手，远远地就可以抓了'F'放进相应单元。

⚠**注意**：间访符“ * ”和指针定义符“ * ”在键盘上为同一符号。

再来分析一下指针的定义形式，从另一个角度来理解指针的间接访问。

```
int  *pi;
```

上面的定义中，阴影表示 int 和 * 一起定义了一个整型指针变量 pi，说明 pi 是一个指针，它的值不是一般的数值，而是一个地址。

同样是上面的定义,也可以把它表示成如下的形式,并把它与普通变量相比较:

```
int  * pi;
int  i;
```

两行上下对比,可以看出 * pi 和 i 是一样的,都表示一个整型数。

【例 9-1】 指针变量与普通变量的区别与联系。

程序中设置了两个普通变量 i 和 f,并给它们赋值,还设置了两个指针变量 pi 和 pf,并让它们分别指向 i 和 f。程序中,分别打印了每个变量的地址和内容,还打印了指针所指向单元的内容。

```
#include <iostream.h>
void main()
{   int   i, * pi;
    float  f, * pf;
    i = 5;
    f = 3.14;
    pi = &i;
    pf = &f;
    cout <<"i 地址:"<< &i <<"\tpi 地址:"<< &pi << endl;
    cout <<"i 内容:"<< i <<"\t\t\tpi 内容:"<< pi << endl;
    cout <<"pi 所指向单元内容:"<< * pi << endl;
    cout <<"f 地址:"<< &f <<"\tpf 地址:"<< &pf << endl;
    cout <<"f 内容:"<< f <<"\t\tpf 内容:"<< pf << endl;
    cout <<"pf 所指向单元内容:"<< * pf << endl;
}
```

运行结果:

```
i地址:0x0012FF7C          pi地址:0x0012FF78
i内容:5                   pi内容:0x0012FF7C
pi所指向单元内容:5
f地址:0x0012FF74          pf地址:0x0012FF70
f内容:3.14                pf内容:0x0012FF74
pf所指向单元内容:3.14
```

从运行结果的对比可以看出:

(1) 指针变量和普通变量都占据一定的内存单元,并有相应的地址;

(2) 指针 pi 和 pf 的存储内容分别是 i 和 f 的地址;

(3) * pi 是 pi 所指向单元 i 的内容, * pf 是 pf 所指向单元 f 的内容。访问某个单元除了该变量的直接访问之外,还可以用指向该变量的指针来间接访问。

9.2.2 指针变量的初始化与安全性

类似于"int sum=0;",在定义指针变量的同时赋初值,叫做指针变量的初始化,即:

```
数据类型    * 指针类型名 = 内存地址;
```

其中,内存地址理论上是非负整数,初始化时却不可以直接给指针变量赋整数值(0 是唯一可以赋给指针的整数)，如“pc＝0x2004;”或“pc＝3000;”都是非法的。编程者既不知道系统程序放在哪些单元里，也不知道哪些单元是可用的，为安全起见，不允许给指针变量直接赋地址值。通常，指针变量的初始化采用已定义变量的地址来取得安全、可靠的指向。以下是正确初始化的例子：

```
int  x, * px = &x;                //用已定义的整型变量 x 的地址初始化指针变量 px
float b[5], * pb = b;             //用已定义的数组首地址 b 初始化指针变量 pb
int  * pa = px;                   //用已经赋值的同类型指针变量 px 初始化指针变量 pa
```

初始化后的指针有了明确、安全的指向，就可以放心使用了。

整数 0 比较特殊，它是常量 NULL 的值，英文是“空”的意思，初始化为 NULL 或 0 的指针，如“int ＊p＝0;”或“float ＊pf＝NULL;”均是合法的，经常用于建立链表时作为链表结束标识使用。虽然“p＝NULL;”是合法的，但是绝不可以对该指针所指向的单元赋值。

在使用指针时，指针的安全处理是非常重要的步骤，若没有上面的初始化，就必须如例 9-2 所示，专门进行安全处理：

【例 9-2】 指针的安全处理示例。

```
int     variable,   * point;      //此时的指针还没有明确的指向，是危险的!
point = &variable;                //此后指针就指向了一个明确的数据单元，安全了!
```

若没有进行这样的安全处理，比如下面的两个操作都是极其危险的，是指针使用之大忌。

危险!

```
int  i, * pi;                     //此时 pi 指向不明(其内的地址值是个随机数)
* pi = 3;                         //把 3 赋给 pi 指向的单元
cin >> * pi;                      //从键盘读一个数送到 pi 指向的单元
```

执行这两个操作时，不能确定 pi 指向何处。如果 pi 指向数据区，3 或输入的任意一个数就冲掉了原来的数值，如果 pi 指向程序区，就有可能改变该地址单元内的指令代码，破坏系统程序，后果不可预测。

对指针的这种危险操作必须给予高度重视。必须进行如下类似处理：

```
int  i, * pi;  pi = &i;
```

再执行＊pi＝3;或 cin >> ＊pi;就不危险了。

⚠指针变量定义后，其值不确定，对其所指向单元赋值是非常危险的，如果这个值碰巧指向系统软件所在单元，对该单元的写操作，会破坏系统软件，造成死机或其他严重后果。如果这个值碰巧是某一个数据单元地址，对该单元内容的写操作，将篡改该单元的数据。

黑客攻击利用的 bug 绝大部分都是指针或数组造成的。美国的火星探测器在数年长途跋涉后与火星接触的一刹那爆炸，原因就是某一个二进制“位”的处理不当，所以对指针指向的一个数据单元(至少 8 位)更不可掉以轻心。

9.2.3 指针运算

由于指针变量里存的是地址值，不同于以前的数据变量，能够进行的运算就有了限制(指针乘除就没有意义)，适用于指针变量的运算有以下几种。

1. 指针赋值

指针赋值类似于指针初始化,不同之处是先定义指针,然后再赋以具体的值,如下面的赋值语句均合法。

```
int  i,x, * pi, * pj;
float b[5],f, * pf;
pi = &i;                          //已定义的整型变量 i 的地址赋给指针变量 pi
pf = b;                           //已定义的数组首地址 b 赋给指针变量 pf
pj = pi;                          //同类型指针间互相赋值
pj = NULL;                        //空指针
```

⚠指针变量赋值时,要牢记指针里存放地址这个概念,指针与普通变量间是不可以互相赋值的。只有同类型的指针变量间可以赋值,不同类型的指针间不能互相赋值,不可以将一个实型变量的地址赋给一个整型指针。如接着上面的语句,则下面的操作都是非法的。

```
pf = pi; pi = pf;            //pf 是实型指针,pi 是整型指针
pi = &f;                     //pi 是整型指针,f 是实型变量      } 非法
pi = x; pf = f; f = pf       //一边是地址,一边是数据
```

2. 指针的算术运算

指针的算术运算通常是在指针指向数组时方有意义。

1) 自增自减运算

指针加 1,不是简单的物理地址加 1,指向下一个字节,而是指向下一个数据(其内容为下一个数据的地址)。如定义了三种不同类型的指针变量后,如下操作:

```
pc++;
pi++;
pf++;
```

之后,指针按其数据类型自动加不同的字节个数,在标准 C 中,字符型指针加 1,整型指针加 2,而实型指针则加 4,即总是指向下一个数据单元。

指针自减 1 的操作类似,是指向前一个数据。

2) 指针加减任意整数

pa＝pa＋3,就相当于执行了三次 pa＋＋,即指针从当前所指位置指向该数据后面第 3 个数据;如图 9-5 所示,由于每个整型数占两个字节,指针加 3,则要向后面移动 6 个字节单元,指向该数据后面第 3 个数据。

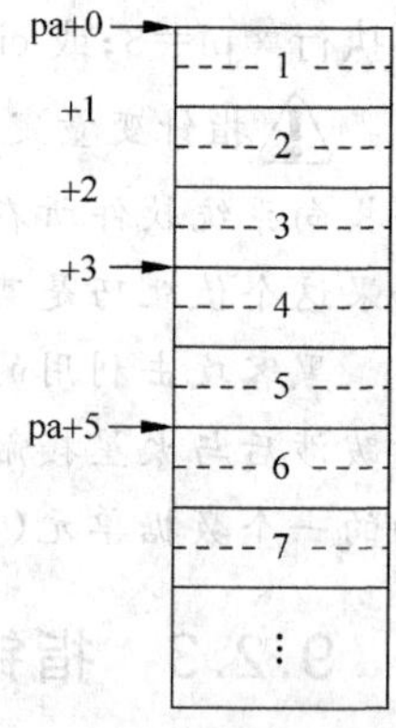

图 9-5　指针指向

指针减 5,就是指针从当前位置改为指向前面第 5 个数据。

3) 同类型的两个指针相减

同类型的两个指针相减的差是两个指针所指向单元之间同类型数据的个数,如图 9-5 所示:(pa＋3)－(pa＋0)即是 3,是两个指针间数据的个数。

【例 9-3】 指针运算举例。

程序中定义了数组 a 和指针变量 pa、pb。开始时，指针 pa、pb 都指向数组第一个单元，然后让 pa 下移 3 个单元，运行结果告诉了我们指针值和对应单元内容。程序最后还输出了指针值相减的结果。进一步说明指针运算的含义。

```
#include <iostream.h>
void main()
{   int a[] = {15,13,11,6,5,4,3,2,1};
    int *pa = a, *pb = pa;
    cout << pa <<'\t'<< *pa << endl;
    pa = pa + 3;
    cout << pa <<'\t'<< *pa << endl;
    cout <<"指针差 pa - pb = "<< pa - pb << endl;
}
```

运行结果：

0x0012FF5C   15
0x0012FF68   6
指针差pa-pb=3

3. 指针的关系运算

两个同类型的指针可以通过关系运算符进行比较运算，如有定义：

```
int *p1, *p2;
```

在给它们赋值之后，下面的语句是合法的：

```
if( p1 == p2 )
    cout <<"Two pointers are equal";
```

同样，两个指针还可以进行大小关系的比较。

9.3 间接访问——指针的强大功能之一

有了前面指针基本知识的准备，本节开始从 4 个方面展示指针的强大功能。

9.3.1 利用指针变量间接访问某一个单元

指针变量的值是可以变化的，可以指向不同的数据单元或变量，因此通过一个指针可以访问不同的数据单元或变量

【例 9-4】 通过指针变量访问不同的变量。

```
#include <iostream.h>
void main()
{   int a,b, *p1, *p2;
    a = 10;
    b = 20;
```

```
    p1 = &a;
    p2 = &b;
    cout <<"指向改变前 * p1 = "<< * p1 <<"\t * p2 = "<< * p2 << endl;
    p1 = &b;
    p2 = &a;
    cout <<"指向改变后 * p1 = "<< * p1 <<"\t * p2 = "<< * p2 << endl;
}
```

运行结果：

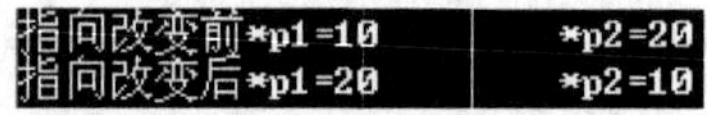

说明：

(1) 指针变量所存地址值在程序运行过程中是可以改变的，因此，题中两个指针变量p1、p2的值都在变化。

(2) 开始时p1存放着变量a的地址，即p1指向a；p2存放着变量b的地址，即p2指向b，如图9-6所示，则 * p1和 * p2的值分别是a和b的值，如运行结果第一行所示。

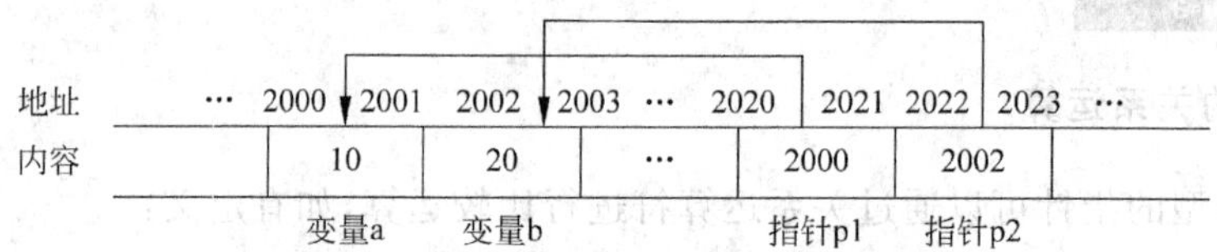

图9-6　第一个cout时两个指针的指向图

(3) 执行了“p1=&b; p2=&a;”，这两个指针的指向就变化了，如图9-7所示，此时p1改存变量b的地址，即p1指向b，p2改存变量a的地址，即p2指向a，则 * p1和 * p2的值分别是b和a的值，如运行结果第二行所示。

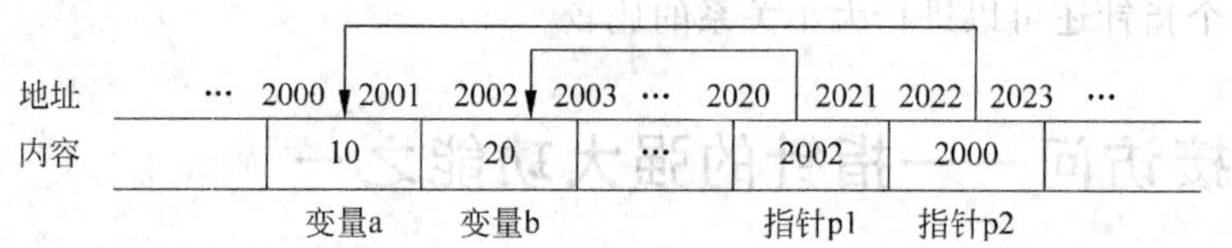

图9-7　第二个cout时两个指针的指向图

(4) 输出时，* p1和 * p2都是利用指针对所指单元进行间接访问，取出内容送显。这种间接访问不仅是对应于直接访问的另一种内存单元访问形式，而且像加长了的手臂(如图9-4所示)，功能更强大。

9.3.2　利用指针变量访问一片连续的存储区

9.3.1节利用指针间接访问了某一个单元，此节利用指针的间接访问灵活地访问一片存储区，相比于普通变量的直接引用只能访问一个数据单元，更可以体现出指针的强大功能。

【例9-5】 用两种引用方法求内存中几个单元的和。

方法 1：直接访问

下面的程序是用来求 5 个整数和的，每次只能用一个变量引用一个单元，所以想求几个变量的和，就要设几个变量（此题 5 个变量 a～e），在求和表达式中直接写出这些变量的和。如果数据量很大，就需要很多的变量，求和表达式也会很长。其局部内存如图 9-8 所示。

```
#include <iostream.h>
void main()
{   int a,b,c,d,e,sum = 0;
    a = 1;b = 2;c = 3;d = 4;e = 5;
    sum = a + b + c + d + e;
    cout <<"sum = "<< sum << endl;
}
```

方法 2：间接访问

此程序同样也是求 5 个整数的和，但是 5 个数是存放在数组里的，求和时采用循环结构。参考图 9-9，指针 p 初始值是数组 a 第 1 个元素的地址，即 p 指向数组的第一个单元，用 ∗p 间接访问所指向单元，将其加到和变量 sum 上，然后，指针 p＋＋，指向下一个数据单元，如此循环把这片连续的数据单元中的所有整数一个一个地加到 sum 上了。如果数据量增加，求和程序并不需要增加，只需要改写循环控制条件即可。

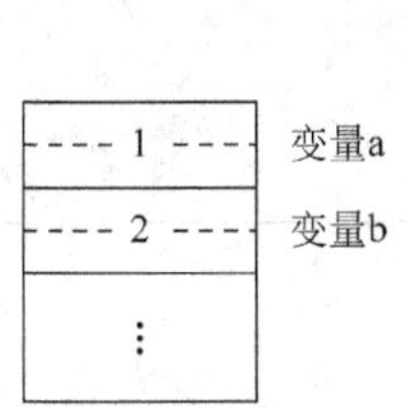

图 9-8 直接访问示意

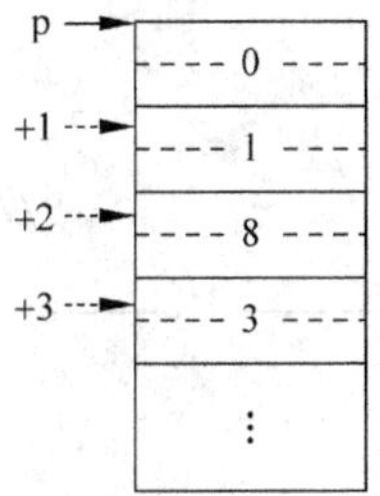

图 9-9 间接访问某个单元

```
#include <iostream.h>
void main()
{   int a[5] = {0,1,8,3,5},sum = 0;
    int *p = a;          //指针初值
    while(p < a + 5)
    {   sum = sum + *p;
        p++;
    }
    cout <<"sum = "<< sum << endl;
}
```

⚠**注意**：while 循环的条件写为“p＜a＋5”，是地址的比较，让指针指向控制在所定义数组单元之内。循环体可简写成“sum＋＝∗p＋＋;”或“sum＋＝∗（p＋＋）;”，但是不能写成“sum＋＝(∗p)＋＋;”

这个题目只用了一个指针变量 p，就访问了一片连续的存储区，足可显示指针功能的强大。

9.4 指针形参"返回"函数多个数值——指针的强大功能之二

9.4.1 普通变量作函数参数

在第 7 章中学习了自定义函数,当函数类型为普通数据类型时,每个函数通过 return 语句只能返回一个值,想多返回几个值是不可能的。现在利用指针的强大功能就可以实现多个数值的返回了。

先复习一下例 7-6,当时讲这个函数的目的是用来诠释参数的单向值传递。

```
#include <iostream.h>
void swap1(int x, int y);         //函数声明
void main()                       //主函数
{   int a, b;
    a = 10; b = 20;
    swap1(a, b);                  //swap(10,20)
    cout <<"a = "<< a <<"   b = "<< b;
}
-------------------------------------------
void swap1(int x, int y)          //函数定义
{   int temp;
    temp = x;
    x = y;
    y = temp;                     //交换了 x,y;
}
```

运行结果:

```
a = 10   b = 20
```

以上程序的具体运行过程已经在第 7 章详细叙述过了,这里只用图 9-10 和图 9-11 对比,形象地理解为主子函数之间有堵玻璃墙。玻璃墙的房子,房子里面可以看到外面,外面看不到里面。主函数的实参 a 和 b 在房子外面(图 9-10,图 9-11 的左边),房子里面可以看到它们,而子函数的形参 x、y 在房子里面(图 9-10,图 9-11 的右边),在房子外面看不到它们。swap1 函数对 x、y 进行了交换,但交换结果只限于玻璃墙的房子里面,房子外面的实参变量 a,b 丝毫未受影响。

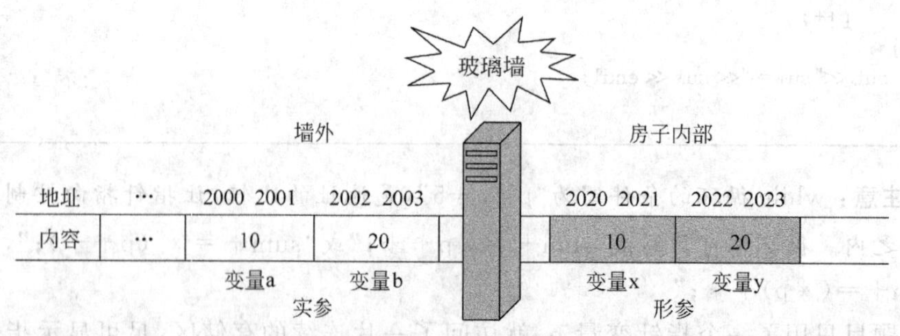

图 9-10 swap1 函数被调用前的内存分配图

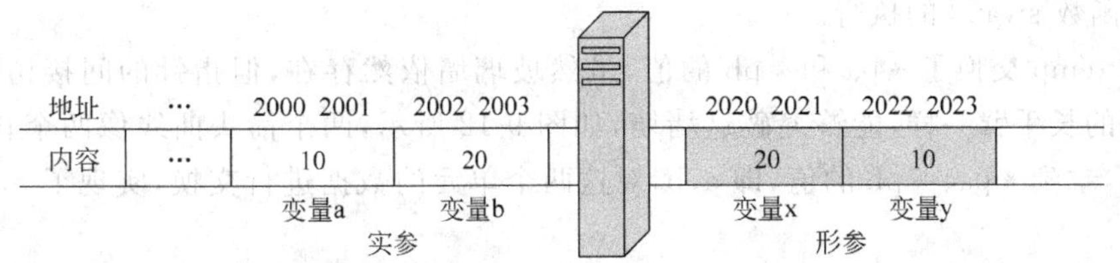

图 9-11 swap1 函数调用结束前的内存分配图

从程序运行结果看,没完成交换。说明了实参到形参是单向值传递,子函数处理后的两个数是无法返回的,如果用 return 也只能返回一个值。

9.4.2 指针变量作函数参数

正确地利用指针变量作函数的形参,可以返回函数处理的多个独立结果。下面看例 7-6 的两种变体。

【例 9-6】 用指针作函数形式参数,实现两个数的交换。(最佳程序)

基本做法:不用 return 返回,函数欲返回几个独立的处理结果,就设几个指针形参;调用函数时将普通变量的地址传给指针形参,函数通过指针"返回"处理结果。

```
#include <iostream.h>
void swap2(int * x, int * y);
void main()
{   int a, b;
    a=10; b=20;
    cout<<"交换前 a="<<a<<"\tb="<<b<<endl;
    swap2(&a,&b);
    cout<<"交换后 a="<<a<<"\tb="<<b<<endl;
}

void swap2(int *pa,int *pb)
{    int temp;
     temp=*pa;
     *pa=*pb;
     *pb=temp;
}
```

地址实参

指针形参

通过间接访问交换了实参所在单元的内容!

运行结果:

```
交换前a=10      b=20
交换后a=20      b=10
```

程序的主要执行过程如下。

(1) 函数调用语句"swap2(&a, &b);"的准备。

① 实参是 a 的地址和 b 的地址。

② 为形参 pa、pb 分配存储单元。

③ 把 a 的地址 2000 送给 pa,b 的地址 2002 送给 pb,此时 pa 就指向了 a,pb 就指向了 b。

(2) 函数 swap2 的执行。

利用 temp 交换了 ＊pa 和 ＊pb 的值，虽然玻璃墙依然存在，但指针的间接访问功能犹如有神通的长手臂一样，能够突破这堵墙，如图 9-12 所示，两个箭头曲线像两个长臂手，穿过这堵墙，拿到 ＊pa、＊pb 的值，即 a、b，对这两个单元的数据进行交换，实现了 a、b 单元数据的交换。

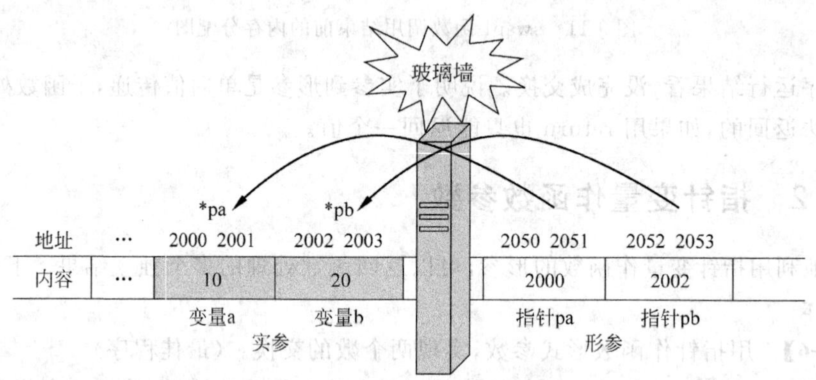

图 9-12　swap2 函数被调用过程

(3) 函数 swap2 执行后。

形参 pa、pb 已经被释放了(图 9-13 中示以虚线)，但 a、b 两个单元内容的交换已是既成事实，相当于“返回”了两个交换结果。

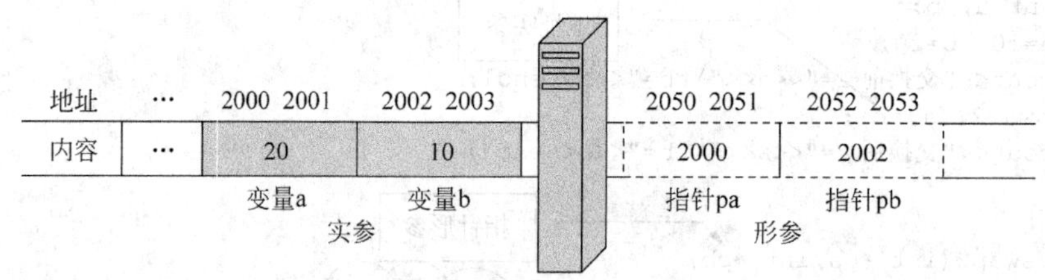

图 9-13　swap2 函数调用后的内存分配图

例 9-6 中的主函数还有另外一种实现方法，设置 2 个指针实参，指向两个将要交换内容的变量单元，将指针实参传给指针形参。

```
void swap2(int * x, int * y);
void main()
{   int a, b, * p1, * p2;
    a = 10; b = 20;
    p1 = &a; p2 = &b;
    cout <<"交换前 a = "<< a <<"\tb = "<< b << endl;
    swap2(p1, p2);                          //指针实参进行函数调用
    cout <<"交换后 a = "<< a <<"\tb = "<< b << endl;
}
```

如图 9-14 所示，多设两个指针实参 p1、p2，然后让 p1 指向 a，p2 指向 b，再调用“swap2(p1,p2);”，将指针实参的值传给指针形参，即 p1 传给 pa，p2 传给 pb。这时，等同于指针实

参和指针形参同时指向要处理的单元。

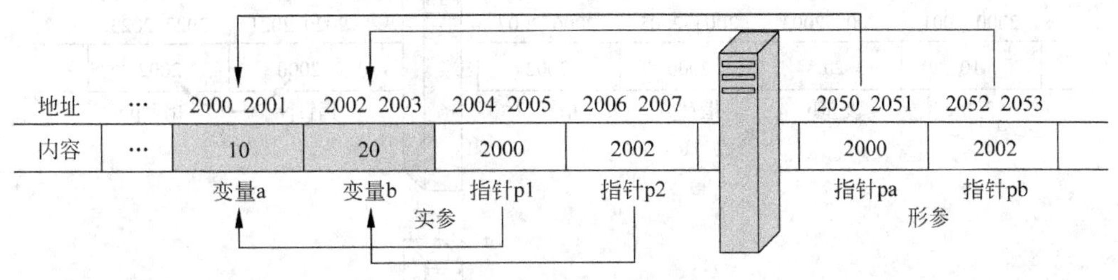

图 9-14 swap2 函数被调用过程

如图 9-15 所示，函数利用指针形参对调用函数中变量单元进行间接访问，交换变量的值 * pa 和 * pb，返回调用函数后，指针形参 pa 和 pb 被释放掉了，但交换结果(即实参变量 a、b 的值)被保留下来，即“返回”了函数的运行结果。

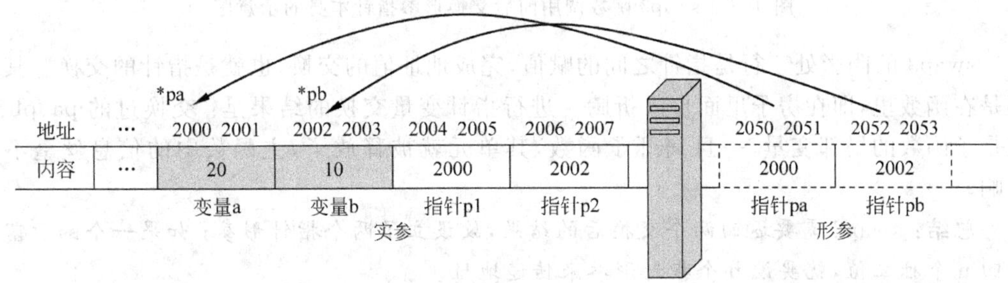

图 9-15 swap2 函数调用后的内存分配图

不是只要用指针作函数参数传递就一定能正确返回处理结果，要小心处理。

【例 9-7】 指针作函数参数(此例依然不能返回函数的处理结果，请勿模仿)。

```
#include <iostream.h>
void swap3(int *, int *);
void main()
{  int a, b, *p1, *p2;
   a = 10; b = 20; p1 = &a; p2 = &b;
   cout <<"交换前 a = "<< a <<"\tb = "<< b << endl;
   swap3(p1,p2);
   cout <<"交换后 a = "<< a <<"\tb = "<< b << endl;
}
void swap3(int *pa,int *pb)
{     int *temp;
      temp = pa;
      pa = pb;
      pb = temp
}
```

这个程序的主程序和函数形式与例 9-6 一样，只是函数里的交换内容不一样，最后没有 a 与 b 值的交换。如图 9-16 所示。

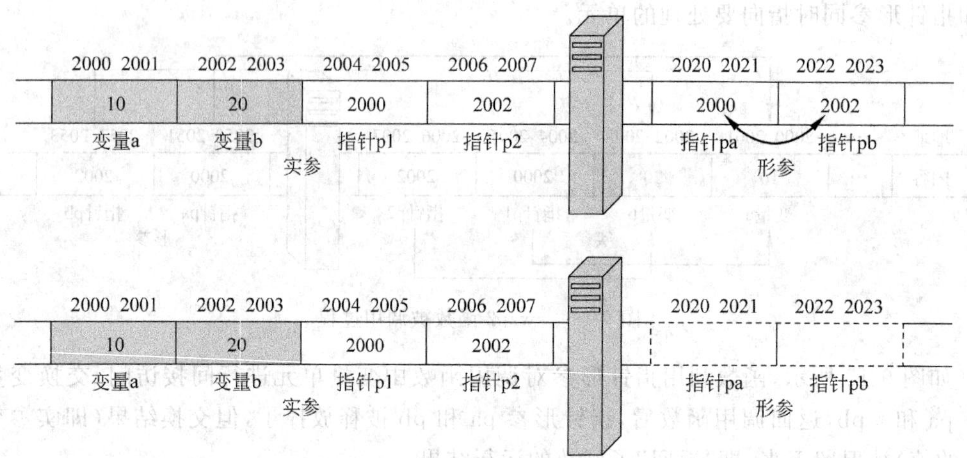

图 9-16　swap3 函数调用前后交换形参指针本身的示意图

swap3 的阴影处三行是指针之间的赋值，完成地址值的交换，也就是指针的交换。其实还是在函数里，即在房子里面自己折腾。进行指针变量交换的结果是：交换过的 pa、pb 的值是子函数的局部变量，一旦离开子函数，其单元就被释放了，主函数中的信息丝毫不受影响。

总结：swap2 需要返回两个交换后的结果，故设立了两个指针形参；如果一个函数需要返回 n 个独立值，就要设 n 个指针形参来传递地址。

(1) 在主函数中要设 n 个普通变量，准备存放返回的结果。

(2) 将这 n 个变量的"地址"作为实参传给指针形参。

(3) 函数中，利用指针形参间接访问这些数据并进行处理(一定要用间接访问，处理内容)，就可以将多个处理结果返回给调用函数，从而实现了函数多个独立结果的返回。

比如，在编写求两个数的和与差的函数时：

(1) 在主函数中，至少要设两个普通变量"int he,cha;"，来准备存放函数带出的和及差。

(2) &he 及 &cha 在函数调用时，作为实参传给函数的两个指针形参。

(3) 因为函数是求两个数的运算，所以为易读起见，还应该设两个普通形参，由主函数单向传进两个数 x、y(不需要子函数返回的形参都不必设成指针形参)。

子函数的首部可以是"yunsuan(int　x, int　y, int *jg1, int *jg2)"。

其中 x、y 从主函数接收两个整数，进行加减运算后，结果放在 jg1 和 jg2 指向的单元，也就是主函数中变量 he 及 cha 中，具体程序代码请自己上机实现。

9.5　灵活引用数组——指针的强大功能之三

指针可以指向数组，有了指针，数组的引用就更加灵活了。

9.5.1　数组元素的 4 种表示方法

第 6 章中介绍了数组，一个数组定义后，这个数组在内存中占据一片连续的区域，每个数据单元也都有一个相应的地址。从变量的角度来说，&a[i]就是数组元素 a[i]的地址。数组名 a 也表示数组的首地址，a 也有类似指针的算术运算，所以 a+i 也是数组元素 a[i]的地址。

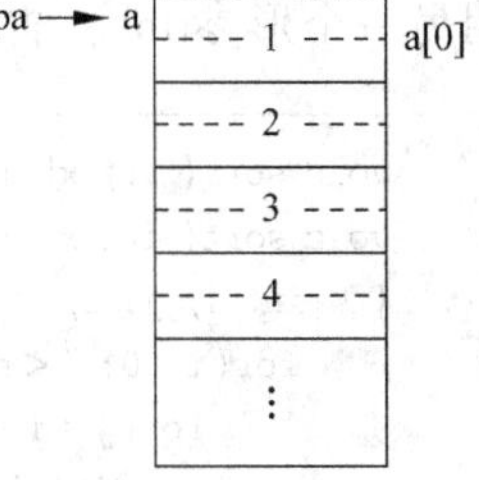

图 9-17 指针指向数组

如果定义一个指针并且让这个指针指向这个数组，那么用指针又如何表示这个数组的地址和数组元素呢？

```
int  a[10], *pa;
pa = a;  //数组名代表首地址
```

这样，pa+i 和 a+i 一样表示数组元素 a[i]的地址，&pa[i]和 &a[i]一样表示数组元素 a[i]的地址。

引入指针以后，一个数组单元的地址就有 4 种表示方法，相应地，数组元素也有 4 种表示方法。如表 9-1 和表 9-2 所示。

表 9-1　数组单元地址的 4 种表示方法对应表

下标表示法	数组名表示法	指针表示法	指针的下标表示法
&a[0]	a+0	pa+0	&pa[0]
&a[1]	a+1	pa+1	&pa[1]
&a[2]	a+2	pa+2	&pa[2]
…	…	…	…
&a[9]	a+9	pa+9	&pa[9]

表 9-2　数组元素 4 种表示方法对应表

下标表示法	数组名表示法	指针表示法	指针的下标表示法
a[0]	*(a+0)	*pa	pa[0]
a[1]	*(a+1)	*(pa+1)	pa[1]
a[2]	*(a+2)	*(pa+2)	pa[2]
…	…	…	…
a[9]	*(a+9)	*(pa+9)	pa[9]

⚠**注意**：虽然数组的首地址 a 和指向数组的指针 pa 都是地址，从上面两个表中看，似乎一样，但其实不同，a 是数组名，是常量；pa 是变量，当指针上下移动时，只能用后者，即 a++是非法的，pa++是合法的。

9.5.2 数组作函数参数

利用数组作函数的参数，"互传"一批数据，将数组、函数和指针综合在一起，使程序的处理能力大大增强。

【例 9-8】 编写对一组数据进行升序排列的函数，用数组作形参。

分析：函数要对一组数据进行排序，要先把它们传到函数里，再把排序后的结果传回调用函数，这两个任务可以用数组作形参来完成。本例形参以数组形式表示。实参以指针形式表示。

排序函数 sort 有两个形参：一个数组 x[]，因为只是个形式，不知道数组的长度，就要用另一个形参 int n 告诉数组的长度。这是数组作形参的经典做法。

```
void sort( int x[ ], int n);            //函数声明
void sort( int x[ ], int n)
{   int i, j, t;
    for(i = 0; i < n - 1; i++)
        for(j = i + 1; j < n; j++)
            if(x[i] > x[j])
            {   t = x[i];
                x[i] = x[j];
                x[j] = t;
            }
}
```

函数 sort 的数组形参 x，看起来是一个数组，其实是数组首地址，在调用该函数时，调用函数把数组的首地址传递给 x，这样，x 就是调用函数里的数组，好像是把数组整个传递到函数里了。在函数里对数组元素的所有处理，就是对调用函数里数组的处理，结果自然就保存了下来。函数结束后，形参 x 自动释放了，但是不要紧，只是少了函数里指向数组的指针而已，处理过的数组元素值已经保留了下来。

```
#include < iostream.h >
void  main()
{   int *p, i, a[10];
    p = a;                    //第一次 p 指向 a
for(i = 0; i < 10; i++)
      cin >> *p++;
    p = a;                    //第二次 p 指向 a
    sort(p, 10);              //函数调用
    for(i = 0; i < 10; i++)
    {   cout << *p << '\t';
        p++;
    }
    cout << "\n";
}
```

主函数有三个功能：输入、调用函数、输出，全部用指针 p 实现数据的访问，这时要特别关注指针的当前指向。两次"p=a;"，都是为了将指针指向正确的位置，再进行下一次操作。第二次"p=a;"，由于其前输入循环时，指针 p 已经下移，所以排序前必须再次让其指向数组的首地址。这是指针使用中要非常小心的地方。

函数调用，虽然通过指针对数组数据进行了排序，但是在主程序里，指针 p 并没有改变，所以输出时，指针 p 不需要拉回。

我们已经介绍了数组地址的 4 种表示方法，在主子函数中都可以采用这 4 种方法或混合使用。我们可以根据情况，使用不同的方法，编写出不同的程序。不过要注意的是无论何种方法，实参到形参的传递都是单向传输的。

【例 9-9】 编写一个函数，找出一组数中的最大、最小数，形参采用指针形式。

分析：本题用指针作形参代入数组，紧跟一个整数代入数组元素的个数，再设置两个指针形参返回找出的最大数和最小数。

```
#include<iostream.h>
void maxmin(int *, int,  int *, int *);
void main()
{    int max,min,a[10] = {6, -4,3,2,1,9, -9,6, -7,5}, *p = a;
     int *pmax = &max, *pmin = &min;          //准备两个指针实参
     maxmin(p,10,pmax,pmin);                  //调用子函数,返回两个结果
     cout<<"max = "<<max<<endl;
     cout<<"min = "<<min<<endl;               //输出找到的最大数和最小数
}
void maxmin(int *pa,int len,int *pmax,int *pmin)
{    int i;
     *pmax = *pa;
     *pmin = *pa;
     pa++;
     for(i=1;i<len;i++)
     {    if(*pmax<*pa)   *pmax = *pa;        //找最大数,利用间接访问修正结果单元值
          if(*pmin>*pa)   *pmin = *pa;        //找最小数,利用间接访问修正结果单元值
          pa++;
     }
}
```

运行结果：

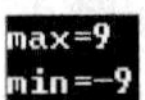

注：函数 maxmin 的第一个指针形参 pa，接受指针实参传来的数组 a 的首地址，第二个形参是普通变量，接受调用函数传来的数组元素个数值，最后两个指针形参接受调用函数传来的两个结果单元的地址，在函数里最大、最小值就是存放在这两个地址单元的。

9.5.3 指向字符串的指针

在 C 语言中，字符串(例如"I am a student.")指在内存中存放的一串以'\0'结尾的若干个字符。例如，可以这样定义和初始化一个字符数组：

```
char string[ ] = "I am a student.";
```

数组长度等于字符串长度加 1。

指针也可以指向字符串，而且比用字符数组更为方便灵活。例如，可以这样定义和初始化一个字符指针：

```
char *pointer = "I am a student.";
```

pointer 是指向字符串"I am a student."的指针，即字符串的首地址赋给了字符指针 pointer。

也可以采用下面的赋值方式：

```
char * pointer;
pointer = "I am a student.";            //字符指针 pointer 指向字符串
```

注：这种形式表面看起来像把整个字符串赋给一个指针变量，实质赋的还是字符串的首地址，这是其他类型指针所没有的，所以用指针处理字符串非常方便。

【例 9-10】 编写一个字符串复制函数。

```
void my_strcpy(char * t,char * s)
{   while(( * t = * s)!= '\0')
    {   s++;
        t++;
    }
}
```

该函数将以指针 s(source)作为首地址的源字符串复制到以指针 t(target)为首地址的一片连续的存储单元中。s、t 首先指向源串和目的串的首地址，然后用间接访问的方法进行单个字符的复制，即 * t= * s，若复制的内容不是结束符'\0'，则两指针各加 1，均指向下一个单元，继续复制下一个字符，直到复制完结束符为止。循环结束时，包括源串的结束符在内的所有字符都已经复制到了目标单元。

由于循环体只进行了 s、t 的自加 1 操作，并且在条件表达式中 s、t 只使用了一次，故可以把循环体的操作合并到条件表达式中。

```
void my_strcpy(char * t, char * s)
{   while(( * t++ = * s++)!= '\0');
}
```

再看一下条件表达式，要求 * t 不是结束符(数值为 0)时，一直循环复制，如果是结束符则退出循环，这个循环条件其实是不用判断的，* t 非 0 时则循环，是 0 时则退出循环。这样，函数可以进一步优化。

```
void my_strcpy(char * t, char * s)
{   while(( * t++ = * s++));
}
```

高手的程序！！

注意：目标字符空间要足够大。

假设有如下定义

```
char  s1[20], s3[20], * ps1, * ps2, * ps3;
```

则下列三个对 my_strcpy 函数调用的例子都是正确的。

(1) `my_strcpy(s1,"I am a student.");   //将一字符串复制给字符数组 s1`

(2)
```
ps1 = s1;
ps2 = "I am a student";
my_strcpy(ps1, ps2);            //将 ps2 指向的字符串复制给 ps1 指向的字符数组
```

（3）ps3 = &s3[0];
my_strcpy(ps3,"I am a student.");
my_strcpy(s1, s3);

或 my_strcpy(s1, ps3); //将 ps3 指向的字符数组 s3 的内容复制给字符数组 s1

但是指针 ps2 不可以作为目的地址，因为 ps2 指向了一个字符串常量，内容不容修改。

【例 9-11】 编写一个字符串比较函数。

比较两个字符串 s1 和 s2，如果 s1<s2，则返回一个负数，如果 s1==s2，则返回 0，如果 s1>s2，则返回一个正数。函数接受调用函数传来的两个字符串的首地址，从各自第一个字符开始比较，如果相同且不是结束符，则循环，继续比较下一对字符，如果不等或者遇到结束符则退出循环，返回当前两个字符的差值，就是所需要的结果。

```
int my_strcmp(char * s1, char * s2)
{   for(; ( * s1 == * s2)&&( * s1 == '\0'); s1++, s2++);
return( * s1 - * s2);
}
```

9.5.4 字符数组与字符指针变量比较

虽然字符数组和字符指针都能实现对字符串的处理，但它们二者还是有区别的。

(1) 存储内容不同。

字符数组存储的是字符串本身，每个数组元素存放着一个字符；而字符指针变量存放的是字符串的首地址。

(2) 赋值方式不同。

字符数组，除了初始化时，只能对各个元素赋值，不能整体赋值，以下写法是错误的：

```
char str[20];
str = "I am happy";
```

但对于字符指针，完全可以写成“整体赋值”如下：

```
char * pa;
pa = "I am happy";
```

其实质是将字符串常量的首地址赋给了字符指针。

(3) 字符指针的值是可以改变的，而字符数组名代表着字符数组的首地址，是一个常量，不能改变。

(4) 字符指针所指向字符串内容的修改要视指针的指向而定。

```
char * s, s1[10] = "abcd";
s = s1;
cin >> s;
```

以上程序段，把输入字符串放到字符指针变量 s 所指向的区域，实质修改的是字符数组 s1 的内容。但若程序段如下：

```
char * s = "abcd";
```

```
cin>> s;
```

编译时无语法错误,但执行时出现“不能向该区域写入数据”的错误警告。原因是字符指针变量指向了一个字符串常量,而常量是不可以修改的。

9.6 动态分配内存——指针的强大功能之四

假设要开发一个学校用的管理软件,学生成绩用数组表示,因为不知道使用这个软件的学校的学生人数到底是多少,编程时不能直接设定学生成绩数组如“int score[5000];”。定义少了,不够用;定义多了,则浪费。

还学过用宏定义形成所谓的“活数组”:

```
#define  N5000
int  score[N];
```

程序里面是可以不用改了,但每换一个学校用这个软件,都要改一次 N 的值,这显然也不合理(通常提供给用户的是可执行文件,不能更改)。如何把程序设计成真正灵活地在运行时能按需求分配内存个数,需要多大内存时,就开辟多大(如果内存容量允许的话),这就是动态分配的概念。

动态分配内存需要包含 stdlib.h 和 malloc.h 两个头文件,并利用指针和如下标准函数配合来实现。

(1) void *malloc(size_t size)

请求 size 个字节的内存,若成功,返回该空间的首地址,若失败则返回 NULL。

(2) void *calloc(size_t num, size_t size)

请求连续的 num 个数据单元空间,每个数据单元字节数为 size,若成功,返回该空间的首地址并将每个空间赋值为 0,若失败则返回 NULL。

(3) void *realloc(void *p, size_t size)

用于改变原来分配的存储空间的大小,若成功,返回该空间的首地址,失败则返回 NULL。

这些函数配合第 10 章结构体的内容,可以实现链表——一种功能强大、能实现动态内存分配的数据结构,深入学习的读者请参看相关书籍。

注: size_t 即 unsigned int。

9.7 复杂指针简介

9.7.1 指针数组

指针变量可以同其他变量一样作为数组的元素,由指针变量组成的数组称为指针数组。组成数组的每个元素都是相同类型的指针。

指针数组说明的形式为:

```
数据类型　*数组名[常量表达式];
```

例如：

```
int * ps[10];
```

定义了一个名为 ps 的指针数组，含有 10 个元素，每个元素 ps[0]、ps[1]、…、ps[9]都是指针变量，并且每个指针指向一个整型数据单元。具体应用举例如下。

设有二维数组定义：

```
int a[3][4];
```

用指针数组表示数组 a，就是把 a 看成三个一维数组，并定义一个有三个元素的指针数组 pa，每个元素存放 a 的每一行元素的首地址，使指针数组的每个元素 pa[i]指向 a 的相应行。于是可以用指针数组名 pa 或指针数组元素 pa[i]引用数组 a 的元素。

指针数组 pa 的说明和赋值如下。

```
int * pa[3],a[3][4];
pa[0] = &a[0][0];                    //或 pa[0] = a[0];
pa[1] = &a[1][0];                    //或 pa[1] = a[1];
pa[2] = &a[2][0];                    //或 pa[2] = a[2];
```

有了这样的指向后，具体的引用方式见例 9-12。

【例 9-12】 指针数组应用示例，用一个指针数组表示一个二维数组。

```
#include <iostream.h>
#define M 3
#define N 4
void main()
{   int a[M][N] = {{1,2,3,4},{5,6,7,8},{9,10,11,12}}, * pa[M];  //指针数组 pa
    int i,j;
    for(i = 0;i < M;i++)
    {   for(j = 0;j < N;j++)
            cout << a[i][j]<<'\t';              //传统的数组引用方式,第一次输出
        cout << endl;
    }
    cout << endl;
    for(i = 0;i < M;i++)
        pa[i] = a[i];                           //三个指针数组元素赋值,分别指向三行
    for(i = 0;i < M;i++)
    {   for(j = 0;j < N;j++)
          cout << * (pa[i] + j)<<'\t';          //指针数组法引用,第二次输出
        cout << endl;
    }
    cout << endl;
    for(i = 0;i < M;i++)
    {   for(j = 0;j < N;j++)
          cout << * ( * (pa + i) + j)<<'\t';    //指针法引用,第三次输出
        cout << endl;
    }
    cout << endl;
}
```

运行结果：

```
1       2       3       4
5       6       7       8
9       10      11      12

1       2       3       4
5       6       7       8
9       10      11      12

1       2       3       4
5       6       7       8
9       10      11      12
```

9.7.2 指针与函数

指针与函数的关系可以有多种，9.4 节详述了指针作为函数参数的用法，下面简述另外两种：指向函数的指针和返回指针的函数。

1. 指向函数的指针

C 语言可以定义指向函数的指针，函数型指针的定义形式为：

```
数据类型(*指针名)();
```

例如：

```
int (*fp)();                    //fp是指向 int 类型函数的指针
```

定义中用于改变运算顺序的阴影部分的"()"不能省略，意为高优先级。fp 首先是一个指针，此处它将存放某个函数的首地址（函数是一段代码，存放在内存中，所占内存的第一个单元的地址即首地址）。

【例 9-13】 指向函数的指针应用举例。

```
#include<iostream.h>
int zmax(int,int);
int zmin(int,int);
int zsum(int,int);
int operate( int (*)(int,int),int ,int );
int (*fp)(int,int);                          //指向函数的指针

void main()
{
    int a,b;
    cout<<"Enter two numbers:";
    cin>>a>>b;
    cout<<"max = "<<operate(zmax,a,b)<<endl;
    cout<<"min = "<<operate(zmin,a,b)<<endl;
    cout<<"sum = "<<operate(zsum,a,b)<<endl;  //三次调用不同函数
}
int zmax(int x,int y)
{   return(x>y?x:y);
}
```

```
int zmin(int x,int y)
{   return(x<y?x:y);
}
int zsum(int x,int y)
{   return(x+y);
}
operate(int (*fun)(int,int),int x,int y )    //根据指向函数的指针 fun 来调用不同函数
{   return (*fun)(x,y);
}
```

运行结果：

```
Enter two numbers:20 30
max=30
min=20
sum=50
```

2. 指针函数

整型函数是返回值为整型数的函数，类似地，指针函数就是返回值类型为指针的函数。C 的指针函数可以返回除数组、共用体和函数以外的任何数据类型的指针。

指针函数定义的一般形式为：

数据类型 *函数名(参数表){ }

其中，"*函数名(参数表)"是指针函数定义符。例如：

```
int   *pfun(int x, int y){ }
```

定义了一个名为 pfun 的函数，其返回值是一个整型指针。

9.7.3 复杂指针

复杂指针可以有很多种形式，其各种组合要遵循如下原则。

(1) 数组的元素不能是函数，但可以是函数的指针。

(2) 函数的返回值不能为数组或函数，但可以为数组或函数的指针。

理解复杂指针的关键是理解以下各个符号：*是指针类型的标识，[ ]是数组类型的标识，( )是函数类型的标识。( )和[ ]的优先级高于*，当[ ]、*或( )和*同时出现时，先解释( )和[ ]后解释*；( )和[ ]属于同一优先级，二者同时出现时，按从左到右顺序解释。( )也用于改变由优先级和结合性隐含的运算顺序，对嵌套的( )，从内向外解释。具体示例如下。

(1) char **pp;

pp：指向字符指针的指针，是二级指针；pp 中存的是一级指针的值。

(2) int (*daytab)[13];

daytab：指向由 13 个整型元素组成的数组的指针。

(3) int *daytab[13];

daytab：由 13 个整型指针构成的指针数组。

(4) void *comp( );

comp：返回值为空类型指针的函数。

(5) void (*comp)( );

comp：指向无返回值函数的指针。

(6) int *pfun(char *a);

pfun 是一个函数，它的形参是一字符型指针，其返回值是一整型指针。

(7) int (*p)(char*a);

p 是一个指针，它指向一个函数，函数由一字符指针作形参，返回值为整型变量。

(8) int p(char (*a)[]);

p 是一个返回整型量的函数，它有一个形参，形参的类型是指向字符数组的指针。

(9) int *pfun(char *a[ ]);

pfun 是一个函数，返回一整型指针，它的形参是一个字符指针数组。

(10) const int *pi;或 int const *pi;

语义相同，*pi 前有关键字 const，表示 *pi 是常量，该单元只能在初始化时赋值一次，不可以通过 *pi 再次被赋值。但 pi 可以再赋值。通常称为指向整型常量的指针。

(11) int *const pi;

顺其自然，const 出现在 pi 前，表示 pi 是常量，pi 只能在初始化时被赋值，运行时，pi 不能被再次赋值，但 *pi 可以赋新的值。通常称为指向整型数的指针常量。

9.8 本章知识要点和常见错误列表

指针是 C 程序设计的难点和重点，是否能熟练运用指针进行编程是 C 程序员水平高低的一个分水岭。指针是 C 的特色，功能很强大。主要知识点总结如下。

(1) 本章分为三部分：9.1 节、9.2 节为基础部分，说明了指针的概念和使用方法；9.3 节、9.4 节、9.5 节是重点内容，以“指针的强大功能”为标题把指针在 4 个方面的重要应用串在一起，使学习者可以更好地理解和应用指针。9.6 节、9.7 节为提高部分。

(2) 指针，即指针变量，是存放内存地址的一种特殊变量。存放不同类型数据单元的地址，形成了不同类型的指针变量。

(3) 指针变量的使用包括初始化和各种合法的运算。

① 取地址运算符 &，求变量的地址。

② 间接访问符 *，访问指针所指向的单元，读取其中的内容或向其写入数据。

③ 赋值运算：把普通变量的地址赋给同类型的指针变量。
同类型指针变量间可以互相赋值。
把数组、字符串的首地址赋予指针变量。
把函数入口地址赋予函数指针变量。

④ 算术运算：指向数组或字符串的指针可以进行算术运算。
指针自增自减(最为常用)，即指向下/上一个数据，不同类型指针物理地址

加/减的字节数不同。

指针加减一个整数：指针向后或前移动若干个该类型的数据单元。

两个指针相减：指两个指针间的数据个数。

⑤ 关系运算：同类型的指针变量间可以进行大于、小于、等于等关系运算。

p 为 0 表示 p 是空指针，指针可以与 0 比较。

(4) 指针的强大功能之一：利用指针可以间接地访问内存单元，既可以访问某一个单元，还可以访问一片连续的存储区，有着比直接访问更强大的作用。

(5) 指针的强大功能之二：用多个指针变量作函数的形参，可以带回函数的多个处理结果。需注意的是，一定要在函数内利用指针形参间接访问调用函数中存放结果单元的内容，才能达到返回处理结果的目的。

(6) 指针的强大功能之三：指针变量和数组结合，使数组有了更多灵活的引用方式，并可以在主子函数间"传递"大量数据，其实质是主子函数共同使用同一片数据区，只传递了数据区的首地址。

(7) 指针的强大功能之四：动态分配内存。

(8) 复杂指针是比较难、偏的内容，必须在彻底搞懂前面的基础和重点知识之后才可以学习。

至此，C 程序的框架结构已经学习完毕，可总结如图 9-18。

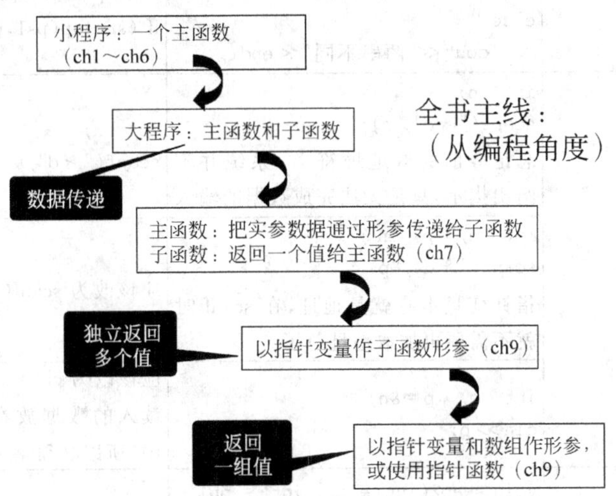

图 9-18 基于编程角度的全书总结图

指针的正确使用是专业程序员最难过的一关，常见错误如表 9-3 所示。

表 9-3 指针常见错误

序号	错误类型	错误举例	分析
1	定义时，多个指针只用了一个 *	int * p1, p2, p3; 想定义三个指针变量，却少了两个 *	编译系统当成一个指针变量 p1 和两个整型变量 p2、p3 int * p1, * p2, * p3 //定义了三个指针

续表

序号	错误类型	错误举例	分　析
2	最危险的指针操作：在没有明确的指向前就改变指针所指向单元的值	int * p,n; * p = 10; 指针 p 尚没有赋值，即没有被赋以一个合法的地址值，这时通过间接访问就给它所指单元赋值，就非常危险	只有先将指针有了明确的指向，即进行 p=&n；操作之后，才可以利用指针的间接访问功能访问它所指向的单元

3	未注意指针的当前位置	int a[10], i, * p;
		p = a;
		for(i = 0; i < 10; i++)
		{ cin >> * p++;}
		for(i = 0; i < 10; i++)
		{ cout << * p++;}
		循环读入 10 个数组元素后；指针 p 已经逐一下移
			利用指向数组的指针访问数组时，指针可以上下移动，使用起来非常灵活，这就要随时注意指针的当前位置。
			此时必须在阴影行后加一句p = a;才能正确输出刚读入的数组元素

4	利用"=="比较两个字符串是否相等	char s1[20] = "abcde";
		char s2[20] = "abcd";
		if(s1 == s2)
		cout <<"两串相同"<< endl;
		else
		cout <<"两串不同"<< endl;
			真正要比较两个字符串是否相同，不能用关系运算符"=="，应该调用 strcmp 函数，即阴影部分换成
			if (strcmp(ps1,ps2)==0)就可以了

5	错加取地址符 &	int n; scanf(" % d", n); 忘记 n 前的取地址符 &，系统并不给出提示，只是无法完成数据的输入	int n; scanf(" % d",& n);
		int n, * p = &n ; scanf(" % d",&p) ; 指针变量本身就是地址，在 scanf 时就不需要再加取地址符了	应该改为 scanf("%d",p) ;
		int n, * p = &n; cin >> p;	应该改为 cin >> * p; 读入的数据放在指针变量所指单元中，所以必须是 * p

6	用错指针	void swap2(int * pa, int * pb)
		{ …
		}
		void main()
		{ int a, b, * p1, * p2;
		a = 10; b = 20;
		p1 = &a; p2 = &b;
		swap2(p1, p2);
		cout <<"a = "<< * pa <<"b = "<< * pb;
		}
			pa、pb 是形参指针，是 swap2 子函数的局部变量，只在子函数内有效，返回主函数后就被释放掉了，所以阴影行的引用是错的。
			主函数内只能用主函数内的指针 p1、p2，不能用 pa 和 pb

习题

一、选择题

1. 普通变量 i 的值为 3,i 的地址为 1000,p 是与 i 同类型的指针变量,欲使 p 指向 i,下列赋值正确的是(　　)。

A. &i=3;　　B. *p=3;　　C. *p=1000;　　D. p=&i;

2. 若有定义:"int n=2, *p=&n, *q=p;",则以下非法的赋值语句是(　　)。

A. p=q;　　B. q=p;　　C. n=*q;　　D. p=n;

3. 下列说法不正确的是(　　)。

A. 指针是一个变量　　B. 指针变量不占用存储空间

C. 指针中存放的是地址值　　D. 指针可以进行加、减运算

4. 若有以下定义:"int a[]={1,2,3,4,5,6,7,8,9,10}, *p=a;",经过下面哪两条语句后,显示的值为 3?(　　)

A. p+=2; cout<<*(p++);　　B. p+=2; cout<<*++p;

C. p+=3; cout<<*p++;　　D. p+=2; cout<<++*p;

5. 下面能正确使用的语句是(　　)。

A. int *x; y=1; x=&y;　　B. int *x; *x=1;

C. int *x,y=1; x=y;　　D. int *x,y; x=&y;

6. 若已定义:"int a[10], *pp=a;",则不能表示 a[1]地址的表达式是(　　)。

A. a+1　　B. ++a　　C. ++pp　　D. pp+1

7. 如果 x 是整型变量,则合法的表达式是(　　)。

A. &(x+5)　　B. *x　　C. &*x　　D. *&x

8. 若定义"char str[100],*ps=str; int i=5;",则数组元素的错误引用形式是(　　)。

A. str[i+10]　　B. *ps　　C. [str+i+1]　　D. *(ps+i)

9. 执行语句"int a=20, *p=&a;"后,下列描述错误的是(　　)。

A. *p 表示变量 a 的值　　B. p 的值是变量 a 的地址

C. p 的值为 20　　D. p 指向整型变量 a

10. 已有定义:int x=10; int *px1, *px2;,且 px1 和 px2 均已指向变量 x,下面不能正确执行的赋值语句是(　　)。

A. px1=px2;　　B. x=*px1*(*px2);

C. px2=x;　　D. x=*px1+(*px2);

11. 下面不能正确进行字符串赋值操作的是(　　)。

A. char s[5]={"ABCD"};　　B. char s[5]={'A','B','C','D'};

C. char *s; s="ABCD";　　D. char *s; cin>>*s;

12. 下列说明中,const char *ptr; ptr 应该是(　　)。

A. 指向字符常量的指针　　B. 指向字符的指针

C. 指向字符的常量指针　　D. 指向字符串的常量指针

13. 若有下面的程序段：

```
int a[12] = {0}, * p[3], i;
for(i = 0; i < 3; i++) p[i] = &a[i * 4];
```

则对数组 a 元素的错误引用是(　　)。

A. p[0]　　B. * (p+0)　　C. * p[0]　　D. a[0]

14. 下面程序的运行结果是(　　)。

```
#include <iostream.h>
void main()
{   int x[3][2] = {1,2,3,4,5,6}, * p, i;
    p = &x[0][0];
    for(i = 0; i < 6; i++)     * (p + i) = * p;
    cout << * p + 3;
}
```

A. 1　　B. 2　　C. 4　　D. 3

15. 下列程序的输出结果是(　　)。

```
#include <iostream.h>
int b = 2;
int func(int * pa)
{   b += * pa;
    return (b);
}
void main()
{   int a = 2, res = 2;
    res += func(&a);
    cout << res << endl;
}
```

A. 4　　B. 6　　C. 8　　D. 10

二、编程题

1. 编写一个程序，用指针交换两个普通变量的值，并输出验证。

2. 编写一个程序，求两个数中较大的那个数，并输出(用函数处理，要求用指针形参带回，在主函数中输出结果)。

3. 编写一个四则运算的函数，传入两个整数，用四个指针形参传出其加、减、乘、除的结果，并写 main 函数检验之。

4. 编写一函数，求一个字符串的长度，并写 main 函数检验之。

5. 用函数对一个一维数组进行排序。数组输入、输出都在 main 中实现，形实参均用指针变量传递数组的地址。

6. 编写一班级管理程序，输入每个学生的简单资料(姓名和学号)，然后通过输入某一学生的学号查找该人，若找到，输出其姓名和学号，若找不到，输出“本班无此人”。建议用 input_data 和 search 两个函数来实现。

7. 编写一函数，函数的功能是将 s 所指字符串中下标为奇数的字符删除，s 中剩余字符形成新串放在 t 数组中。例如,若 s 所指字符串为“ABCDEFG”,最后 t 数组中的内容是“ACEG”。

提示:请勿改动主函数和其他函数中任何内容,仅在 fun()的花括号中填入编写的若干语句。

```
#include <iostream.h>
#include <string.h>
void fun(char *s,char t[])
{
    //请在两条星线之间填入相应的代码,完成该函数的相应功能.建议使用循环语句
    /*******************************************/

    /*******************************************/
}
void main()
{   char s[100],t[100];
    cout<<"请输入字符串 s:"<<endl;
    cin>>s;
    fun(s,t);
    cout<<"结果字符串 t: "<<t<<endl;
}
```

8. 函数 check 用来判断字符串 s 是否是“回文”(顺读和倒读都一样的字符串称为“回文”,如 abcba)。若是回文,函数返回值为 1,否则返回值为 0。请完成此函数的定义。提示:请勿改动主函数和其他函数中的任何内容,仅在函数 check()的两条星线之间填入适当的语句。

```
#include <iostream.h>
#include <string.h>
int check(char *s)
{   char *p1, *p2;
    int n;
    //请在两条星线之间填入相应的代码,使用已有的变量,不能创建其他变量
    /*******************************************/

    /*******************************************/
}
void main()
{   char str[100], *p;
    cout<<"请输入要判断的字符串:"<<endl;
    cin>>str;
    p=str;
    cout<<"结果是"<<check(p)<<endl;
}
```

9. 编写一函数,函数的功能是将两个两位数的正整数 a、b 合并成一个整数放在 c 所指向单元中。合并的方式是:将 a 数的十位和个位数依次放在 c 数的千位和十位上,b 数的十位和个位数依次放在 c 数的个位和百位上。例如,当 a=42,b=15,调用该函数后返回 c=4521。

```
#include <iostream.h>
void fun(int a,int b,long *c)
{    //请在两条星线之间填入相应的代码,完成该函数的相应功能
     /*******************************************************/

     /*******************************************************/
}
```

10. 在星线之间填写正确的代码,使程序完成以下任务。

(1) 输入 10 个字符串(每串不多于 9 个字符),依次放在 a 数组中,指针数组 str 中的每个元素依次指向每个字符串的开始。

(2) 输入每个字符串。

(3) 从这些字符串中选出最小的那个串输出。

```
#include <iostream.h>
#include <string.h>
void main()
{    char a[100], *str[10], *sp;
     int i,k;
     sp = a;
     /*  请在两条星线之间填入相应的代码,使用已有的变量编程,不能创建其他变量   */
     /*******************************************************/

     /*******************************************************/
     for(i = 0;i < 10;i++)    //从这些字符串中选出最小的那个串输出
     if(strcmp(str[i],str[k])< 0)
         k = i;
     cout <<"最小的字符串为"<< endl;
     cout << str[k]<< endl;
}
```

第10章 结构体和类

第 6 章中讨论了使用数组的好处，可以通过下标或指针方便地对数组元素进行访问。数组把一组相同类型的数据放置在一起。然而，在实际数据处理中，待处理的信息往往是由多种类型的数据组成的。如有关学生的数据，不仅有学习成绩，还应包括诸如学号（长整型）、姓名（字符串型）、性别（字符型）、出生日期（字符串型）等。就目前所学知识，只能将以上各项定义成互相独立的简单变量或数组，无法反映它们之间的内在联系。

对此，C 语言引入了一种新的数据类型——结构体，将具有内在联系的不同类型的数据组合在一起，为解决复杂数据类型的问题提供了方便。

随着应用系统的扩大，传统的数据与函数分离的编程方法，限制了程序的开发。在 C++ 中引入一种新的类型——类，将数据和处理数据的函数组合在一起，为面向对象的程序设计提供了良好的编程基础。

10.1 结构体

10.1.1 结构体类型的定义

结构体是一种构造数据类型。结构体类型必须“先定义结构体类型，再定义结构体变量，后使用结构体变量”。

在 C 语言中，结构体类型的一般定义形式为：

```
struct 结构体类型名
{    数据类型名 1   结构体成员名 1;
     数据类型名 2   结构体成员名 2;
     …
     数据类型名 n   结构体成员名 n;
};
```

定义一个结构体，关键字用 struct，后跟自定义的结构体类型名，它应该是一个合法的标识符。其后的主要内容是说明该结构体有哪些成员，每个成员的数据类型是什么。结构体类型中所包含的成员必须用“{}”括起，最后的分号不能丢掉，它说明完成了一个类型的定义。定义了一个结构体类型后，这个结构体类型名的地位就相当于我们之前熟悉的 int、float 等，系统并不为其分配任何的内存单元，只有在定义这个结构体类型的结构体变量时，系统才为所定义的变量分配具体的内存单元。

例如,定义一个描述学生信息的结构体类型:

```
struct Student                        /* 定义学生结构体类型 */
{      int num;                       /* 学生学号 */
       char name[20];                 /* 学生姓名 */
       char sex;                      /* 学生性别 */
       float score;                   /* 学生成绩 */
};
```

这里定义了一个结构体类型 struct Student。Student 是结构体类型名,是过去学习的 int、float、char 和数组等数据类型的有效补充。

struct Student 结构体类型和 C 语言中的基本类型(如 char、int、float 等)地位等同,只能用来定义该类型的变量,切不可在后面的程序中把 Student 当成变量名来引用(首字母大写可以作为类型名的标志)。大括号{}内的 num、name、sex、score 是结构体成员名,用户可以根据具体问题定义不同的成员,一个结构体类型可以由若干个相同或不同的数据成员组成。

用结构体类型来描述彼此有关联的数据,给程序设计带来较大的方便,在实际应用系统中被广泛地采用。

10.1.2 结构体变量的定义

在定义了一个结构体类型后,就可以定义该结构体类型的变量,称为结构体变量。常见的结构体变量的定义有下面三种形式。

1. 先定义结构体类型,再定义结构体变量

定义形式 1:

```
struct 结构体类型名 结构体变量名列表;
```

例如:

```
struct Student                        /* 定义学生结构体类型 */
{    int num;
     char name[20];
     char sex;
     float score;
};
struct Student stu1, stu2;            /* 定义结构体变量 stu1, stu2 */
```

2. 定义结构体类型的同时定义结构体变量

定义形式 2:

```
struct 结构体类型名
{ 成员列表;
} 结构体变量名列表;
```

例如：

```
struct Student                    /* 定义学生结构体类型 */
{    int num;
     char name[20];
     char sex;
     float score;
} stu1, stu2;                     /* 定义结构体变量 stu1,stu2 */
```

如果需要，可以继续定义更多的结构体变量，如：

```
struct Student stu3, stu4;              /* 定义结构体变量 stu3,stu4 */
```

3. 直接定义结构体变量

定义形式 3：

```
struct
{ 成员列表;
} 结构体变量名列表;
```

例如：

```
struct
{    int num;
     char name[20];
     char sex;
     float score;
} stu1, stu2;          /* 直接定义结构体变量 stu1,stu2 */
```

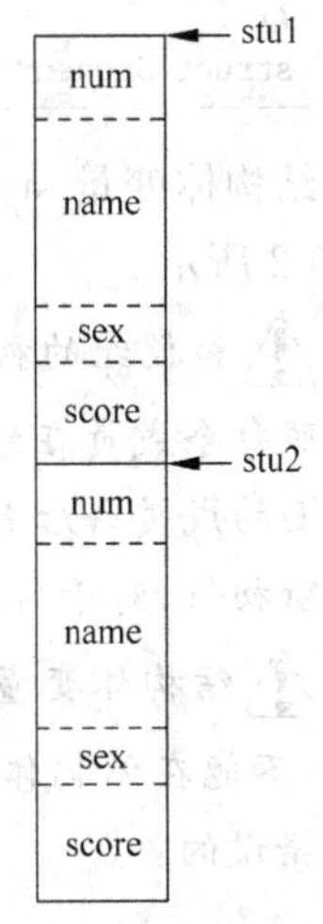

图 10-1　stu1、stu2 结构体变量示意图

这种简单定义方法不定义结构体类型名，无法标识该结构体类型，因此除了直接定义外，不能再补充定义该类型结构体变量。

用三种方法定义的的 stu1、stu2 是一样的，在内存中的存储示意图如图 10-1 所示。

⚠**注意**：结构体类型定义并不分配内存，但结构体变量一旦定义就会在内存中分配一定大小的地址空间以存储各成员数据。一个结构体变量在内存中所占字节数理论上是各成员变量所占字节数之和。实际分配时会有所不同，具体所占字节数可以用 sizeof()来检测。

10.1.3 结构体变量及其成员的引用

结构体变量定义好以后，就可以像其他类型的变量一样赋值、运算，不同的是结构体变量只能以成员作为基本变量去分别引用。成员运算符是“.”，形式为：

结构体变量名.结构体成员名

例如，对于上面所定义的结构体变量 stu1，其各个成员的引用形式为：stu1.num、stu1.name、stu1.sex 及 stu1.score。

成员运算符“.”是所有运算符中优先级最高的，因此可以把 stu1.num 等当作一个整体来看，其用法就等同于一个整型变量，同理 stu1.score 就等同于一个实型变量。

C 允许结构体型变量整体赋值，即“stu2＝stu1;”是合法的，stu1 的各成员分别赋给了同类型变量 stu2 的各个成员。

10.1.4 结构体变量的初始化

与变量和数组的初始化类似，在定义结构体变量的同时可以给该变量赋初值，这就是结构体变量的初始化。由于结构体类型及其变量的定义有 3 种形式，结构体变量的初始化也有 3 种形式，举两例如下：

```
struct Student
{    int num;
     char name[20];
     char sex;
     float score;
};
struct Student stu1 = {10,"zhanglin",'M',80};
```

```
struct Student
{    int num;
     char name[20];
     char sex;
     float score;
} stu1 = {10,"zhanglin",'M',80};
```

结构体变量 stu1 完成初始化以后，其内存的存储情况如图 10-2 所示。

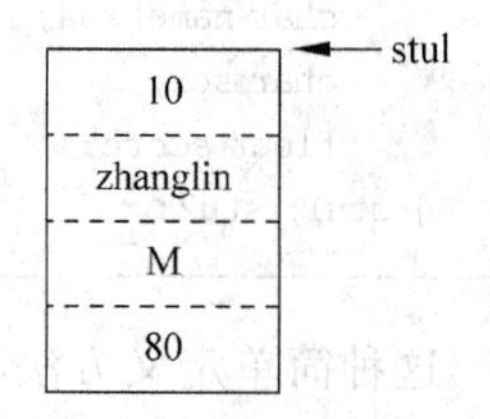

图 10-2 结构体变量在内存中的存储示意

⚠和数组的初始化类似，结构体变量初始化时，C 编译程序按照每个成员在结构体中的顺序一一对应赋初值，不允许跳过前面的成员给后面的成员赋初值。但是允许只给前面的若干成员赋初值，对于后面未给出初值的成员，系统赋默认的初值。

⚠结构体变量的初始化只能在定义结构体变量时整体进行，不能在结构体类型定义中对成员进行初始化，下面的代码是错误的：

```
struct Student
{   int num = 20110910;          //错误,此时在定义类型,尚未分配内存,不能赋值
    char name[20];
    char sex;
    float score = 90;            //错误
} stu1;
```

10.1.5 应用举例

【例 10-1】 有两名学生的信息(其中一名学生的信息由初始化给出,另一名的信息由键盘输入),将其中分数较高同学的相关信息全部显示。

```
#include<iostream.h>
void main()
{   struct Student
    {   int num;
        char name[20];
        char sex;
        float score;
    } stu1 = {1,"Wang",'M',80};                          //定义并初始化结构体变量 stu1
    struct Student stu2;                                 //定义结构体变量 stu2
    cin>>stu2.num>>stu2.name>>stu2.sex>>stu2.score;      //输入 stu2 各成员的值
    cout<<"高分的学生是: ";
    if(stu1.score>=stu2.score)                           //比较结构体变量中某个成员数据的大小
        cout<<"num:"<<stu1.num<<"\tname:"<<stu1.name
             <<"\tsex:"<<stu1.sex<<"\tscore:"<<stu1.score<<endl;
    else
        cout<<"num:"<<stu2.num<<"\tname:"<<stu2.name
             <<"\tsex:"<<stu2.sex<<"\tscore:"<<stu2.score<<endl;
}
```

运行结果:

```
2 Lin F 85
高分的学生是: num:2    name:Lin    sex:F    score:85

3 Ma M 70
高分的学生是: num:1    name:Wang   sex:M    score:80
```

10.2 结构体嵌套

结构体成员除了普通变量外,还可以是另一个结构体,即允许嵌套使用结构体类型。例如先定义好一个生日结构体 Birthdate,再定义学生结构体 Student,使其包含学生学号、姓名、性别、生日(结构体型)、分数等相关信息。

```
struct Birthdate                        /* 定义生日结构体 Birthdate */
{   int year;                           /* 出生年份 */
    int month;                          /* 出生月份 */
    int day;                            /* 出生日 */
};
struct Student                          /* 定义学生结构体 Student */
{   int num;
    char name[20];
    char sex;
    struct Birthdate birth;             /* 生日,嵌套结构体类型 */
```

```
    float score;
} stu1;
```

该结构体变量成员的引用形式为：stu1.num、stu1.name、stu1.sex、*stu1.birth.year*、*stu1.birth.month*、*stu1.birth.day* 等，对嵌套结构体采用逐级访问的方法，必须引用到最低级。其数据结构如图 10-3 所示。

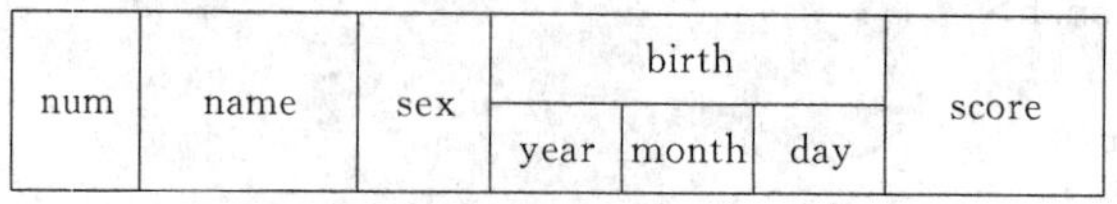

num	name	sex	birth			score
			year	month	day	

图 10-3　结构体的嵌套

C 允许结构体嵌套，但不可嵌套自身类型的成员，只可以包含自身类型的指针。

struct Time {　int hour; 　int minute; 　struct Time ＊pt; };　　//正确的定义	struct Time {　int hour; 　int minute; 　struct Time　worktime; };　　//错误的定义

需要指出的是，结构体类型定义的位置可以安排在函数的内部，但通常安排在函数的外部，尤其是文件的开始处，以利于全程序的使用。

10.3　结构体数组

通过例 10-1 可以看到，定义一个结构体变量只能存放一个学生的信息，当要处理多个学生的相关信息时，通常设置多个结构体变量，量大时就自然地想到数组。C 语言允许使用结构体数组，数组中的每一个元素都是同结构体类型数据。

10.3.1　结构体数组的定义与引用

定义结构体数组的方法与定义结构体变量的方法类似，也具有 3 种形式，其中最常见的定义形式为(相当于结构体变量定义的形式 2)：

```
struct 结构体类型名
{    成员列表;
}结构体数组名[元素个数];
```

例如：

```
struct Student
{   int num;
    char name[20];
    char sex;
    float score;
} stu[10];
```

定义了一个结构体数组 stu，与其他类型的数组名一样，stu 代表了该数组的首地址。该数组包括 10 个结构体元素，即 stu[0]、stu[1]、…、stu[9]。对于数组中每个元素内的各数据成员的引用类似于结构体变量各成员的引用形式，如：stu[0].num、stu[0].name、…、stu[1].num、stu[1].name、…、stu[9].score 等。

10.3.2 结构体型数组的初始化

同普通数组一样，可以在定义结构体数组的同时进行初始化。在对结构体数组进行初始化时，可以将每个元素的数据分别用大括号括起来。例如：

```
struct Student
{   int num;
    char name[20];
    char sex;
    float score;
} stu[3] = { {1,"wang",'M',80}, {2,"lin",'F',90}, {3,"guo",'M',70} };
```

或者用以下形式定义并初始化，由系统本身对应赋值：

```
struct Student stu[3] = {1,"wang",'M',80, 2,"lin",'F',90, 3,"guo",'M',70 };
```

10.3.3 应用举例

【例 10-2】 输入 10 名学生的信息，显示其中最高分同学的相关信息。

```
#include<iostream.h>
#define  N  10                                  //调试时改为 3
void main()
{   int i,maxn;
    struct  Student                             //定义结构体变量数组 stu[N]
    {   int num;
        char name[20];
        char sex;
        float score;
    }stu[N];
    cout<<"依次输入各学生信息：学号 姓名 性别 分数"<<endl;
    for(i=0;i<N;i++)                            //为结构体变量中的各个成员依次赋值;
        cin>>stu[i].num>>stu[i].name>>stu[i].sex>>stu[i].score;
    maxn=0;                                     //maxn 用于标记最高分的学生
    for(i=1;i<N;i++)
        if(stu[i].score>stu[maxn].score)        //记录最高分学生的序号
            maxn=i;
    cout<<"高分的学生是：";
    cout<<"num:"<<stu[maxn].num<<"\tname:"<<stu[maxn].name
        <<"\tsex:"<<stu[maxn].sex<<"\tscore:"<<stu[maxn].score<<endl;
}
```

运行结果：

```
依次输入各学生信息：学号 姓名 性别 分数
1 Wang M 80
2 Lin F 85
3 Ma M 75
高分的学生是：num:2        name:Lin          sex:F    score:85
```

程序中，找出最高成绩同学的序号 maxn，然后输出 maxn 序号同学的相关信息即可。有多个同学都是最高分时，以序号小的为准。

10.4 结构体指针

通过第 9 章的学习可知，指针可以指向任一类型的变量，正确地使用它能给程序带来极大的灵活和方便。若指针指向结构体类型变量，则该指针称为结构体指针，可以用它来间接访问该结构体类型变量。一个结构体指针变量内存放的是该类型结构体变量在内存中的首地址。

10.4.1 结构体指针的定义

结构体指针定义的一般形式为：

```
struct 结构体类型名  * 结构体指针变量名;
```

定义一个指向 Student 结构体的结构体指针变量 pstu，仿照结构体类型及变量的三种定义形式，可以用下面的三种形式：

struct Student { int num; char name[20]; char sex; float score; }; struct Student * pstu;	struct Student { int num; char name[20]; char sex; float score; } * pstu;	struct { int num; char name[20]; char sex; float score; } * pstu;

以上三种形式均可定义一个结构体类型指针，但此时的结构体指针 pstu 并没有任何具体的指向，仍属于危险指针，必须对指针初始化或赋值后，才可以使用它来间接访问结构体变量。

10.4.2 结构体指针的使用

和一般的指针类似，在定义了一个结构体指针后，必须使它指向一个具体的结构体变量，如日期结构体定义为：

```
struct Date
{   int year;
    int month;
    int day;
    int week;
}d1,d2, * pd1, * pd2;
```

则可以进行下面的运算：

```
pd1 = &d1;          //使指针 pd1 指向 d1
pd2 = pd1;          //相同类型的指针可以相互赋值,结果如图 10-4(a)所示.
pd2++;              //使 pd2 指向下一个结构体类型数据,结果如图 10-4(b)所示.
```

系统执行过程如图 10-4 所示(图中的地址值 2000、2008 只为说明指针的值而假定,实际中编译系统将随机分配内存地址)。

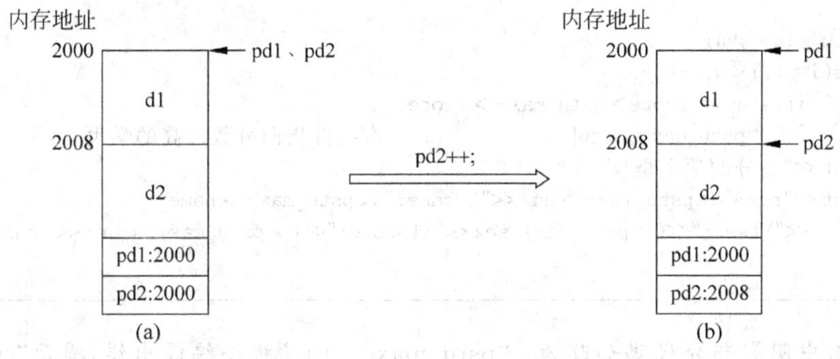

图 10-4 结构体指针示意图

⚠**注意**：结构体指针变量 pd1 和 pd2 只能指向整个结构体变量,而不能指向结构体变量中的某个成员,比如下面的赋值是错误的。

```
pd1 = &d1.year;     //错误的赋值,因为两者的类型不同
```

引用结构体指针所指向变量的成员有两种方式：

(*结构体指针变量名).结构体成员

与普通的结构体变量引用形式相同。例如：(*pd1).month。需要注意的是：*号前后的圆括号必须存在,因为“.”运算符优先级更高。

或者采用下面一种更简单、直观的指向方式：

结构体指针变量名->结构体成员

例如：nowyear = pd1->year;

【例 10-3】 利用结构体指针改写例 10-2,输入 10 名学生的信息,并将其中最高分同学的相关信息全部显示。

```
#include<iostream.h>
#define   N   10                             //调试时,可以先设为 3
void main()
{   int i;
    struct Student                           //学生结构体的定义
    {   int num;
        char name[20];
```

```
        char sex;
        float score;
    };
    struct Student stu[N], * pstu_max;          //定义结构体数组变量和结构体指针变量
    cout <<"依次输入各学生信息,按照顺序: 学号/姓名/性别/分数"<< endl;
    for(i = 0;i < N;i++)                        //对结构体数组各成员赋值
        cin >> stu[i].num >> stu[i].name >> stu[i].sex >> stu[i].score;
                                                //对结构体指针赋值或 pstu_max = &stu[0];

    pstu_max = stu;
    for(i = 1;i < N;i++)
        if(stu[i].score > pstu_max -> score)
            pstu_max = &stu[i];                 //指针指向分数最高的学生
    cout <<"高分的学生是: ";
    cout <<"num:"<< pstu_max -> num <<"\tname:"<< pstu_max -> name
        <<"\tsex:"<<( * pstu_max).sex <<"\tscore:"<<( * pstu_max).score << endl;
}
```

上例中阴影部分代码如改为:"pstu_max-> stu;"程序编译出错,提示"'stu' : is not a member of 'Student'",想想为什么?

10.5 共用体

共用体也称为联合(union),它与结构体相似,也是将不同类型的数据组成为一个整体的构造型数据。与结构体不同的是,共用体变量的各成员共用首地址相同的一片内存空间,即共用体变量所占的存储空间不是各成员所需存储空间字节数的总和,而是共用体成员中需要字节单元最多的那个成员所需的字节数。

共用体类型及其变量定义和结构体十分相似,一般的形式为:

```
union 共用体名
{   成员表列;
}共用体变量;
```

例如:

```
union Data
{   char ch;
    int i;
    float f;
}value;
```

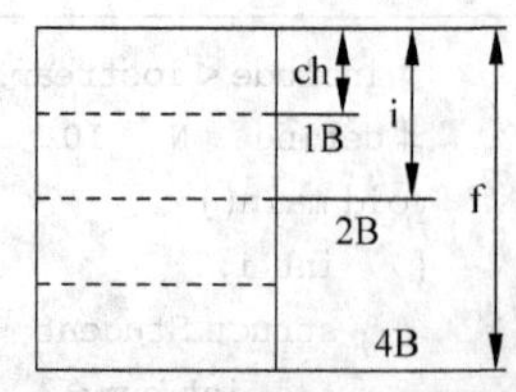

图 10-5　共用体内存占用

定义了一个共用体数据类型 Data,并在此基础上定义了一个共用体变量 value,该共用体变量所需存储单元为 4 个字节,即共用体成员中,float 所需存储单元的字节数,如图 10-5 所示。若依次为共用体中的三个成员赋值,则最终只有最后一次的赋

值有效,因为所有成员共享内存,后一次的赋值将覆盖之前的赋值。

10.6 从结构体过渡到类

10.6.1 结构体类型的局限性及类的引出

结构体类型可以很方便地将某些具有内在联系的相同或不同类型的数据组合成一个有机整体,便于统一使用,如例 10-4 所示。

【例 10-4】 用结构体编程显示标准时间。

```
#include <iostream.h>
struct Time                              //结构体定义
{    int hour;
     int minute;
     int second;
};
void printStandard(Time);                //函数声明
void main()
{    Time dinnerTime;                    //定义结构体变量 dinnerTime
     dinnerTime.hour = 18;
     dinnerTime.minute = 30;
     dinnerTime.second = 0;              //为 dinnerTime 的各成员赋初值,如图 10-6 所示
     cout <<"Dinner  will  be  held  at ";
     printStandard(dinnerTime);
     cout << endl;
}
void printStandard(Time t)               //结构体变量为形参
{  cout << t.hour % 12 <<":"<< t.minute <<":"<< t.second <<(t.hour < 12?"AM":"PM");
}
```

dinnerTime 结构体	hour:18
	minute:30
	second:0

图 10-6 结构体变量存储示意

运行结果:

```
Dinner  will  be  held  at 6:30:0 PM
```

本例中定义了一个结构体类型 Time,将“小时”、“分钟”和“秒”整合为一个整体,构造出一种类型。之后 struct Time 就可以像 int、float 等基本类型一样,来定义变量进行编程了,这对一些应用软件的编制是非常方便的。但是它也存在着一些不可避免的局限性——数据和函数是分离的,即结构体定义只包含数据成员(hour、minute 和 second),而对数据的处理放在函数(如 printStandard)中进行。这样在大型应用软件的编写和后期维护升级过程中,程序员不仅要考虑函数,还必须时时刻刻考虑数据成员的变化,一旦数据结构需要变更,就必须修改与之相关的所有函数的程序代码,使得代码可重用性差,维护代价高。一旦程序达到一定的规模,程序的复杂性超过了结构化程序设计所能管理的限度,它就会变得难以处理和控制。

下面介绍另一种编程思想——面向对象程序设计,将数据和处理数据的函数当成一个整体,比如将上面结构体类型中的三个数据和它们的打印函数 printStandard()包装定义成

新的数据类型：Time类(数据和函数浑然一体、不再分离)，就很好地解决了上面的问题。

如图10-7所示，C中所有类型的数据都是纯粹的数据，即使构造复杂如结构体类型，也只是把不同类型的数据放置在一起。突破这个概念，将处理数据的函数和数据放在一起"封装"成一种新的编程类型，便过渡到C++的类了，封装可以形象地理解为以类的格式，将各种不同类型的相关数据封装在类内，同时将其处理函数也打包在一起。

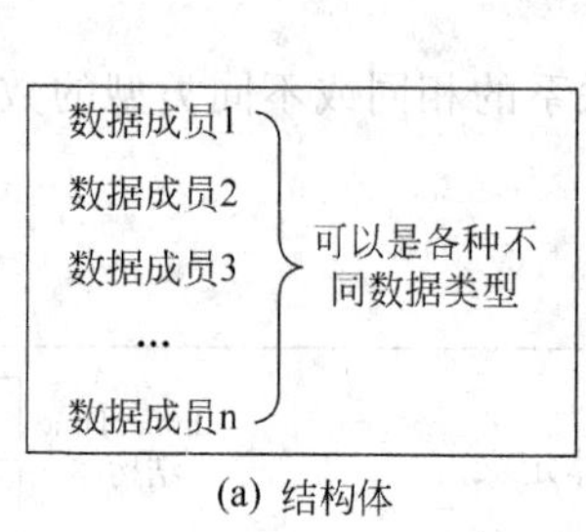

(a) 结构体

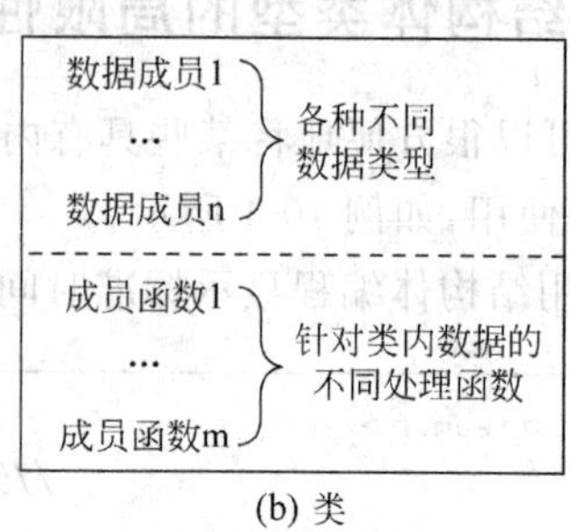

(b) 类

图10-7 结构体和类的比较

我们学习函数时，有"声明、定义和调用"三部曲，现在将函数三部曲移植到类，自然形成了类的三部曲。

(1) 三部曲之一——类的声明：类的数据成员和成员函数及其属性的声明。

(2) 三部曲之二——类的定义：类的各个成员函数的定义。

(3) 三部曲之三——类的应用：类的应用通过类对象来实现，调用类对象的各个成员函数来完成具体的工作。

本节将按"类的声明、定义和应用"三部曲来引入类和对象等基本概念，由此过渡到C++的编程。

10.6.2 类的声明——类三部曲之一

类是一种自定义的构造数据类型，它是将不同类型的数据与处理这些数据的相关函数封装在一起的集合体，类中的数据和函数分别称为数据成员和成员函数。

声明类的一般语法格式如下：

```
class 类名
{ private:
      私有数据成员及成员函数;
   protected:
      保护数据成员及成员函数;
   public:
      公共数据成员及成员函数;
};
```

```
class CPoint
{
  private:              //私有数据成员
     int x,y;
  public:               //公有成员函数声明
     init(int a, int b);
     print();
};
```

其中class是关键字，不能省略。类名由用户自定义，与C中的标识符的命名规则一致。通常首字母大写，以标志其"类型"的地位。类中的数据成员和成员函数有三种访问控制属性，分别由三种访问控制修饰符private(私有类型)、protected(保护类型)和public(公有类型)加以说明。

private：指定其后的成员是私有的。私有成员只能被类本身的成员函数访问。类中的数据和函数若不特别声明，都被视为私有类型，被封装在类的内部，不能被任何类外的函数访问，从而保证了私有数据成员或成员函数的私密性和安全性。

protected：指定其后的成员是保护类型。这种类型的数据除了能被类本身的成员函数访问之外，还可以被派生类继承(关于派生类继承将在第11章介绍)。

public：指定其后的成员是公有的。这些公有的成员是类与外部的接口，任何外部函数都可以访问公有数据成员或公有成员函数。

在以上声明的二维点类 CPoint 中有数据成员和成员函数两部分：

1. 数据成员

类的数据成员表征了类的数据属性。例如，在 CPoint 类声明中，将一个二维点的 x、y 坐标作为私有数据成员。只有通过在同一个类内的成员函数 init 或 print 才能够对 x 和 y 进行访问。

⚠**注意**：类中数据成员的数据类型可以是任意 C++允许的数据类型。

2. 成员函数

类的成员函数描述的是类的行为特征，它表征了类的操作。与第7章所学的函数类似，类的每个成员函数都完成一个特定的功能。类内的成员函数是对被封装在类内的私有数据的唯一操作途径。只有属于该类的成员函数才可能存取该类的数据成员。当有多个函数时，书写顺序任意。

通常将部分成员函数设为公有，以便与类外交流，而数据成员设为私有，其他函数就不会无意中破坏它的内容，从而达到保护和隐藏数据的效果。

因此，可将例10-4中定义的 Time 结构体改写为 C++的类：

```
class Time
{ private:                                   //私有数据成员
      int hour, minute, second;
  public:                                    //公有成员函数
      void setTime(int,int,int);             //用于对三个私有数据成员赋值的函数
      void printStandard();                  //标准打印函数
};
```

这就完成了 Time 类的声明。

10.6.3　类的成员函数定义——类三部曲之二

在上面类的声明中仅给出了两个成员函数 setTime(int,int,int)和 printStandard()的声明，究竟这两个函数的功能是什么？可以在类声明的外部给出成员函数的定义。

类声明之外成员函数的定义形式：

```
函数类型  类名::成员函数名(形参数据类型及名称表)
{  成员函数体}
```

例 10.4 中的两个函数的具体定义为：

```
void  Time::setTime(int h,int m,int s)
{    hour = h;
     minute = m;
     second = s;
}
void Time::printStandard()
{    cout << hour % 12 <<":"<< minute <<":"<< second <<(hour < 12?" AM ":" PM ");     }
```

与第 7 章函数定义的不同在于多出了阴影部分，在函数名前加上了类作用域限定符“::”，说明此成员函数是属于该类的，这样即使几个类中的成员函数名相同，也可以用这种形式把它们区分开。对于本身很短小的成员函数，可以把该成员函数的定义直接写在类声明中(称为内联函数)，其形式与第 7 章一样。

```
class CStudent                                  //学生类的定义
{
  private:                                      //私有数据成员
    int num;                                    //学号
    char name[20];                              //姓名
    char sex;                                   //性别
  public:                                       //公有成员函数
    void init()                                 //内联函数
    {      cin >> num >> name >> sex;      }
    void show_sex()                             //内联函数
    {      cout << num <<" sex is "<< sex;      }
};
```

这个程序中类的声明和定义就合在一起完成了。

不管用哪种形式，类声明中各成员函数逐一定义完后，这个新的类类型才算真正实现了。此时类的地位等同于 int、float、struct Student 等，是一种新的 C++构造类型，没有开辟相应的内存，其目的是在后面的程序中当成类型使用。

10.6.4 类的应用——类三部曲之三

经过前两步类的声明和定义完整地实现了一个类后，已经告知编译系统该类型的“变量”将占用的内存空间等信息，而“变量”才是我们编程需要处理的。C++中把类“变量”改称为“对象”。因此“对象”与一个基本类型“变量”的地位是一样的，在类的基础上定义的“对象”才是编程要处理的对象，其定义形式也相同，格式如下：

类名 对象名列表；

例如，对于上面所定义的时间类和学生类，可以定义如下对象：

```
Time  t1,t2;                               //定义 Time 对象 t1、t2
CStudent  stu1,stu2[6];                    //定义 CStudent 对象 stu1 和数组 stu2[6]
```

如此可以看出，对象是类的实例，在类定义后可根据需要定义多个实例——对象。之后类的应用就像结构体成员的引用一样来引用对象的成员，只是现在的成员有两部分：数据成员和成员函数。一般来说，只有在类中被定义为公有的数据成员或成员函数才能够在类外被引用，引用符是“.”，其一般形式为：

```
对象名.公有成员函数(实参列表);
对象名.公有数据成员
```

例如：

```
t1.setTime(7,0,0);                /*  仅比第 7 章的函数调用多了该函数所属对象的说明  */
```

因此，在完成了前两节类的声明和定义之后，可以用下面的代码来完成 Time 对象 t1 的定义和使用。

```
void  main()
{   Time  t1;                    //定义了 Time 类的一个对象 t1
    cout << "\nStandard time: ";
    t1.setTime(14,30,0);         //对象 t1 的成员函数的调用，给数据赋以具体值
    t1.printStandard();          //调用对象 t1 的标准打印函数输出数据
    cout << endl;
}                                //完成了 Time 类的应用
```

至此，类的三部曲——声明、定义和应用的一个完整的示例就完成了。Time 类将两个成员函数和三个私有数据“封装”在一起，两个成员函数就可以直接处理这三个数据，调用“t1.setTime(14,30,0);”来设置私有数据成员 hour、minute、second 的具体值，然后调用“t1.printStandard();”直接输出这些数据的值，其他任何非成员函数均不能访问这些数据，保证了私有数据成员的安全性。所以类既有“牢固的屏障”保护着私有成员的安全，又有公有成员函数作为良好的接口与外界交流。

10.6.5 类之实例

学习下面两个类的例子，体会 C++中有关“类”的编程，进一步体会类的三部曲。

【例 10-5】 用类来编程找出一个整型数组中元素的最大值。

```
#include <iostream.h>
#define  N  5
class Array_max                              第一步：类的声明
{ public:                                    //公有成员函数
      void set_value();                      //对数组元素设置值
      void max_value();                      //找出数组中的最大元素
      void show_value()                      //输出最大值,内联函数
      {     cout <<"max = "<< max << endl;
      }
  private:                                   //私有数据成员
      int array[N];                          //整型数组
      int max;                               //max 用来存放最大值
};
void Array_max::set_value()                  第二步：类成员函数的外部定义
```

```
{   int i;
    cout<<"请输入"<<N<<"个整型数: "<<endl;
    for(i=0;i<N;i++)
        cin>>array[i];
}
void Array_max::max_value()
{   int i;
    max=array[0];
    for (i=1;i<N;i++)
        if(array[i]>max)
            max=array[i];
}                                    第三步：类的应用
void main()
{   Array_max dx;               //定义对象 dx
    dx.set_value();             //向数组元素输入数值
    dx.max_value();             //找出数组元素中的最大值
    dx.show_value();            //输出数组元素中的最大值
    //cout<<"max="<<max<<endl;
}
```

运行结果：

```
请输入5个整型数:
5 8 9 7 1
max=9
```

例 10-5 中定义了一个名为 Array_max 的类，将整个数组及其最大值和一些函数"封装"在了一起，所有的成员函数均可访问同一类的对象的数据成员。set_value()逐个对数组 array 输入具体的数，max_value()负责找出 array 中的最大数 max，show_value()最后显示这个结果。主函数中定义了对象 dx，三个成员函数对同一对象的数据（数组 array 和变量 max）各自操作，分工处理，一气呵成，完成了题目的要求，与第 7 章相比，明显免去了参数传递和函数值返回等诸多麻烦，显示了类的优越性。

如果不注释掉本例中阴影部分的语句，则语法编译提示：

```
error C2065:'max':undeclared identifier
```

想想为什么？

注意：C 语言中的"变量"到了 C++中变成"对象"，从类的应用中可以很好地体会。变量只是数据，对象则既有数据，又有函数，所以对象通常如本例中的 dx，其具体用途是调用该类对象中的公有成员函数。

【例 10-6】 用类改写例 10-2，定义一个学生类，输入 10 名学生的信息，并将其中最高分同学的相关信息全部显示。

```
#include<iostream.h>
① /*********************** 第一步：类的声明 ***********************/
class CStudent
{
```

```
    private:                                //私有数据成员
      int num;
      char name[20];
      char sex;
      float score;
    public:                                 //公有成员函数
      void init()                           //类成员函数的内部定义,用于对私有数据成员的赋值
      {   cin>>num>>name>>sex>>score;   }
      float stu_score()                     //类成员函数的内部定义,用于访问私有数据
      {   return score;     }
      void output();                        //类成员函数的声明
};                                          //学生类声明结束
② /*****************    第二步:类的成员函数的外部定义    *****************/
void CStudent::output()
{     cout<<"num:"<<num<<"\tname:"<<name
          <<"\tsex:"<<sex<<"\tscore:"<<score<<endl;
}

③ /***********************    第三步:类的应用    ***********************/
void main()
{     CStudent stu[10];                     //创建了一个对象数组
      int i,maxn=0;float score_max;
      cout<<"依次输入各学生信息,按照顺序:学号/姓名/性别/分数"<<endl;
      for(i=0;i<10;i++)
          stu[i].init();                    //调用成员函数初始化私有数据
      score_max=stu[0].stu_score();         //调用成员函数以获得私有数据
      for(i=1;i<10;i++)
          if(stu[i].stu_score()>=score_max)
          {     maxn = i;                   //maxn用于记录最高分学生的序号
                score_max=stu[i].stu_score();
          }
      stu[maxn].output();
}
```

例题中首先声明和定义了一个学生类 CStudent,然后在主函数中用一个该类的数组 stu[10]去记录 10 名学生各自的相关信息,该程序能够实现和例 10-2 一样的功能。

注意: 类的三部曲与第 7 章的函数三部曲遥相呼应,形式上是一致的。函数的声明写在类的声明中;函数的定义既可以写在类内,也可以写在类外;函数的调用是类应用的主要工作,类成员函数的调用必须冠以对象名及成员运算符,形如:对象名.成员函数名(),由此可体会 C 是如何过渡到 C++的。

类的声明和定义最好放在程序的开头、任何函数之外(或者放在头文件中),以备其他部分使用。

10.7 本章知识要点和常见错误列表

本章重点讲解了 C/C++中的构造数据类型,结构体、共用体和类都是常用的构造数据类型。

本章主要知识点小结如下。

(1) 本章的构造数据类型,都必须遵循"先定义类型,再定义变量,后使用变量"的原则。

结构体:不同类型数据的集合。

类:不同类型数据及其处理函数的集合。

(2) 结构体与共用体的区别如表 10-1 所示。

表 10-1 结构体与共用体的区别

	结 构 体	共 用 体
类型的定义	struct 结构体名 { 数据类型名 1 结构体成员名 1; … 数据类型名 n 结构体成员名 n; };	union 共用体名 { 数据类型名 1 共用体成员名 1; … 数据类型名 n 共用体成员名 n; };
变量的定义	struct 结构体类型名 结构体变量名表;	union 共用体类型名 共用体变量名表;
变量内存	大致为各成员变量所占字节数之和	成员中需要存储单元最大的那个成员所需的字节数
成员的引用	结构体变量名.成员名 指针变量名->成员名 (*指针变量名).成员名	共用体变量名.成员名 指针变量名->成员名 (*指针变量名).成员名

(3) 结构体变量之间可以相互整体赋值,它的赋值等价于各个成员之间逐一相互赋值;

(4) 允许结构体的嵌套,对嵌套结构体成员采用逐级访问的方法。不允许结构体对自身的嵌套,但允许其成员是自身类型的结构体指针。

(5) 结构体与类的区别如表 10-2 所示。

表 10-2 结构体与类的区别

	结 构 体	类
类型的定义	struct 结构体名 { 数据类型名 1 结构体成员名 1; … 数据类型名 n 结构体成员名 n; };	class 类名 { private: 私有数据成员及成员函数; protected: 保护数据成员及成员函数; public: 公有数据成员及成员函数; };
成员构成	数据成员	数据成员、成员函数
访问权限	所有成员均可以访问	由类成员的访问属性决定,默认私有
变量的定义	struct 结构体名 结构体变量名表;	类名 对象名表;
成员的引用	结构体变量名.成员名 指针变量名->成员名 (*指针变量名).成员名	对象名.公有数据成员名 对象名.公有成员函数(实参); 类指针->公有数据成员名 类指针->公有成员函数(实参); (*类指针).公有数据成员名 (*类指针).公有成员函数(实参);

(6) 类的访问控制。

public：公有成员，在程序任何位置都能够访问。
private：只能出现在所属类体内、成员函数中，不能出现在其他函数中。
protected：只能在该类的派生类中使用。

(7) 类成员函数的定义。

类的成员函数和普通的函数构成类似，有"直接定义"和"声明＋定义"两种形式。

"直接定义"形式——内联函数，一般用于函数体内容比较少的时候，直接在类体内给出成员函数的定义。

"声明＋定义"形式，大多数成员函数均以此形式实现。在类体内给出成员函数的声明，在类体外给出函数的具体定义。当在类体外实现成员函数时，必须使用"::"符号，说明该函数属于哪个类。

本章程序的量有陡然增加之感，其实难度并不大，只是形式上复杂了，但编程的实质思想还是一样的，只要耐心些，掌握起来也不是很难。

本章常见的错误如表 10-3 所示。

表 10-3 本章常见错误

序号	错误程序示例	错误分析	正确代码

1	struct time
	{ int hour;
	int minute;
	int second;
	};
	time = {2,4,13};
	time. hour = 2;
		error C2065: 'time' : undeclared identifier
		由于是第一次自定义类型，而结构体类型名也是自己起的，所以最常犯的错误是在后续程序中直接对结构体类型名操作，把结构体类型名当成了变量名
			struct time
			{ int hour;
			int minute;
			int second;
			} t1;
			t1. hour = 2;
			t1. minute = 14;
			t1. second = 13;

2	struct time
	{ int hour;
	int minute;
	int second;
	};
	hour = 18;
		error C2065: 'hour' : undeclared identifier
		结构体变量的使用必须引用成员，但不可单独引用成员，前面必须冠以结构体变量
			struct time
			{ int hour;
			int minute;
			int second;} t2;
			t2. hour = 18;

3	struct Time
	{ int hour = 0;
	int minute = 0;
	int second = 0;
	};
		error C2252: 'second' : pure specifier can only be specified for functions
		error C2039: 'second' : is not a member of 'Time'
		结构体变量的初始化不能放在结构体类型的定义中
			struct Time
			{ int hour;
			int minute;
			int second;
			};
			Time t1 = {0,0,0};

4	struct Time { int hour; int minute; int second; Time worktime; };	error C2460: 'worktime' : uses 'Time', which is being defined 允许结构体嵌套，但不可包含自身类型的成员，可以包含自身类型的指针成员	struct Time { int hour; int minute; int second; Time * worktime; };

续表

序号	错误程序示例	错 误 分 析	正 确 代 码
5	struct Time { … }t1, * pt2; pt2 - > t1;	error C2039: 't1' : is not a member of 'Time' "->"是利用结构体指针引用结构体变量的成员,而非指针变量的赋值	struct Time { int i; … }t1, * pt2; pt2 = &t1; pt2 - > i;
6	struct Time { … int second; }t1, * pt2; pt2 = &t1.second;	error C2440: '=' : cannot convert from 'int * ' to 'struct Time * ' 结构体指针变量 pt2 只能指向整个结构体变量,而不能指向结构体变量中的某个成员	struct Time { … }t1, * pt2; pt2 = &t1;

7	class Array_max
	{ …
	void max_value();
	}
	void Array_max::set_value()
	{ …
	}
		error C2628:'Array_max' followed by 'void' is illegal (did you forget a ';'?)
		类/结构体声明结束后,大括号外必须以分号结束
			class Array_max
			{ …
			void max_value();
			};
			void Array _ max:: set _ value()
			{ …
			}

8	class Array_max
	{ int max;
	public:
	…
	void max _ value ();
	};
	void main()
	{ …
	cout <<"max = "<< max<< endl;
	}
		error C2065: ' max ' : und - eclared identifier
		类中,默认的成员类型是 private 类型,它只能被类内的成员函数所访问,其他的函数或变量都不能直接访问或者调用它
			class Array_max
			{ int max;
			public:
			…
			void max_value()
			{ …
			cout <<"max = "<< max << endl;
			}
			};

9	class Array_max
	{ …
	public:
	int max_value();
	…
	};
	…
	void main()
	{ …
	cout << max_value()<< endl;
	}
		error C2065: ' max _ value ' : undeclared identifier
		对象名在类的应用中至关重要,所有成员函数的引用都要有"对象."引领,有些学习者还没进入 C++ 编程的转变,调用函数时容易丢失对象名和引用符"."
			class Array_max
			{ …
			public:
			int max_value();
			…
			};
			…
			void main()
			{ …
			Array_max a1;
			cout << a1.max_value()<< endl;
			}

另外,因为本章的结构体名、类名、结构体变量名、对象名等都是自己起名的英文单词,所以更要遵循"见名知意"的规律,结构体类型名、结构体变量名、结构体内各成员名、类名和类成员名等一定要用不同的名字,若重名就自己把自己搞糊涂了,或用同一个单词加数字,容易混淆,给自己添麻烦。

习题

一、选择题

1. 设有以下定义语句:

```
struct ex
{    int x;
     int y;
     int z;
} example ;
```

以下叙述中不正确的是(   )。

A. struct 是结构体类型的关键字　　B. example 是结构体类型名

C. x, y, z 都是结构体成员名　　D. struct ex 是结构体类型

2. 若定义结构体:

```
struct st
{    int No;
     char name[15];
     float score;
}s1;
```

则结构体变量 s1 所占内存空间为(   )。

A. 15

B. sizeof(int)+sizeof(char[15])+sizeof(float)

C. sizeof(s1)

D. max(sizeof(int), sizeof(char[15]), sizeof(float))

3. 若有以下结构体定义,哪个赋值是正确的?(   )。

```
struct s
{    int x;    int y;
}vs;
```

A. s.x = 10;　　B. s.vs.x = 10;

C. struct va; va.x = 10;　　D. struct s va = {10};

4. 有如下定义:

```
struct { int a;float b;}data, *p;
```

如果 p=&data;,则对于结构体变量 data 的成员 a 的正确引用是(   )。

A. (*).data.a　　B. (*p).a　　C. p->data.a　　D. p.data.a

5. 当定义一个共用体变量时,系统分配给它的内存是( )。

A. 共用体最后一个成员所需的内存量

B. 成员中内存量最大者所需的内存容量

C. 各成员所需内存量的总和

D. 共用体中第一个成员所需的内存量

二、编程题

1. 定义一学生结构体类型,学生的信息包括学号,姓名和数学、物理、英语三门课成绩。编写程序,输入某个学生的5个信息,输出最高成绩的科目及该生的学号和姓名信息。

2. 定义一个表示日期的结构体,可以表示年、月、日、星期,提示用户输入年、月、日、星期的值,然后完整地显示出来。

3. 将题2中的结构体,改为日期类,完成类的三部曲。

4. 定义一个Employee类,其中包括姓名、性别、年龄、城市和邮编等5个信息,用set_info函数设置对象的5个属性,用display函数,用来显示对象的5个信息,完成此类的三部曲。

5. Point类包含三个以实数表示的点坐标x,y,z。编程实现:输入点坐标,并求其到原点的距离。

第11章 C++基础

前 10 章介绍了 C 语言程序设计，并在 10.6 节从结构体类型引出了 C++的核心——“类”的概念，可见 C++语言是从 C 语言发展而来的，它以 C 语言为基础，加入了面向对象的程序设计(OOP)的概念。

本章将在 10.6 节类和对象概念的基础上，介绍面向对象程序设计的思想及 C++的基础知识。

11.1 面向对象的程序设计

11.1.1 面向过程与面向对象

1. 面向过程

面向过程程序设计采用的是结构化程序设计方法，其核心是功能分解。当程序员试图编程解决一个实际问题时，第一步要做的是将问题分解成若干模块，接着根据模块来设计数据的表示方式，然后编写函数对这些数据进行处理，最终的程序是由这些函数构成的。在整个设计中，模块中的数据处于功能实现的从属地位，着重点在编写函数，但程序员在编程时又必须时时考虑到数据，因为函数是针对具体数据的操作。这种数据和处理数据函数的分离，给编程人员带来沉重的负担。一旦后期数据结构需要变更，就必须修改与之有关的所有模块，因此代码可重用性差，维护代价高。一旦程序达到一定的规模，程序的复杂性超过了结构化程序设计技术所能管理的限度，程序就会变得难以处理和控制。数据和函数的分离，是面向过程的程序设计在大型软件开发时的瓶颈问题，也是面向对象的程序设计着力解决的问题。

2. 面向对象

面向对象的程序设计，顾名思义就是以对象——“数据”为主导的一种程序设计。面向对象的程序设计思想出现得很早，只是人们渐渐认识它是从 C++语言开始的。C++语言是以数据为主导，以算法为辅助的面向对象的程序设计语言。在面向对象的程序设计中，数据和处理这些数据的操作函数构成了一个整体——类，这样数据结构发生变化时，只要对相关类进行修改，并不需要做大量的修改工作，即可实现对软件系统的修改，降低了软件维护成本。

3. 类与对象

在日常生活中,对象就是人们认识世界的基本单元,它可以是人,也可以是物体或者一件事。整个世界都是由形形色色的“对象”构成的,例如一个学生、一块黑板、一场比赛等。对象可以很简单,也可以很复杂,复杂的对象可由若干简单的对象构成。C++编程时,对一组具有共同属性特征(数据)和行为特征(函数)的对象的抽象就是“类”。例如,由许多学生的共同特征可以抽象出“学生类”,而某一个学生就是“学生类”的一个实例——对象。

可见,类和对象之间是抽象和具体的关系。以面向对象的观点来看,一个对象是由描述其属性的数据和处理这些数据的行为——函数组成的实体,是由数据和函数共同构成的。类是对一组对象的抽象,这组对象具有相同的数据属性和行为特征(操作函数),在对象所属的类中要说明这些数据和操作函数。进行C++程序设计时,有了类,才能创建对象,一个对象是类的一个实例。就如同C语言中由系统定义了整型数据int的相关特性,用户才能够定义int型变量,并用该变量编程一样,C++的编程需要用户自己先实现了“类”这种新的类型(完成类的声明及其内部所有成员函数的定义),然后,在此基础上,才能定义该类的对象,并用该类对象编程。

11.1.2 面向对象的三大特性

面向对象程序设计中最重要的概念是类与对象,最显著的特性是三大特性——封装性、继承性和多态性。

1. 封装性

封装与数据抽象密切相关,它们在现实世界中广泛存在。以手机为例,手机上有若干按键,当人们使用手机时,只需根据自己的需要按下相应的按键,手机就会完成相应的工作。这些按键装在手机表面,人们通过它们与手机交互,而手机内部电路是封装在机壳里的,其内部原理对用户来说是隐蔽的,这就是“封装”。

那么如何知道手机上哪个键是拨打、哪个键是挂断呢?这是手机的使用说明书告诉我们的,但使用说明书一般不会告诉我们内部电路是如何工作的。也就是说,说明书在手机做什么和怎么做之间做了明确的区分。

将这些观点应用于类上,就不难理解数据的抽象和封装。将数据和处理数据的操作函数组成一个实体,数据的具体结构和对数据的操作细节被隐藏起来,用户通过接口函数对数据进行操作。对于用户来说,只需要知道如何通过函数对该数据进行操作,而不需知道具体是如何做到的,也不需要知道数据如何表示,这就是“封装”。

对象的这一封装机制,可将对象的使用者和设计者分开,使用者像手机用户一样,不必知道对象行为实现的细节,只需按照设计者提供的接口去做。封装的结果实际上隐藏了复杂性,并提高了代码重用性,从而减轻了开发和维护一个软件系统的难度。同时,封装可以防止程序员对对象内部的数据成员和成员函数进行不必要的干涉,提高了系统的安全性。

2. 继承性

继承在现实生活中是一个很容易理解的概念。例如，每人都继承了父母的某些特性。从面向对象程序设计的观点来看，继承所表达的是类之间延续的关系。这种关系使得某类可以继承另一个类的属性特征和行为特征。例如，动物是一个类，狗是动物中的一种，具有动物的一般特性，因此可以继承动物类的某些特性，产生出一个新的狗类，而无须重新定义一个狗类。

因此，在面向对象程序设计中，继承的作用有两个：一是避免公用代码的重复开发，减少代码和数据冗余；二是通过增强一致性来减少模块间的接口和界面。继承机制为程序员提供了一种组织、构造和重用类的手段。

3. 多态性

多态性是面向对象程序设计的又一重要特征。多态性的意义在于，类的各个对象能以不同的方式响应同一消息（消息驱动是 Windows 编程的一个主要内容，本书略，建议读者参考其他书籍），即所谓的"同一接口，多种响应方式"，或者说属于不同类的函数可以共用一个函数名，或者同样的信息，会因接收的个体的不同而有不同的动作，例如同样是"出行"，飞机出行、火车出行、汽车出行……会因为交通工具的不同，实现的方式截然不同。

11.2 封装性——特性之一

面向对象程序设计的三大特性之首是"封装性"，其实现方式就是类。

第 10 章已经以类的三部曲的形式引入了类，类内的数据成员通常都是私有的，只能被在同一类中的成员函数访问，不能被任何类外的函数访问，也不能被直接初始化，为了给数据成员赋值，在 Time 类中专门加了一个函数 setTime( )，在例 10-5 中设立了 set_value( ) 函数。在 C++中，这一功能更多的是由构造函数来完成的，与之成对的是析构函数。

构造函数和析构函数是类的一对重要函数。如果像 10.6 节，类中没显式地定义构造和析构函数，编译系统会自动生成一对默认的构造和析构函数。通常学习者还是要学习如何显式定义这两个函数，更方便地初始化类的私有数据。

11.2.1 构造函数

类的应用中，对象的定义就如同变量的定义一样，编译系统遇到对象的定义时，为它分配内存，进行一定的初始化，这个工作就由构造函数来完成。

构造函数遵循如下原则：

(1) 构造函数的名字必须和它所在的类名相同。

(2) 构造函数没有返回值类型，即使 void 也不可以。

(3) 构造函数在定义类对象时自动调用，做相应的初始化。

【例 11-1】 用日期类说明并验证构造函数：

此例中的构造函数有默认参数值（又称默认参数），即定义对象时不提供初值，默认数据初值 month=1,day=1,程序清单及运行结果如下。

```
#include <iostream.h>
//********************** 类的声明——三部曲之一 **********************
class CDate
{   int month,day;              //默认访问权限,为私有数据成员
  public:
    CDate(int m=1,int d=1); //有参数值的构造函数的声明
    void show();                //成员函数 show 的声明
};
//**************** 类成员函数的外部定义——三部曲之二 ****************
CDate::CDate(int m,int d)   //构造函数的定义,再写默认值 m=1 就错了,因声明中已有
{   month=m;
    day=d;
}
void CDate::show()              //类外成员函数 show()的定义
{   cout<<"The date is:"<<month<<"-"<<day<<endl;
}
//*************   类对象的定义和使用,类的应用——三部曲之三   *************
void main()
{   CDate date1;                //定义对象 date1,自动调用构造函数,并使用其默认参数值
    date1.show();
    CDate date2(2);             //定义对象 date2,部分使用构造函数中的默认参数值
    date2.show();
    CDate date3(3,12);          //定义对象 date3,调用构造函数,但不用构造函数中的默认参数值
    date3.show();
}
```

运行结果:

```
The date is:1-1
The date is:2-1
The date is:3-12
```

例题在定义三个对象时,三次自动调用构造函数,但因实参(可以理解为显式的初始数据)个数不同而处理不同,date1 不带任何参数,系统自动调用默认参数的构造函数;date2 按从左到右的顺序将给定的一个实参传递给构造函数,右边剩下的参数仍然使用构造函数中的默认初值;date3 则将所有实参传递给构造函数。

若在类体内直接给出构造函数的定义,即写成内联构造函数,则可以直接写出参数的默认值,即如下程序也合法:

```
class CDate
{     …
    CDate(int m=1,int d=1)         //构造函数的定义时直接写默认值,没有声明
    {     month=m;
          day=d;
    }
}
```

当然类也可以提供不带参数的构造函数，如：

//类的声明
class CDate
{ …;
CDate();
…;
}
	//类的定义——无参构造函数的实现
	CDate:: CDate()
	{
	month = 10;
	day = 1;
	}

当成员函数在类体内声明，在类体外定义时，默认参数只能出现在函数的声明中，不能出现在类体外的函数定义中。

⚠**注意**：不能将带默认参数值的构造函数与无参构造函数一起使用，这样在对象定义时，会产生二义性，编译系统将无法区分调用哪个构造函数。可参考11.6节的错误程序示例。

11.2.2　析构函数

与构造函数对应的是析构函数。C++在对象撤销时自动调用析构函数，用于释放分配给对象的内存空间，并处理对象的扫尾工作。

析构函数具有如下一些特点。

(1) 析构函数与类名相同，之前加波浪号"～"，以区别于构造函数。

(2) 析构函数不指定返回类型。

(3) 析构函数不能指定参数。

(4) 一个类只能有一个析构函数，当撤销对象时，编译系统会自动调用析构函数。

在类体内定义析构函数的一般格式是：

```
~ClassName( )
{ …}                    //ClassName是类名,析构函数名为~ClassName
```

在类体外定义析构函数的一般格式是：

```
ClassName :: ~ClassName( )
{ …}
```

【例11-2】 编写一个复数类，包含两个私有数据成员：实部、虚部，包含构造函数、析构函数以及一个成员函数abs用于计算其绝对值，一个成员函数show用于显示。全部函数写成内联函数，即类的声明和定义一次完成。程序清单及运行结果如下。

```
#include <iostream.h>
#include <math.h>
//************************ 类的声明和定义 ************************
class Complex
{
```

```
  private:                                    //私有数据成员
    double re;
    double im;
  public:                                     //公有成员函数
    Complex()                                 //构造函数 1,无参构造函数
    {     cout <<"Constructing 1 … "<< endl;
          re = 0;     im = 0;
    }
    Complex(double r)                         //构造函数 2,单参构造函数
    {     cout <<"Constructing 2 … "<< endl;
          re = r;     im = 0;
    }
    Complex(double r, double i)               //构造函数 3,双参构造函数
    {     cout <<"Constructing 3 … "<< endl;
          re = r;     im = i;
    }
    ~Complex()                                //析构函数
    {     cout <<"Destructing  … "<< endl;         }
    void show()                               //输出实部/虚部
    {     cout <<" abs of the complex ("<< re <<","<< im <<") ";     }
    double abs()                              //计算复数的绝对值
    {     return sqrt(re * re + im * im);     }
};
//************************ 类的应用 *****************************
void main()
{   Complex c1;                               //定义对象 c1,自动匹配无参的构造函数 1
    c1.show();
    cout <<" is "<< c1.abs()<< endl;
    Complex c2(3);                            //定义对象 c2,自动匹配单参的构造函数 2
    c2.show();
    cout <<" is "<< c2.abs()<< endl;
    Complex c3(3,4);                          //定义对象 c3,自动匹配双参的构造函数 3
    c3.show();
    cout <<" is "<< c3.abs()<< endl;
}
```

运行结果:

```
Constructing 1…
 abs of the complex (0,0) is 0
Constructing 2…
 abs of the complex (3,0) is 3
Constructing 3…
 abs of the complex (3,4) is 5
Destructing ……
Destructing ……
Destructing ……
```

说明:在类 Complex 中定义了三个同名但不同参数的构造函数和一个析构函数。

为了方便理解,在每个构造函数中预设了显示部分,如"cout <<"Constructing 1…"<< endl",这样,从输出信息可以方便地区分不同形式的对象定义时,究竟自动匹配了哪一种构造函数:当定义不带任何参数的对象 c1 时,调用无参构造函数 1;定义带一个参数的对象 c2 时,

自动调用构造函数 2,传递了一个实参;定义带两个参数的对象 c3 时,自动调用构造函数 3,传递了两个实参。

在主函数退出程序,撤销三个类对象时,系统自动调用了三次析构函数,完成内存释放等清理工作。

例中的 Complex 类的三个构造函数也可以像例 11-1 一样,用一个默认参数值的构造函数完成,代码应该如何编写呢?

总结:

构造函数是类中一种特殊的成员函数,主要用来为对象分配内存空间,对类的数据成员进行初始化。每一次建立该类的对象时,系统都会自动调用构造函数。与其对应的析构函数则在类的对象撤销时,系统自动调用它来回收存储空间,做一些必要的扫尾处理。

11.3 函数的重载

在例 11-2 中,Complex 类定义了三个同名的构造函数,这是 C++语言的独特优势所在——重载。所谓重载,就是程序中相同的函数名有不同的实现方法。使用函数重载,可以把功能相似的函数命名为同一个标识符,减轻程序员和使用者对于函数的记忆负担,使函数更加灵活,程序结构简单、易懂。如例 11-2 中,定义类 Complex 的对象时,可以灵活地给出 0～2 个初值;下面的例题中,给出了 4 个同名的 add 函数,它们分别完成两个或三个、整数或者双精度实数的加法,调用时就可以根据需要灵活地给出实参的个数和类型,代码更加简洁易懂。

⚠函数重载允许程序内有多个名称相同的函数。这些函数可以有不同的返回值,完成不同参数情况下的功能。只要这些同名函数的参数个数或参数数据类型中有一项不同,就可以实现函数的重载。

函数重载不局限于构造函数(例 11-2),类的其他成员函数、普通函数(例 11-3)和运算符都可以重载。

【例 11-3】 求和运算。

```
//************************  重载函数的声明  ************************
int add(int a,int b);              // 4 个同名的 add 函数
int add(int a,int b,int c);
double add(double a,double b);
double add(double a,double b,double c);
//*****************************  主函数  *****************************
#include <iostream.h>
void main()
{    int temp1,temp2;
     double temp3,temp4;
     temp1 = add(3,4);               // 此后 4 次调用 add 函数,程序按实参的类型和个数自动匹配
     cout <<"整数 3 + 4 = "<< temp1 << endl;
     temp2 = add(3,4,5);
     cout <<"整数 3 + 4 + 5 = "<< temp2 << endl;
```

```
        temp3 = add(3.1,4.2);
        cout <<"浮点数 3.1 + 4.2 = "<< temp3 << endl;
        temp4 = add(3.1,4.2,5.3);
        cout <<"浮点数 3.1 + 4.2 + 5.3 = "<< temp4 << endl;

    }
    //*********************** 重载函数的定义 ************************
    int add(int a,int b)                          //重载函数 1
    {   cout <<"调用函数 1\n";
        return a + b;
    }
    int add(int a,int b,int c)                    //重载函数 2
    {   cout <<"调用函数 2\n";
        return a + b + c;
    }
    double add(double a,double b)                 //重载函数 3
    {   cout <<"调用函数 3\n";
        return a + b;
    }
    double add(double a,double b,double c)        //重载函数 4
    {   cout <<"调用函数 4\n";
        return a + b + c;
    }
```

运行结果:

```
调用函数1
整数3+4=7
调用函数2
整数3+4+5=12
调用函数3
浮点数3.1+4.2=7.3
调用函数4
浮点数3.1+4.2+5.3=12.6
```

函数的重载要求编译器能够唯一地确定应该调用的函数形式,即应该采用哪一个函数形式来实现。为了不造成混乱,要求函数的形参个数或者形参的类型不同。即,函数重载时,函数名是相同的,但函数形参的个数或类型不能都相同。

⚠**注意**:参数个数和类型都相同,仅返回值不同的重载函数是非法的。

11.4 继承性——特性之二

类是程序员对需要解决的现实问题进行抽象、分析和归纳的结果。但事物是不断发展的,变换了的事物继承了原事物的特性,如何尽可能重复利用已有的程序代码,改造并扩充它们,让已有的类适应不断变化发展的问题,以提高程序设计的效率?

C++提供了类的继承机制。通过继承,在原有的、已定义类的基础上派生出一个新类,它继承原有类的属性和行为(数据成员和成员函数),并且可以扩充或更新数据成员和成员函数。由于新类是在原有类基础上产生的，因此就不需要重复原有类的一些代码，从而降低了软件开发成本，实现了软件重用。

11.4.1 类的层次结构

层次是类的重要概念，通过继承的机制可以对类进行分层，提供类/子类的关系。C++通过类派生的机制来支持继承。

如图 11-1 所示，在一个学校人员管理系统中，定义了一个“在校人员类”，类中描述了人的最基本属性：姓名、生日和性别。从人员的组成上，可以进一步细化为“学生类”和“职工类”。作为学生类的定义，就不需要重新定义作为在校人员的基本特性(姓名、生日、性别)，完全可以继承已经定义好的“在校人员类”，只需要补充学生的相关信息，例如学号、生源地即可。通过继承所产生的类(学生类或者职工类)就称为派生类或子类，而被继承的类(在校人员类)叫做基类或父类。基类和派生类构成了类继承的层次结构。

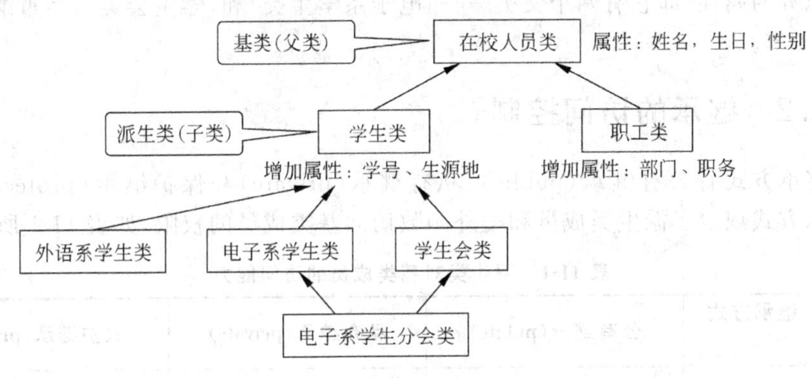

图 11-1 类的层次结构图

常见的继承方式有以下两种。

1. 单一继承

当一个类只有一个直接基类时，称为单一继承。如图 11-1 中的学生类或职工类，只有唯一的父类——在校人员类。它的一般格式为：

```
class 派生类名: 继承方式 基类名
{
    派生类成员声明;
};
```

其中，派生类名是新定义的类名，继承方式规定了如何访问基类的成员，它可以是 private(私有继承)、public(公有继承)和 protected(保护继承)，默认为 private。派生类成员是指除了从基类继承来的成员外，还有新增加的数据成员和成员函数。C++正是通过在派生类中新增成员来添加新的属性和行为，从而实现代码复用和功能扩充。

例如，下面的语句声明了两个类 A 和 B，其中类 A 作为基类，类 B 公有继承类 A。

class A	class B: *public* A

``class A
{
    private:
     int xa;
    public:
       void init_a(int n);
};```
	``class B: public A
	{
	    private:
	     int xb;
	    public:
	       void init_b(int n);
	};```

```
class A
{
    private:
     int xa;
    public:
       void init_a(int n);
};
```

```
class B: public A
{
    private:
     int xb;
    public:
       void init_b(int n);
};
```

类 B 公有继承了类 A

采用上述语句声明派生类 B 后，由类 B 创建的对象既可以访问类 B 的成员，也可以访问类 A 的成员，但访问的权限由继承方式来决定。

2. 多重继承

一个派生类由多个基类共同派生而来的情况称为多重继承。如图 11-1 中的电子系学生分会类，它的成员既属于电子系学生类，具有特定的专业课成绩等属性，又属于学生会类，有部门和职务的属性，即它有两个父类——“电子系学生类”和“学生会类”，多重继承的实现详见 11.4.4 节。

11.4.2 继承的访问控制

类的继承方式有公有继承(public)、私有继承(private)和保护继承(protected)三种。不同的继承方式规定了派生类成员和类外函数访问基类成员的权限，如表 11-1 所示。

表 11-1 派生类对基类成员的访问能力

继承方式 / 基类成员	公有继承(public)	私有继承(private)	保护继承(protected)
私有成员 private	private	不可访问	不可访问
公有成员 public	public	private	protected
保护成员 protected	protected	private	protected

1. 公有继承

在公有继承中，基类成员的可访问性在派生类中保持不变，即基类的私有成员在派生类中还是私有成员，不允许外部函数和派生类的成员函数直接访问，但可以通过基类的公有成员函数访问。基类的公有成员和保护成员在派生类中仍是公有成员和保护成员，派生类的成员函数可直接访问它们，而外部函数只能通过派生类的对象间接访问它们。

【例 11-4】 公有继承的应用，类 B 公有继承了类 A，观察其成员的属性。

```
class A          //父类的定义
{
  private:
    int xa;
  public:
    void init_a(int m)
    {    xa = m;    }
    void show();
};
```

```
class B: public A      //子类的定义
{
  private:
    int xb;
  public:
    void init_b(int n)
    {    xb = n;    }
    void show();
};
```

```
void A::show()                        //父类成员函数的定义
{   cout<<"Class A show:"<<xa<<endl;  }
void B::show()                        //子类成员函数的定义
{   cout<<"Class B show:"<<xb<<endl;
}

#include<iostream.h>                  //类对象的定义和使用
void main()
{     B db;
      db.init_a(3);
      db.init_b(2);
      db.show();
}
```

运行结果：

```
Class B show:2
```

子类B类实际包含的内容如图11-2所示，其中阴影部分就是它直接从父类继承得到的。可见：

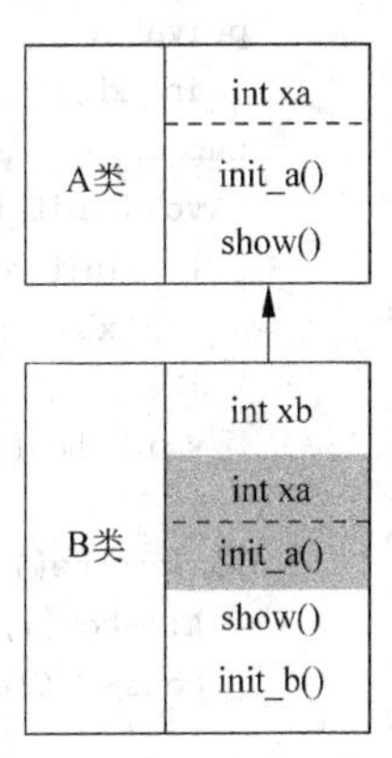

图11-2 单一继承示例

(1) 子类定义中只需要给出新增的数据成员或者成员函数。公有继承的子类可以直接调用父类中的公有函数，如上例中，B类的对象db可以直接调用A类的init_a()函数为成员xa进行赋值。

(2) 在派生类中声明的成员名字如与基类中声明的名字相同，则派生类中的名字起支配作用——也是近水楼台先得月。如A类和B类中都有show()函数时，子类B类的对象直接调用的是其自身的show()函数，显示的是xb的值，为2，不会调用父类的同名函数，如例11-4的运行结果所示。子类的对象只看到近处自己的show函数，而看不到父类中的同名show函数，也看不到父类中的私有数据。

上例中，B类的show()函数如果换成：

```
void B::show()
{     cout<<"Class B show:"<<xa<<'\t'<<xb<<endl;      }
```

程序编译显示：

```
Compiling...
ex11_4.cpp
F:\ex11_4.cpp(28) : error C2248: 'a' : cannot access private member declared in class 'A'
        F:\ex11_4.cpp(7) : see declaration of 'a'
Error executing cl.exe.

ex11_4.obj - 1 error(s), 0 warning(s)
```

程序报错，为什么？在不定义新的对象的情况下，如何修改可以显示xa的值？

2. 私有继承

在私有派生后，基类的公有成员和保护成员在派生类中都变成了私有成员，它们能被派生类的成员函数直接访问，不能被类外函数访问，也不能在类外通过派生类的对象访问。另外,基类的私有成员派生类仍不能被访问。

【例 11-5】 改写例 11-4,使得类 B 私有继承于类 A。

如果仅修改继承方式,即将例 11-4 的阴影代码"class B: ***public*** A"换成"class B: ***private*** A",其他代码保持不变,则编译后会返回如下的错误信息:

```
Compiling...
ex11_5.cpp
F:\ex11_5.cpp(31) : error C2248: 'init_a' : cannot access public member declared in class 'A'
        F:\ex11_5.cpp(7) : see declaration of 'init_a'
执行 cl.exe 时出错.

ex11_5.obj - 1 error(s), 0 warning(s)
```

编译信息表明程序错误地调用了 init_a( )函数,原因在于,B 类私有继承于 A 类,因此类 A 的公有成员在类 B 中被称为私有成员,从而不能被外部函数访问,但在子类 B 内部调用基类的成员函数还是合法的,将子类及主函数的代码修改如下。

```
class B: private A                    //私有继承
{
  private:
    int xb;
  public:
    void init_b(int n)
    {    init_a(3);                   //在子类内部调用父类的公有成员函数
         xb = n;
    }
    void show();
};
void B::show()
{   A::show();                        //借助作用域限定符"::"调用父类同名成员函数
    cout <<"Class B show:"<< xb << endl;
}
```

```
#include < iostream.h >
void main()
{    B db;
     db.init_b(2);
     db.show();
}
```

运行结果:

```
Class A show:3
Class B show:2
```

⚠ **注意**:由于私有派生中,基类的私有成员对于派生类和类外函数是不可访问的,因此在设计基类时,通常都要为其私有成员提供公有的成员函数,以便派生类和外部函数能够间接访问它们。因为私有继承之后,基类成员是无法在以后的派生类中发挥作用,实际上相当于中止了基类继续派生,故私有继承用得不多。

3. 保护继承

通过上面两个例子的学习可见,无论是公有继承还是私有继承,派生类都不能访问其基类的私有成员,要想访问,只能通过调用基类成员函数的方式来实现,即使用基类提供的接口来访问。这对于需要频繁访问基类私有成员的派生类来说,极为不便。

为了解决这个问题,C++提供了另一种访问特性,即 protected 特性。保护成员可被本类或派生类的成员函数访问,但不能被外部函数访问。为了便于派生类访问,可将基类中需要提供给派生类访问的私有成员定义为保护成员。

在保护继承中,基类的公有成员在派生类中成为保护成员,基类的保护成员在派生类中仍为保护成员。所以,派生类保护继承到的所有成员在类的外部都无法访问它们。

【例 11-6】 类 B 保护继承于类 A,观察各数据成员的访问特性。

```
class A                        //父类的声明
{
  private:
    int a1;
  protected:                   //保护成员
    int a2;
  public:
    void init_a1(int x)
    {    a1 = x;     }
    int get_a1()
    {    return a1;     }
};
```

```
class B: protected A          //保护继承
{
  private:
    int b;
  public:
    void init_b(int x, int y, int z)
    {   init_a1(x);
        a2 = y;
        b = z;
    }
    void show();              //成员函数声明
};
```

```
void B::show()            //子类成员函数的定义,观察各数据成员的访问特性
{      cout <<"a1 = "<< get_a1()<< endl;
       cout <<"a2 = "<< a2 << endl;
       cout <<"b  = "<< b << endl;
}
void main()
{      B m;
       m.init_b(3,2,1);
       m.show();
       //m.init_a1(4);
}
```

运行结果:

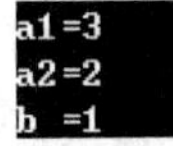

在本例中,基类的 a1 为私有成员,因此在子类中不可直接访问,只能通过成员函数 init_a1() 和 get_a1()间接访问。a2 为基类保护成员,因此可以在子类 B 中被访问。

例中阴影部分代码如果不被注释掉,则编译显示:

```
Compiling...
ex11_6.cpp
F:\ex11_6.cpp(40) : error C2248: 'init_a1' : cannot access public member declared in class 'A'
        F:\ex11_6.cpp(11) : see declaration of 'init_a1'
执行 cl.exe 时出错.

ex11_6.obj - 1 error(s), 0 warning(s)
```

这是因为子类 B 是保护继承于父类 A,则父类的公有成员函数 init_a1()在子类中为保护成员,只能在类内访问,不能通过类外对象来访问。

11.4.3 派生类的构造和析构函数

在定义一个对象时,可以利用构造函数来设置类数据成员的初值,利用析构函数来释放分配给对象的存储空间,但派生类不能继承基类的构造函数和析构函数。因此,在派生类中,就必须加入新的构造函数,对派生类新增的成员进行初始化,同时调用基类的构造函数来设置基类数据成员的初值。

在声明派生类的构造函数时,除了要对新增成员进行初始化,还要对基类成员进行初始化,一般的格式为:

```
派生类名::派生类名(基类形参,派生类形参):基类名(参数表)
{
  派生类成员初始化赋值语句;
};
```

与基类的析构函数一样,派生类的析构函数也没有数据类型和参数,是在派生类对象撤销时进行必需的清理扫尾工作。析构函数不能被继承,如果需要,则要在派生类中重新定义。

派生类析构函数定义的方法和基类的析构函数的定义方法完全相同,完成对新增成员的清理和扫尾工作,同时自动调用基类析构函数完成基类成员的清理扫尾工作。

【例 11-7】 派生类的构造函数和析构函数实例。

定义两个类,其中类B公有继承于类A,为了说明派生类构造函数和析构函数的执行过程,在函数定义中专门输出当前的任务信息。

```
#include <iostream.h>
//************************      基类 A 的定义      ************************
class A
{   int xa;                                  //私有数据成员
  public:
    A();                                     //基类构造函数 1 的声明
    A(int i);                                //基类构造函数 2 的声明
    ~A()                                     //基类析构函数
    {     cout <<"  A's destructor called." << endl;  }
    void print()
    {     cout <<"  xa = " << xa << endl;  }
};
A::A()                                       //类外定义基类的两个构造函数
{   xa = 0;
    cout <<"  A's default constructor called." << endl;
}
A::A(int i)                                  //obj(5,6)初始化时自动匹配处
{   xa = i;
    cout <<"  A's constructor called." << endl;
}
//**********************      公有派生类 B 的定义      **********************
```

```
class B:public A
{
    int xb;
  public:
    B();                              //派生类的构造函数 1 的声明
    B(int i,int j);                   //派生类的构造函数 2 的声明
    ~B()                              //派生类析构函数
    {    cout <<"  B's destructor called."<< endl; }
    void print()
    {    A::print();
         cout <<"  xb = "<< xb << endl;
     }
};
B::B( )                               //类外定义派生类构造函数 1
{    xb = 0;
    cout <<"  B's default constructor called."<< endl;
}
B::B(int i,int j):A(i)                //类外定义派生类构造函数 2
{    xb = j;
    cout <<"  B's constructor called."<< endl;
}
//***************************  派生类的应用  ****************************
void main()
{    B obj(5,6);
    obj.print();
}
```

运行结果：

```
A's constructor called.
B's constructor called.
xa=5
xb=6
B's destructor called.
A's destructor called.
```

从运行结果可以看出，定义一个派生类对象时，先调用基类的构造函数，再调用派生类的构造函数。在撤销派生类对象时，顺序与构造函数的调用过程正好相反，先调用派生类的析构函数，再调用基类的析构函数。

11.4.4 多重继承与虚基类

以上介绍的继承都是针对只有一个基类的单一继承情况。工程中常有一个派生类有多个父类的情况，这种派生称为多重继承。如图 11-1 中的电子系学生分会类，它有两个父类——“电子系学生类”和“学生会类”，便属于多重继承。

C++中，多重继承声明的一般形式是：

```
class  派生类名: 继承方式 1 基类名 1 , 继承方式 2  基类名 2, …
{
派生类成员声明;
};
```

其中,冒号后面的部分称为基类表,基类之间用逗号分开。继承方式规定了派生类以何种方式继承基类成员,仍为 private、public 和 protected 三类。具体使用时应注意以下两点。

(1) 多重继承中,各种继承方式对基类成员在派生类中的访问权限与单一继承的规则相同。

(2) 在使用多重继承时,对基类成员的访问应无二义性。

1. 二义性问题

一般来说,派生类对于基类成员的访问应该是唯一的。由于多重继承中派生类拥有多个基类,当不同基类中含有相同的成员时,如果要访问此同名成员,会发生什么情况呢?

【例 11-8】 多重继承二义性示例。

```
class A                    //父类 A
{
    private:
      int xa;
    public:
      void init(int m)
      {     xa = m;     }
};
```

```
class B                //父类 B
{
    private:
      int xb;
    public:
      void init(int m)
      {      xb = m; }
};
```

```
Class C: public A,public B             //子类 C
{    };                                //子类无新成员
#include <iostream.h>
void main()
{    C dc;
     dc.init(3);
}
```

程序编译后,得到结果是:

```
Compiling...
ex11_7.cpp
e:\ex11_7.cpp(25) : error C2385: 'C::init' is ambiguous
e:\ex11_7.cpp(25) : warning C4385: could be the 'init' in base 'A' of class 'C'
e:\ex11_7.cpp(25) : warning C4385: or the 'init' in base 'B' of class 'C'
Error executing cl.exe.

ex11_7.obj - 1 error(s), 2 warning(s)
```

本例中,编译器无法确定子类 C 的 init 应该选择 A 类还是 B 类的 init 函数,如图 11-3 所示。这种由于多重继承而引起的对类的某个成员访问出现不唯一的情况称为二义性。

那么如何解决这个二义性问题呢?

最常用的办法是通过类的作用域限定符“类名::”明确限定出现歧义的成员是继承自哪个基类。例如,针对例 11-8,可以直接将主函数修改如下:

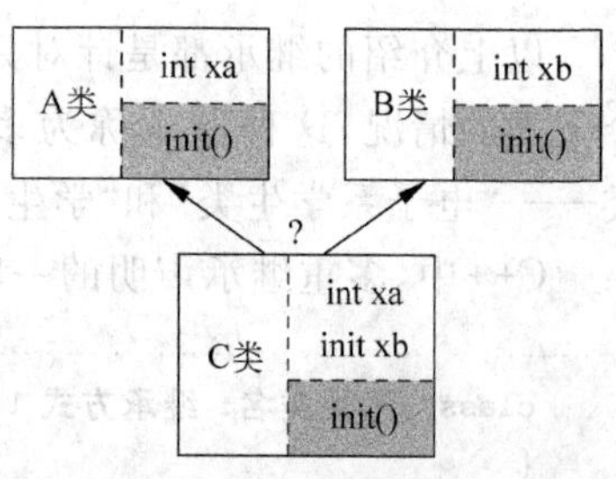

图 11-3 多重继承的二义性

```
void main()
{    C x;
    x.B::init(3);                    //仅调用 B 类的 init 函数
}
```

当然，也可以在派生类中重新定义与基类中同名的成员函数以屏蔽掉基类的同名成员。

2. 虚基类

如前所述，二义性问题是由于多重继承中出现同名成员的问题而引发的，还有下面这种可能性。

【例 11-9】 多重继承的间接二义性问题。

```
class A                    //祖父类
{
  public:
   int xa;
   A()
   {    xa = 0; }
};
```

```
class B1:public A      //父类 1
{
  public:
   B1()
   {   cout <<"构造 B1,xa = "<< xa << endl; }
};
```

```
class B2:public A      //父类 2
{
  public:
   B2()
   { cout <<"构造 B2,xa = "<< xa << endl;}
};
```

```
#include <iostream.h>
class C: public B1,public B2              //子类
{
  public:
   C()
   {     cout <<"构造 C,xa = "<< xa << endl;     }
};
void main()
{     C dc;
    cout << dc.xa;
}
```

程序编译后，得到结果是：

```
Compiling...
ex11_9.cpp
e:\ex11_9.cpp(25) : error C2385: 'C::xa' is ambiguous
e:\ex11_9.cpp(25) : warning C4385: could be the 'xa' in base 'A' of base 'B1' of class 'C'
e:\ex11_9.cpp(25) : warning C4385: or the 'xa' in base 'A' of base 'B2' of class 'C'
e:\ex11_9.cpp(30) : error C2385: 'C::xa' is ambiguous
e:\ex11_9.cpp(30) : warning C4385: could be the 'xa' in base 'A' of base 'B1' of class 'C'
e:\ex11_9.cpp(30) : warning C4385: or the 'xa' in base 'A' of base 'B2' of class 'C'
执行 cl.exe 时出错.

ex11_9.exe - 1 error(s), 0 warning(s)
```

可见,这同样是个有问题的程序。因为表面看来类 B1 和类 B2 是从同一个基类 A 派生而来的,但其对应的却是基类 A 的两个不同的复制值。因此当派生类 C 要访问 xa 时却不知从哪条路径去找寻,从而引发了二义性问题,如图 11-4 所示。

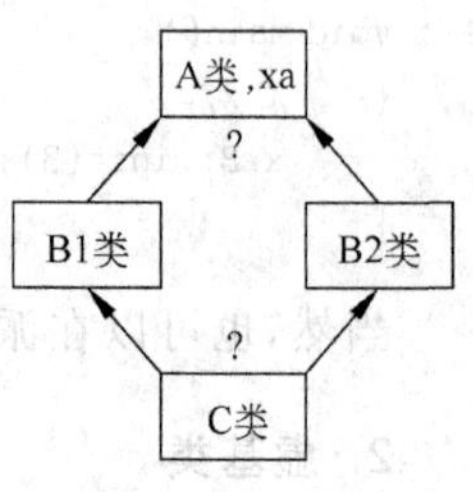

图 11-4 多重继承的间接二义性

为了解决这种二义性,C++引入虚基类的概念,将公共基类声明为虚基类,这样这个公共基类就只有一个复制值而不产生二义性了。

虚基类的声明是在派生类的声明过程中进行的,它的一般形式是:

```
class 派生类名: virtual 继承方式  基类名
{
派生类成员声明;
};
```

其中,virtual 是关键字,它的作用范围、派生方式与一般派生类的声明一样,只对紧跟其后的基类起作用。声明了虚基类后,虚基类的成员在进一步派生过程中和派生类一起,维护同一基类子对象的复制。

因此例 11-9 中阴影部分代码修改如下:

```
class B1: virtual public A
class B2: virtual public A
```

则编译系统将自动消除二义性。

11.4.5 继承之综合实例

【例 11-10】 如图 11-5 所示,定义一个家具类 furniture,由它派生出 chair、sofa 和 bed 三个子类,而 sleepersofa 类由 sofa 类和 bed 类继承得到。体会派生类的构造函数和多重继承的应用。

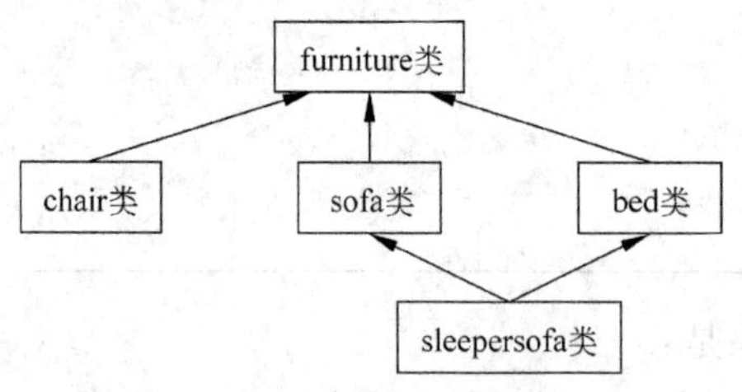

图 11-5 家具类及其派生类

```
#include <iostream.h>
class furniture                              //祖父类
{   int weight;
 public:
   furniture(int w = 0)
```

```
    {      weight = w;      }
    void setweight(int w)
    {      weight = w;      }
    int getweight()
    {      return weight;      }
};
class chair: public furniture                        //派生类
{ private:
    int num;
  public:
    chair(int n = 0,int w = 0):furniture(w)      //派生类构造函数的定义
    {      num = n;      }
    int getnum()
    {      return num;      }
};
class bed:virtual public furniture                   //父类 1
{ public:
    void sleep()
    {      cout <<"sleeping… "<< endl;      }
};
class sofa:virtual public furniture                  //父类 2
{ public:
      void watchTV()
    {    cout <<"watching TV… "<< endl;      }
};
class sleepersofa:public bed,public sofa             //子类
{ public:
    void foldout()
    {    cout <<"fold out the sofa. "<< endl;      }
};
void main()                                          //主函数
{    chair cc(3,8);  //对象 cc 定义时,自动调用其构造函数,初始化基类和派生类数据
     cout <<"椅子数目为"<< cc.getnum()<<",重量为"<< cc.getweight()<< endl;
     sleepersofa ss;
     ss.setweight(20);
     cout <<"沙发床重为"<< ss.getweight()<< endl;
}
```

运行结果:

```
椅子数目为3,重量为8
沙发床重为20
```

11.5 多态性——特性之三

11.5.1 多态性

同样是“穿”,穿衣服、穿鞋子、穿袜子……因处理的内容不同,穿的动作也就不同。应用到面向对象的概念中,就是信息会因为信息内容或者信息承载不同,而有不同的处理过程。落实到程序中,就是函数会因为传递参数的不同或者拥有函数的对象的不同而有不同的处

理——多态性。

多态性是指程序发出一个消息后,不同的消息接受者执行不同的响应。从实现的角度来看,多态可以分为以下两类。

编译时的多态性(静态联编),通过函数的重载或运算符的重载来实现。函数的重载已经在11.3节详细叙述,根据函数调用时给出的不同类型或不同数量的实参,在程序执行前就能确定调用哪一个函数,实现了多态。

运行时的多态性(动态联编),在程序执行前,根据函数名和参数无法确定应该调用哪一个函数,必须在程序执行过程中,根据具体执行情况来动态地确定。这种多态性是通过类的继承关系和虚函数来实现的,主要用于一些通用程序的设计。

11.5.2 虚函数

1. 问题的引入

不同类对象指针之间是没有联系的,彼此独立,不能混用。但是派生类是由基类派生而来的,它们之间有继承关系。因此,指向基类和派生类的指针之间有一定的联系,如果使用不当,就会出现一些问题,如例11-11所示。

【例 11-11】 动态联编示例,虚函数的引入。

```
#include <iostream.h>
#define PI 3.1415
class Point                                         //定义基类
{    int x,y;
  public:
    Point(int a=0,int b=0)
    {     x=a;      y=b;     }
    void area()
    {     cout<<"单点面积为 0"<<endl;     }
};
class Circle:public Point                           //定义派生类
{    float radius;
  public:
    Circle(int a,int b,float r):Point(a,b)
    {     radius=r;     }
    void area()
    {     cout<<"圆面积为"<<PI*radius*radius<<endl;     }
};
void main()
{    Point p,*Pp;                                   //创建基类的对象和对象指针
     Circle dc(2,2,1);                              //创建派生类的对象
     Pp=&p;                                         //基类指针指向基类
     Pp->area();
     Pp=&dc;                                        //基类指针指向派生类
     Pp->area();
}
```

运行结果:

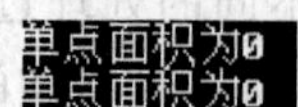

程序定义了类 Point 和 Circle,Circle 公有继承于 Point,主程序中定义了基类 Point 对象 p 和指针 Pp,并用 Pp 指向 p,调用函数 area 输出点面积。又定义了一个派生类 Circle 对象 dc,并让 Pp 指向 dc,并希望输出圆面积。从运行结果来看,第一次输出面积是对的,但第二次输出面积是错误的。从调用函数角度来说,第二次输出没有调用派生类的 area 函数,而是调用了基类的 area 函数。

本想通过使用指针对象来实现动态联编,即用指针指向不同的对象执行不同的操作,但是这一目的没有达到。使用虚函数可以解决这一问题。

2. 虚函数的应用

虚(virtual)函数是在基类里声明的一个能够在各个派生类里被重新定义的函数,以实现 C++中的多态性。虚函数提供了一个可被派生类改写的接口,当基类中的某个成员函数被声明为虚函数后,就可在派生类中被重新定义,完成不同的功能。通过基类指针引用虚函数,执行时会根据指针所指向对象的类,决定调用哪个类的成员函数。

虚函数具有继承性,基类中声明了的虚函数,派生类中无论是否说明,同原型函数都自动为虚函数。定义虚函数的方法是在成员函数声明前加 virtual,其形式为:

```
virtual 函数类型  函数名(形参表)
    {函数体; }
```

【例 11-12】 虚函数的定义和使用。

```
#include <iostream.h>
class B
{
  public:
    virtual void Show()                //在基类中定义虚函数 Show()
    {    cout <<"基类 B:show"<< endl;    }
};
class D1:public B
{
  public:
    void Show()                        //在派生类 1 中定义虚函数 Show()
    {    cout <<"子类 D1:show"<< endl;    }
};
class D2:public B
{
  public:
    void Show()                        //在派生类 2 中定义虚函数 Show()
    {    cout <<"子类 D2:show"<< endl;    }
};
void main(void)
{     B b, *pb;                        //创建基类对象及对象指针
      D1 d1;                           //创建派生类对象
      D2 d2;
      pb = &b;                         //基类指针指向基类
```

```
        pb->Show();
        pb=&d1;                 //基类指针指向派生类1
        pb->Show();
        pb=&d2;                 //基类指针指向派生类2
        pb->Show();
    }
```

运行结果：

本例中，由于基类的Show被定义为虚函数，当基类指针指向不同对象时，尽管调用的形式完全相同，均为pb->Show()；但却调用了不同对象中的函数，因此输出了不同的结果。

同理，在例11-11中，改写基类阴影部分代码为"virtual void area()"，其他代码保持不变，即可实现动态联编。

⚠**注意**：在使用虚函数实现动态联编时需注意以下几点。

(1) 虚函数的声明只能出现在类声明中，不能出现在函数体定义的时候(内联函数除外)，且基类中只有保护成员或公有成员才能被声明为虚函数。

(2) 实现动态多态性时，必须使用基类的指针变量，使该指针指向不同派生类的对象，并通过该指针调用虚函数才能实现动态多态性。

(3) 在派生类中没有重新定义虚函数时，与一般的成员函数一样，当调用这种派生类对象的虚函数时，则调用基类中的虚函数。

(4) 可将析构函数定义为虚函数，但不能将构造函数定义为虚函数。

11.5.3 多态之综合实例

【例11-13】 定义基类High，其数据成员为高H，成员函数Show()为虚函数。然后再由High派生出长方体类Cuboid与圆柱体类Cylinder，并在两个派生类中重新定义各自的成员函数Show()。在主函数中，用基类High定义指针变量p，然后用指针p动态调用基类与派生类中虚函数Show()，显示长方体与圆柱体的体积。

例中要求的各个类的结构如图11-6所示，实现代码如下。

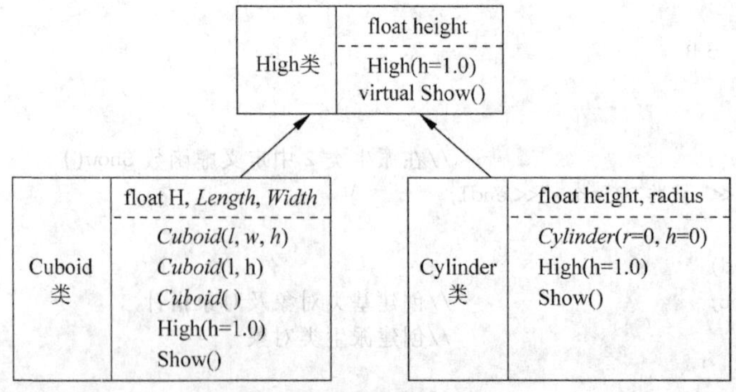

图11-6 高度类及其派生类

```
#include<iostream.h>
#define PI 3.1415
//******************************** 父类 High  ****************************
class High
{
  protected:
    float Height;
  public:
    High(float h=1.0)                          //父类中带默认参数值的构造函数
    {     Height=h;    }
    virtual void Show()                        //在基类中定义虚函数 Show()
    {     cout<<"Height="<<Height<<endl;     }
};
//************************** 子类 Cuboid  *************************
class Cuboid:public High
{
  private:
    float Length,Width;
  public:
    Cuboid(float l,float w,float h):High(h)    //重载构造函数 1
    {  Length=l;          Width=w;     }
    Cuboid(float l,float h):High(h)            //重载构造函数 2
    {  Length=l;          Width=1.0;     }
    Cuboid():High()                            //重载构造函数 3
    {  Length=1.0;        Width=1.0;     }
    void Show()                                //在长方体类中定义虚函数 Show()
    {  cout<<"Height="<<Height<<"\t";
       cout<<"Length="<<Length<<"\t";
       cout<<"Width="<<Width<<"\t";
       cout<<"Volume="<<Length*Width*Height<<endl;
    }
};
//**************************** 子类 Cylinder ************************
class Cylinder:public High
{
  private:
    float R;
  public:
    Cylinder(float r=0,float h=0):High(h)      //子类中带默认参数值的构造函数
    {    R=r;     }
    void Show()                                //在圆柱体类中定义虚函数 Show()
    {    cout<<"Height="<<Height<<"\t";
         cout<<"Radius="<<R<<"\t\t\t";
         cout<<"Volume="<<R*R*PI*Height<<endl;
    }
};
//**************************** 主函数 ********************************
void main()
{    High h(10);                               //创建基类对象
     cout<<"基类信息:"<<"\t";
     h.Show();
     Cuboid   cu1;                             //创建长方体 1,使用默认参数值的构造函数
```

```
        cout<<"长方体1信息:"<<"\t";
        cu1.Show();
        Cuboid  cu2(10,10,10);                    //创建长方体2,调用重载构造函数3
        cout<<"长方体2信息:"<<"\t";
        cu2.Show();
        Cylinder cy(10,10);                       //创建圆柱体类的对象
        cout<<"圆柱体信息:"<<"\t";
        cy.Show();
        cout<<"基类指针的应用,'一个接口,多种实现'"<<endl;
        High *p;                                  //创建高度类指针对象
        cout<<"p指向基类对象:"<<"\t";
        p=&h;                                     //p指向基类对象
        p->Show();
        cout<<"p指向长方体1:"<<"\t";
        p=&cu1;                                   //p指向派生类对象长方体1
        p->Show();
        cout<<"p指向长方体2:"<<"\t";
        p=&cu2;                                   //p指向派生类对象长方体2
        p->Show();
        cout<<"p指向圆柱体:"<<"\t";
        p=&cy;                                    //p指向派生类对象圆柱体
        p->Show();
    }
```

运行结果:

```
基类信息::      Height=10
长方体1信息:    Height=1        Length=1        Width=1  Volume=1
长方体2信息:    Height=10       Length=10       Width=10        Volume=1000
圆柱体信息:     Height=10       Radius=10                       Volume=3141.5
基类指针的应用,'一个接口,多种实现'
p指向基类对象:  Height=10
p指向长方体1:   Height=1        Length=1        Width=1  Volume=1
p指向长方体2:   Height=10       Length=10       Width=10        Volume=1000
p指向圆柱体:    Height=10       Radius=10                       Volume=3141.5
```

虚函数与一般函数相比较,调用时执行速度要慢一些。为了实现多态性,在每一个派生类中均要保持相应虚函数的入口地址表,函数调用机制也是间接实现的。因此除了要编写一些通用的程序并一定要使用虚函数才能完成其功能要求外,最好不要使用虚函数。

11.6 本章知识要点及常见错误列表

类和对象是面向对象程序设计语言的基本要素,本章在10.6节类和对象基本概念的基础上,重点探讨了类的构造函数和析构函数的定义和使用,类的三大重要特性之封装、继承和多态的概念和使用。这些对于编写C++应用程序都是非常基本和重要的。

本章重点知识点小结如下。

(1) 类是"型",是"虚"的,相当于C语言中的int、float、char和结构体等,是一种类型,不占内存;在类的基础上定义对象后,对象是"实"的,相当于C语言中的变量,占据内存空间。

(2) 类对象之初始化——构造函数。

构造函数和析构函数是C++中的一对特殊而重要的函数。建立对象时,系统自动调用构造函数完成内存分配及数据成员初始化等;对象消失时自动调用析构函数,回收存储空间,并做一些必要的扫尾处理。

构造/析构函数均不指定返回值类型,而且函数名必须与类名相同,析构函数之前加波浪号"~",以区别于构造函数。

构造函数可以被重载,但是析构函数不能重载。

(3) 类的继承。

继承是C++程序设计的重要特性之一。子类在父类的基础上派生而来,它继承父类的属性和行为,并可以扩充新的属性和行为,或对父类中的成员进行更新,从而实现了软件重用。

类的继承方式有公有继承(public)、私有继承(private)和保护继承(protected)三种。不同的继承方式规定了派生类成员或类外函数访问基类成员的权限。

在建立派生类对象时,会先调用基类的构造函数(参数通过派生类构造函数传递),再调用派生类的构造函数。派生类对象消失时,先调用派生类的析构函数,再调用基类的析构函数。

多重继承时,对基类成员的访问应无二义性。

① 多个基类中的同名成员在派生类中由于标识符不唯一而出现二义性。在派生类中采用加类名及作用域符限定来消除二义性。

② 当派生类的部分或全部又是从另一个共同基类派生而来时,可能出现间接二义性,可以采用虚基类消除。

(4) 类的多态。

多态是C++的另一重要特性。多态是指类中使用同一函数名或运算符来实现具有相似但不完全相同的功能。多态的实现一般有两种形式:函数重载和虚函数。

① 函数重载主要实现编译时的多态,即静态多态性。

② 虚函数主要实现运行时的多态,即动态多态性。

本章部分常见错误如表11-2所示。

表11-2 本章常见错误

序号	错误程序示例	错误提示	正确代码

1	class CDate
	{ …
	public:
	//构造函数声明
	CDate(int m=1,int d=1);
	…
	};
	//类外构造函数的定义
	void CDate::CDate(int m,int d)
	{…}
		error C2533: 'CDate::CDate': constructors not allowed a return type 构造函数不能有返回值,包括void	class CDate
			{ …
			public:
			//有默认参数值的构造函数的声明
			CDate(int m=1,int d=1);
			…
			};
			//类外构造函数的定义
			CDate::CDate(int m,int d)
			{ … }

续表

序号	错误程序示例	错误提示	正确代码

2	class CDate
	{…
	public:
	//有默认参数值的构造函数
	CDate(int m = 1, int d = 1);
	…
	};
	//类外构造函数的定义
	CDate::CDate (int m = 1, int d = 1)
	{ … }
		error C2572: 'CDate:: CDate': redefinition of default parameter 在已声明默认构造函数形参初值的前提下,类外函数定义中不必再重复一遍形参默认值	Class CDate
			{ …
			public:
			//有默认参数值的构造函数的声明
			CDate(int m = 1, int d = 1);
			…
			};
			//类外构造函数的定义
			CDate::CDate(int m, int d)
			{ … }

3	class CDate
	{ …
	public:
	//有默认形参初值的构造函数
	CDate(int m = 1, int d = 1);
	CDate(); //无参的构造函数
	…
	};
		error C2668: 'CDate:: CDate': ambiguous call to overloaded function 一般情况下构造函数可以被重载,但是具有默认参数值的构造函数不能和其他构造函数共存,否则会产生二义性	class CDate
			{ …
			public:
			//带参数构造函数
			CDate(int m, int d);
			CDate(); //无参构造函数
			…
			};

4	class A //父类的定义
	{ int a //私有数据成员
	public:
	A(int i)//基类构造函数
	{ a = i; }
	…
	};
	class B:public A //子类的定义
	{ int b;
	public:
	B(int i, int j)//构造函数
	{ a = i; b = j; }
	…
	};
		error C2248: 'a': cannot access private member declared in class 'A' a是父类的私有数据成员,在子类中不能被访问,因此不能在子类B的构造函数中对a直接赋值。在声明派生类的构造函数时,只需要对本类中新增成员进行初始化,对继承来的基类成员的初始化,将自动调用基类构造函数完成,并且派生类的构造函数需要给基类的构造函数传递参数	class A //父类的定义
			{ int a; //私有数据成员
			public:
			A(int i) //基类构造函数
			{ a = i; }
			…
			};
			class B:public A//子类的定义
			{ int b;
			public:
			//子类的构造函数
			B(int i, int j):A(i)
			{ b = j; }
			…
			};

5	B::B(int i, int j) //构造函数
	{ A(i);
	b = j;
	}
		error C2082: redefinition of formalparameter 'i',子类构造函数体内不能直接调用父类的构造函数	

6	void print(int a)
	{ cout << "a = " << a << endl;
	}
	void print(int a, int b = 50)
	{ cout << "a = " << a
	<< ", b = " << b << endl;
	}
	void main() //主函数
	{ print(20); }
		error C2668: 'print': ambiguous call to overloaded function 在重载函数中使用默认函数参数时应注意调用的二义性	void print(int a)
			{ cout << "a = " << a << endl;
			}
			void print(int a, int b)
			{ cout << "a = " << a
			<< ", b = " << b << endl;
			}
			void main() //主函数
			{ print(20); }

续表

序号	错误程序示例	错 误 提 示	正 确 代 码
7	int add(int a,int b) {　return a + b;　} void add(int a,int b) {　cout << a + b << endl;　}	error C2556: 'void __ cdecl add(int, int)' : overloaded function differs only by return type from 'int __ cdecl add(int, int)' error C2371: 'add': redefinition; different basic types 参数个数和类型都相同，仅返回值不同的重载函数是非法的	int add(int a,int b) {　return a + b;　} void add(double a,double b) {　cout << a + b << endl;　}

8	class Point　//定义父类
	{ …
	public:
	virtual void area()
	{　cout <<"面积为 0"
	<< endl;}
	};
	class Circle:public Point
	//定义子类
	{　…
	public:
	double area(int i)
	{ return PI * radius * radius;}
	};
	void main()
	{　Point * Pp;//创建基类指针
	Circle C;　//创建子类对象
	Pp = &C;//基类指针指向子类
	Pp -> area();
	}
		程序编译通过，但是没有实现预期的希望基类指针动态联编子类虚函数的目的
		原因在于子类中的 area()函数具有与父类 area()函数不同的参数类型和返回值，因此系统认为子类定义了虚函数的重载函数，而没有重新定义虚函数，因此虚函数被子类继承，基类指针调用的仍是基类的虚函数
			class Point　//定义父类
			{ …
			public:
			virtual void area()
			{　cout <<"面积为 0"
			<< endl;}
			};
			class Circle:public Point
			//定义子类
			{　…
			public:
			void area()
			{　cout << PI * radius * radius << endl; }
			};
			void main()
			{　Point * Pp;//创建基类指针
			Circle C; //创建子类对象
			Pp = &C; //基类指针指向子类
			Pp -> area();
			}

习题

一、选择题

1. 面向对象程序设计思想的主要特征不包括(　　)。

　A. 封装性　　B. 逐步求精　　C. 继承性　　D. 多态性

2. 在 C++中，对象的初始化可以通过(　　)来实现。

　A. 析构函数　　B. 内联函数　　C. 递归函数　　D. 构造函数

3. 有关构造函数的说法不正确的是(　　)。

A. 系统可以提供默认的构造函数

B. 构造函数可以重载

C. 构造函数可以有参数,所以也可以有返回值

D. 构造函数可以设置默认参数

4. 在类定义的外部,可以被访问的成员有(　　)。

A. private 或 protected 的类成员　　B. 所有类成员

C. public 或 private 的类成员　　D. public 的类成员

5. 关于类和对象的说法不正确的是(　　)。

A. 一个类只能有一个对象

B. 任何一个对象只能属于一个具体的类

C. 对象是类的一个实例

D. C++中类和对象的关系与 C 中数据类型和变量的关系相似

6. 若有如下的定义:

```
class ty
{   public:
        int n;
        void print()
        {     cout << n;     }
}x, * p = &x;
```

则下列表达式中,(　　)是错误的。

A. (*p).print()　　B. p－>n－5　　C. p.n　　D. x.n=5;

7. 有关构造函数的说法中不正确的是(　　)。

A. 构造函数的名字和类名是一样的　　B. 类中只有一个构造函数

C. 构造函数可以有多个参数　　D. 构造函数无任何函数类型

8. 有关析构函数的说法不正确的是(　　)。

A. 析构函数的名字和类名是一样的　　B. 类中只有一个析构函数

C. 析构函数绝对不能有参数　　D. 析构函数无任何函数类型

9. 下列选项中,对类 A 的析构函数的正确定义是(　　)。

A. A::~A(){}　　B. void ~A::A(参数){}

C. A::~A(参数){}　　D. void ~A::A(){}

10. 以下选项中,(　　)不是类成员的访问权限关键字。

A. protected　　B. private　　C. public　　D. class

11. 如果类 X 继承了类 Y,则类 X 称为(　　)。

A. 父类　　B. 继承类　　C. 成员类　　D. 子类

12. 派生类的对象对它的基类成员中(　　)是不可以访问的。

A. 公有继承的公有成员　　B. 公有继承的私有成员

C. 私有继承的私有成员　　D. 私有继承的公有成员

13. 对基类和派生类的关系描述中,正确的是(　　)。

A. 派生类是基类的具体化　　B. 派生类是基类的子集

C. 派生类是基类定义的延续　　D. 派生类是基类的组合

14. 设置虚基类的目的是(　　)。

A. 简化程序　　B. 消除二义性　　C. 提高运行效率　　D. 减少目标代码

15. 一个类如果有一个以上的基类就叫做(　　)。

A. 循环继承　　B. 单重继承　　C. 非法继承　　D. 多重继承

16. 关于公有继承的说法正确的是(　　)。

A. 基类的成员都可以被子类继承下来,且性质不变

B. 基类的公有成员、私有成员可被子类继承下来,且性质不变

C. 基类的公有成员、保护成员可被子类继承下来,且性质改变

D. 基类的公有成员、保护成员可被子类继承下来,性质不变,私有成员不被继承

17. 关于保护继承的说法正确的是(　　)。

A. 基类的公有成员、私有成员可被子类继承下来,且性质不变

B. 基类的公有成员、私有成员可被子类继承下来,且性质改变为保护成员

C. 基类的公有成员、保护成员可被子类继承下来,且性质均改变为保护成员

D. 基类的公有成员、保护成员可被子类继承下来,性质不变,私有成员不被继承

18. 实现运行时的多态性要使用(　　)。

A. 构造函数　　B. 析构函数　　C. 重载函数　　D. 虚函数

19. 在C++中,要实现动态联编,必须使用(　　)调用虚函数。

A. 基类指针　　B. 类名　　C. 对象名　　D. 派生类指针

20. 关于动态联编的下列叙述中,错误的是(　　)。

A. 动态联编是以虚函数为基础的

B. 动态联编调用虚函数操作是指向对象的指针或引用

C. 动态联编是在运行时确定所调用的函数代码的

D. 动态联编是在编译时确定操作函数的

21. 在C++程序中,对象之间的相互通信通过(　　)。

A. 继承实现　　B. 调用成员函数实现

C. 封装实现　　D. 函数重载实现

22. 当一个类的某个函数被说明为virtual时,该函数在该类的所有派生类中(　　)。

A. 同类型的都自动是虚函数

B. 只有被重新说明才是虚函数

C. 只有被重新说明为virtual时才是虚函数

D. 都不是虚函数

23. 类B是类A的公有派生类,类A和类B中都定义了虚函数func( ),p是一个指向类A对象的指针,则p->A::func()将(　　)。

A. 调用类A中的函数func( )

B. 调用类B中的函数func( )

C. 根据p所指的对象类型而确定调用类A中或类B中的函数func( )

D. 既调用类 A 中函数,也调用类 B 中的函数

24. 对于类定义:

```
class A
{ public:
    virtual void func1() { }
    void func2() { }
};
class B: public A
{ public:
    void func1()      {     cout <<"class B func1"<< endl;   }
    virtual void func2()     {     cout <<"class B func2"<< endl;     }
};
```

下面正确的叙述是(　　)。

A. A::func2( )和 B::func1( )都是虚函数

B. A::func2( )和 B::func1( )都不是虚函数

C. A::func2( )不是虚函数,而 B::func1( )是虚函数

D. A::func2( )是虚函数,而 B::func1( )不是虚函数

25. 有如下程序:

```
#include <iostream.h>
class Base
{ public:
    void fun1()     {     cout <<"Base\n";     }
    virtual void fun2()     {     cout <<"Base\n";     }
};
class Derived: public Base
{ public:
    void fun1()     {     cout <<"Derived\n";     }
    void fun2()     {     cout <<"Derived\n";     }
};
void f(Base * b)     {     b->fun1();          b->fun2();     }
void main()
{   Derived obj;
    f(&obj);
}
```

执行这个程序,输出的结果是(　　)。

A. Base	B. Base	C. Derived	D. Derived
Base	Derived	Derived	Base

二、编程题

1. 编写程序,定义一个类 square(正方形),其成员数据及函数要求如下。

(1) 私有数据成员 float radius(代表边长)。

(2) 构造函数 square (float d=0)当参数默认时将数据成员 radius 的值设置为 0,否则设置为参数 d 的值。

(3) 成员函数 float perimeter(),设置边长 radius,并计算出周长。(注:正方形的周长为:l=4×r。)

在主函数中定义一个具体尺寸的正方形(该类的对象),并通过该对象来调用它的成员函数,计算出它的周长。

2. 建立普通的基类 Building,用来存储一栋楼房的层数、房间数,以及它的总平方数。建立派生类 House,继承 Building,并存储下面的内容:卧室与浴室的数量。另外,建立派生类 Office、继承 Building,并存储灭火器与电话的数目。

3. 编写一个学生类。类中包含如下数据成员:姓名、性别、学号以及 4 门课的成绩;编写构造函数来为数据成员赋值;编写一个成员函数,能够计算这 4 门课的平均成绩;再编写一个成员函数,能够显示所有的数据成员;然后定义一个主函数,在主函数中定义一个具体的学生(该类的对象),通过这个对象来调用它的成员函数。

4. 有一个交通工具类 Vehicle,将它作为基类派生小车类 Car、卡车类 Truck 和轮船类 Boat,定义这些类并定义一个虚函数用来显示各类信息。

5. 定义猫科动物 Felid 类,由其派生出猫 Cat 类和豹 Leopard 类,两者都包含虚函数 sound(),要求根据派生类对象的不同调用各自重载后的成员函数。

6. 分别编写 3 个同名函数 max1,实现函数的重载,求两个数中的大值,参数分别为 int,float 和 double 型。在 main 函数中进行两个整数、两个实数和两个复数的比较。(复数比较模的大小)

7. 已知一个源程序文件 proj4. cpp,定义了用于表示日期的类 Date,但类 Date 的定义并不完整。请按要求完成下列操作,将类 Date 的定义补充完整。

(1) 定义私有数据成员 year、month 和 day 分别用于表示年、月、日,它们都是 int 型的数据。

(2) 完成默认构造函数 Date 的定义,使 Date 对象的默认值为:year=1,month=1,day=1。

(3) 完成重载构造函数 Date(int y,int m,int d)的定义,把数据成员 year,month 和 day 分别初始化为参数 y,m,d 的值。

(4) 完成成员函数 print 的类外定义,使其以"年-月-日"的格式将 Date 对象的值输出到屏幕上。

```
1949年10月1日
Press any key to continue
```

```
//注意除在指定位置添加语句之外,请不要改动程序中的其他内容,补充语句不限一句
#include <iostream.h>
class Date
{ public:
        // 请在两条星线之间填入相应的代码
        // 完成默认构造函数 Date 的定义,使 Date 对象的默认值为:
           year = 1,month = 1,day = 1
/**********************************************/
/**********************************************/
Date(int y,int m,int d)
{    // 请在两条星线之间填入相应的代码
     // 补充完成重载构造函数 Date(int y,int m,int d)的定义,把数据成员 year,
      month 和 day 分别初始化为参数 y,m,d 的值
```

```
        /*********************************************************/
        /*********************************************************/
    }
    void print()    const;
      private:
    //请在两条星线之间填入相应的代码
    /* 补充完成数据成员的定义：私有数据成员 year、month 和 day 分别用于表示年、月、日，它们都是
    int 型的数据 */
    /*********************************************************/
    /*********************************************************/
    }
    void Date::print()    const
    {   //请在两条星线之间填入相应的代码
        /* 补充完成成员函数 print 的类外定义，使其以"年 - 月 - 日"的格式将 Date 对象的值输出 */
        /*********************************************************/
        /*********************************************************/
    }
    int main()
    {   Date national_day(1949,10,1);
        national_day.print();
        return 0;
    }
```

第12章 C++流文件

在前面的学习中，一直利用 cin、cout 完成键盘输入和屏幕输出。在实际程序设计中，经常会遇到大批数据的输入/输出，如编写一个学校的学籍管理软件，虽然可以将每个学生的信息组织为结构体类型，多个学生的信息可以用结构体数组表示，这些数据可以用键盘输入，但是程序中的变量和数组等数据都存储在内存中，一旦程序运行结束，分配给程序的内存被操作系统收回，这些数据就会消失。一个实际应用系统面对的是几千个，甚至上万个学生的信息，这些数据信息必须在键盘输入后保存下来而不消失，以备后来使用，并且还要不断更改或补充新的信息。这是前面学过的知识所不能解决的。只有存储在外存储器上的数据才可被长久地保存下来，这些存储在外存储器上的相关数据的集合称为"数据文件"，是本章的研究对象。

12.1 文件和流

数据文件是文件的一种。文件的概念则宽泛得多，操作系统把各种输入和输出设备统一作为文件来处理，每一个与主机相连的输入设备(键盘、鼠标和磁盘等)都看作输入文件，每一个输出设备(显示器、打印机和磁盘等)都看作输出文件，把键盘和显示器称为标准输入和输出。磁盘文件指的是存储在外部介质(软盘、硬盘，光盘或 U 盘)上的文件。凡是用过计算机的人对"磁盘文件"都很熟悉，用 Word 编辑好一篇文章，要以文件的形式保存在磁盘上，再次编辑时从磁盘上读取；用数码相机或手机照一张相片，也是以文件的形式在存储器上存下来保存；使用电邮时常用"附件"来上传或下载一个文件。

磁盘文件有不同的类型，操作系统用文件扩展名来标识和管理不同类型的文件。如老师上课用的 PowerPoint 课件的扩展名是 ppt，图像处理软件 Photoshop 处理的源文件扩展名是 psd，动画设计软件 Flash 处理的源文件扩展名是 fla 等，而在 VC++6.0 系统中 C++源文件扩展名是 cpp，编译产生的文件扩展名是 obj，最终生成的可执行文件扩展名是 exe，这些都是我们所熟悉的。本章处理的目标是"数据文件"——存放在外部介质上的相关数据(data)的集合。

本章学习如何编写 C++程序对这些数据文件进行打开、读写、关闭等处理。

C/C++中的 I/O 是以流(stream)的形式出现的。前面使用的 cin、cout 就是通过标准输入和输出流进行输入和输出的，文件的输入和输出也以"流"的形式进行。"流"的引入使编程者不需要考虑具体系统和硬件的细节，使程序的设计、维护和移植更为方便。C++专门用于输入和输出的 I/O 流类库,提供了数百种与 I/O 相关的函数,实现各种形式的输入和输出。本章将详细介绍与数据文件相关的输入、输出操作。

C++提供了三个文件流类:ofstream、ifstream、fstream,其中 fstream 是 ofstream 和 ifstream 多重继承的子类,文件流类的关系如图 12-1 所示。

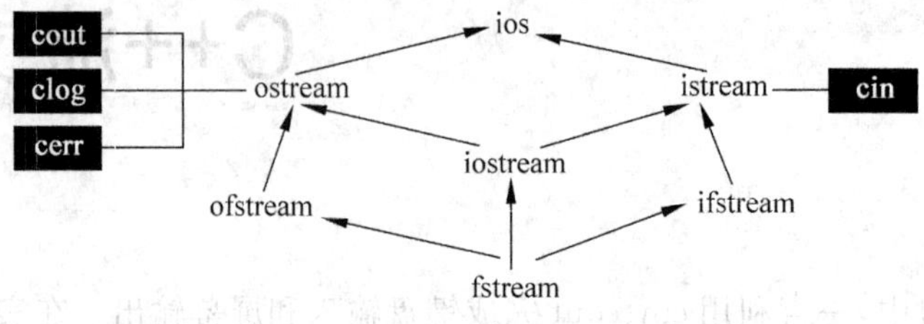

图 12-1 文件流类

ofstream:输出流类,用于向文件中写入内容。

ifstream:输入流类,用于从文件中读出内容。

fstream:输入和输出流类,用于既要读又要写的文件操作。

C++对文件的操作大多是通过 fstream(file stream)来实现的,所以要完成本章所介绍的各种文件操作,都必须先加入头文件 fstream.h。

文件按其读写方式的不同,可划分为顺序读/写文件和随机读/写文件;按其存储方式不同,可分为文本文件(又称 ASCII 码文件)和二进制文件。直接处理而不需显示的数据一般以二进制形式存储,字符串等显示数据通常以文本形式存储。下面介绍文本文件和二进制文件,以顺序读写为主。

文本文件(ASCII 码文件):信息按单个字符的 ASCII 码形式进行存储,其中英文、数字等字符存储的是其 ASCII 码,汉字存储的是其内码。

二进制文件:存储的信息严格按其在内存中的二进制形式来保存的文件。

图 12-2 给出了整数 100 在文件中的两种存储形式,二进制整数以单字节形式给出。需要特别强调的是,数据必须按照存入的类型读出,才能恢复其本来面貌。

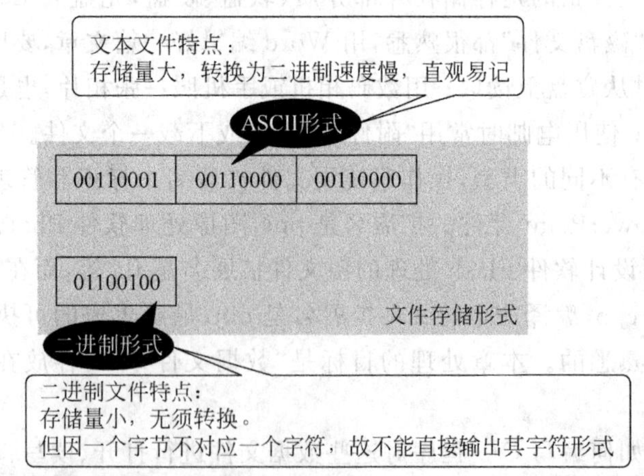

图 12-2 整数 100 的文件存储示意

12.2 文件的打开和关闭

C++中,要进行文件的输入和输出,必须完成如下5步。

(1) 在程序开始包含头文件 fstream. h。

(2) 建立文件流,就是定义流类的对象,例如:

```
ofstream fout;          // 定义类对象 fout,建立了一个输出流对象
ifstream fin;           // 定义类对象 fin, 建立了一个输入流对象
fstream finout;         // 定义类对象 finout,建立了一个输入和输出流对象
```

(3) 使用 open 函数打开文件,使某一文件与上面的某一流对象相关联。

(4) 对文件进行读写。

(5) 使用 close 函数关闭文件。

12.2.1 打开文件

文件的打开操作是通过 open 函数来实现的,其函数的原型如下:

```
void open(char const * , int filemode, int access);
```

其中,第一个参数用来传递文件名;第二个参数决定文件打开的方式(如表 12-1 所示);第三个参数的值决定文件的访问方式,一般使用默认值 filebuf::openprot,表示以兼容共享方式打开文件。

表 12-1 文件打开参数表

参数	含义
ios::in	只读的方式打开文件
ios::out	以写的方式打开文件,默认的模式
ios::ate	打开一已有文件,并查找到文件尾,准备输入或输出
ios::app	打开文件以便在文件尾添加数据
ios::nocreate	如果文件不存在,则打开操作失败
ios::noreplace	如设置了 ios::ate 或 ios::app,则可打开已有文件,否则不能打开
ios::binary	以二进制文件打开,默认为文本方式

除了 ios::app 方式之外,文件刚打开时,指示当前读写位置的文件指针都定位于文件开始位置(默认以写方式打开文件,如果是第一次打开一个尚不存在的文件,即创建一个新文件准备写),而 ios::app 使文件当前的写指针定位于文件尾。

access 值是文件的保护方式说明,默认时指一般的文件。

打开文件的一般格式如下所示:

```
ofstream ex1;                        //定义输出流类的对象 ex1; 也就是建立了一个输出流
ex1.open("test.txt",ios::out);       //流类对象名.open(文件名,打开方式);
```

当一个文件需要用两种或多种方式打开时,可用操作符"|"把几种方式连接起来,如下

所示：

```
fstream ex2;
ex2.open("test.txt",ios::in|ios::out);
```

前面讲的打开文件都使用了函数 open，这完全是合法的，但大多数情况下不必如此，因为类 ifstream、ofstream 和 fstream 都有自动打开文件的构造函数，这些构造函数的参数及默认值与函数 open 完全相同，可以代替 open 函数完成打开功能。因此，在实际编程中，打开一个文件最常见的形式是：

```
ofstream ex3("test.txt");
```

注意：其含义是定义输出流类对象 ex3，打开一个名为"test.txt"的磁盘文件(如果尚没有 test.txt 文件，就在当前文件夹下创建一个)，并将该文件连接到输出流上，之后就可以通过类对象 ex3 对文件 test.txt 进行写操作了。

只有在打开文件后，才能对文件进行读写操作。如果因某些原因不能打开文件(如欲写文件的磁盘已满，或想写到 U 盘上，但 U 盘尚未插好等)，流对象的值将为 0。在对文件进行读写前，必须确保文件已打开，否则要进行相应的处理。为确认打开文件是否成功，通常固定采用如下程序段：

```
ifstream ex4("test.txt");              //打开输入文件
if(!ex4)
{   cout<<"Can't open the file!\n";    //给出错误提示
    exit(1);   //标准库函数，在 stdlib.h 中，程序结束，并返回 1 作为错误代码
}
```

执行这个程序段后，若打开文件失败就结束程序，成功打开文件后才能进行后续操作。

12.2.2 关闭文件

文件使用后，必须将其关闭，否则可能导致数据的丢失。关闭文件使用流类的成员函数 close 来实现，其一般格式为：

```
流类对象名.close();
```

【例 12-1】 文件的打开与关闭，向文件 f1.txt 写入两个数据，再读出送到显示器上。

```
#include<fstream.h>
void main()
{     ofstream oex;                       //定义流类对象 oex 备写
      oex.open("f1.txt");                 //创建输出文件 f1.txt
      oex<<100<<endl;                     //向文件写入两个数据
      oex<<10.21<<endl;
      oex.close();                        //关闭输出文件
      ifstream iex("f1.txt");             //定义流类对象 iex 备读，并和 f1.txt 文件关联
      int n;
```

```
    float f;
    iex >> n >> f;                          //将数据从文件 f1.txt 中读取到内存变量中
    cout << n <<"\t"<< f << endl;           //送显示器
    iex.close();                            //关闭输入文件
}
```

运行显示结果：

```
100     10.21
```

⚠注意：进行任何一个(读或写)操作的前后都要打开和关闭文件。

本程序演示了如何打开、关闭一个文件。上面的运行结果是程序最后两句的显示结果。程序前 5 句在当前文件夹下创建了文件 f1.txt,并向文件输出两行数,每行一个数,如图 12-3 所示。

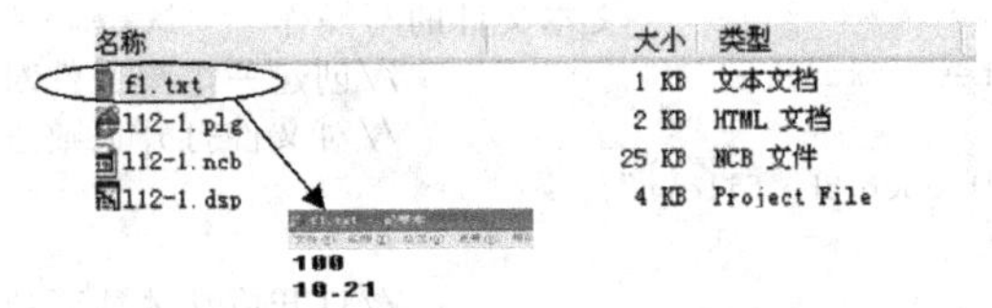

图 12-3　例 12-1 创建的文本文件及其内容

12.3　文件的读写

C++的文件 I/O 模式分为两种：文本模式和二进制模式,默认的是文本模式。两种文件的操作步骤都如 12.2 节所述,读写前打开文件,读写后关闭文件,只是文件的打开、关闭方式和读写方式不同,详述如下。

12.3.1　文本文件的读写

当使用文本模式时,输出到文件的内容为 ASCII 码字符(包括回车、换行等)。文本文件通常以 txt 为扩展名,能在 Windows 的记事本或 Word 中打开。

1. 写文本文件

写文本文件可用插入操作符"<<"或成员函数 put()完成,其一般的步骤如下。

(1) 建立输出文件流对象,将打开的文件连接到文件流上。此步需要对文件是否成功建立进行判断,如果失败,则退出；如果成功,则进行第(2)步。

(2) 向输出文件流输出内容,即写文件。

(3) 关闭文件(文件流对象消失时也会自动关闭文件)。

2. 读文本文件

读文本文件是指从文件中读数据到内存中,常用提取操作符">>"或成员函数 get()完成,读文件的一般步骤如下。

(1) 建立输入文件流对象,将以输入方式打开的文件连接到文件流上。此步同样需要对文件是否成功打开进行判断。

(2) 从输入文件流中读内容。此步需要对读文件是否成功进行判断,如果读入不成功或到文件尾,则应该结束读入。

(3) 关闭文件。

【例 12-2】 文本文件的读写。

程序向文本文件 test.txt 输出两个数和一个字符串,然后把它们当作一个整数、一个浮点数和一个字符串读入,看看两者是否一致。

```
#include <fstream.h>
#include <stdlib.h>
void main()
{
//************************      文本文件的写操作      ************************
    ofstream fout("test.txt");                  //创建一个写文件对象
    if(!fout)                                   //对文件打开失败进行处理
    {   cout <<"Can't open the file\n";
        exit(1);
    }                                           //打开成功才往下执行,否则结束程序
    fout.put('C');                              //由 put 函数将一个字符写入文件
    fout << 6 <<"    "<< 12.23;                 //将数据写入文件
    fout <<"一个文本文件   的例子";              //将字符串写入文件
    fout.close();                               //文件关闭
//************************      文本文件的读操作      ************************
    char ch,buf[100];
    int i;
    float f;
    ifstream fin("test.txt");                   //创建一个读文件对象
    if(!fin)                                    //对文件打开失败进行处理
    {   cerr <<"Error open the file\n";         //使用 cerr 对象直接将错误信息输出
        exit(1);
    }                                           //打开成功才往下执行,否则结束程序
    fin.get(ch);                                //用 get 函数从文件中读字符
    fin>> i >> f;                               //读入 i 和 f
    fin.getline(buf,100);                       //读入字符串
    cout << ch << endl;                         //显示输出内容
    cout << i <<'\t'<< f << endl;
    cout << buf << endl;
    fin.close();                                //文件关闭
}
```

运行结果:

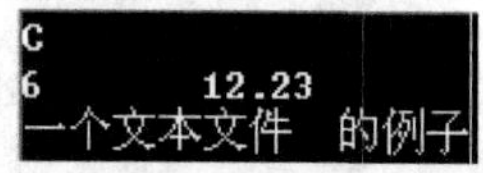
```
C
6       12.23
一个文本文件   的例子
```

不同于前十一章的程序,本章的程序运行后,不仅要看显示器上的内容还要看磁盘文件的内容。本程序运行后,在当前的文件夹下会有一个 test.txt 文本文件,可以用笔记本打开这个文件,看到它的文本内容,如图 12-4 所示。

该程序在写文件时,全部内容都以字符形式输出,在文件中看到的也确实是字符数据,

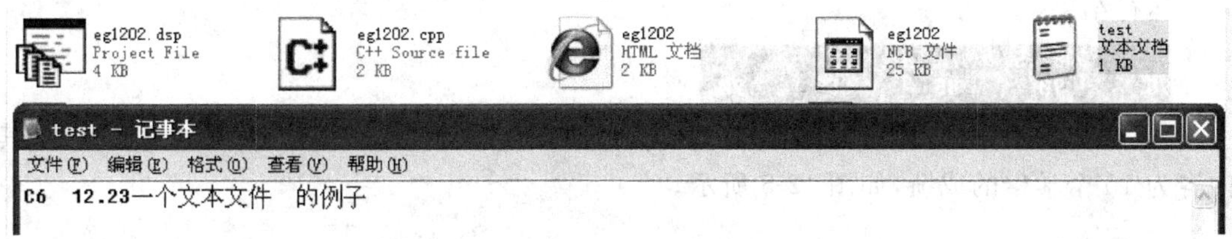

图 12-4 例 12-2 创建的文本文件及其内容

但在读入时，则把这些数据分别当做字符型数据、整型数、浮点型数和字符串。然后按照它们本身的数据类型进行输出，最后结果和预设一致。

【例 12-3】 将 10 个学生的成绩(float 型)保存到文本文件 score.txt 中，再从该文本中读出成绩，然后求出平均分，并在屏幕上显示高于平均分的成绩。

```
#include<fstream.h>
#include<stdlib.h>
void main()
{
    float s1[10] = {95,90,85,80,75,70,75,80,85,90},s2[10],ave = 0;
    int i;
    fstream outfile,infile;                              //建立文件流
//*********************      文本文件的写操作      *********************
    outfile.open("score.txt",ios::out|ios::trunc);
    if(!outfile)
    {   cerr<<"File open or create error!"<<endl;
        exit(0);
    }
    for(i = 0;i<10;i++)                                  //向文件写学生的成绩
        outfile<<s1[i]<<' ';
    outfile.close();                                     //关闭文件
//*********************      文本文件的读操作      *********************

    infile.open("score.txt",ios::in);
    if(!infile)
        cerr<<"File open or create error!"<<endl;
    i = 0;
    while(!infile.eof())                                 //从文件中读取学生成绩
    {   infile>>s2[i];
        i++;
    }
    for(i = 0;i<10;i++)                                  //平均分计算
        ave += s2[i];
    ave = ave/10;
    cout<<"平均分为"<<ave<<endl;                          //结果输出屏幕
    for(i = 0;i<10;i++)
        if(s2[i]>= ave)
            cout<<s2[i]<<'\t';
    cout<<endl;
    outfile.close();                                     //文件关闭
}
```

运行结果：

程序的运行结果除显示结果外，还在当前的文件夹下产生一个 score.txt 文本文件，其内容为 10 个学生的成绩，如图 12-5 所示。

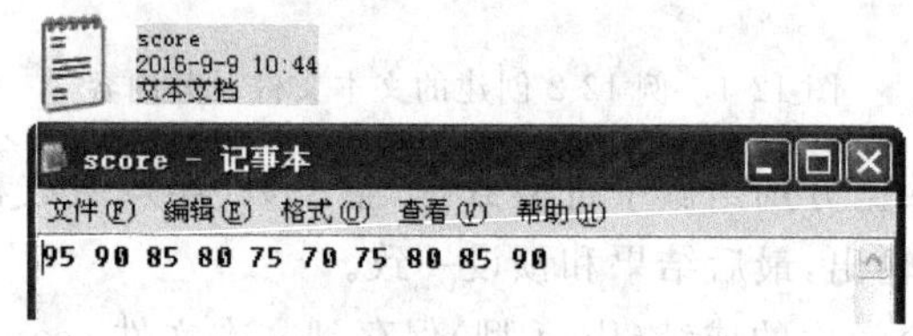

图 12-5 例 12-3 创建的文本文件及其内容

12.3.2 二进制文件的读写

二进制文件是直接用机内的二进制值表示，而非 ASCII 码字符表示的文件，它的扩展名通常用 dat 表示，是一种不能用普通的字处理软件进行编辑、占空间比较小的文件。它的读写步骤和文本文件大体相似，打开方式不能默认，要加上 ios::binary。另外，需要注意以下几点。

(1) 文本文件在输入时，将回车符转换为字符"\n"，输出时再将字符"\n"转换为回车符，二进制文件不做这种转换。

(2) 在读文件时要经常检查文件是否到达尾部，二进制文件用输入流类的成员函数 eof()来侦测是否到达文件结尾。若读到文件尾时，返回真值 1。

(3) 二进制文件除了可使用 get()和 put()函数外，还使用函数 read()和 write()完成读写。

```
函数原型: ostream : : write(unsigned char * buf, int num);
函数调用: 对象名.write(缓冲区首地址,写入字节数);
```

```
函数原型: istream : : read(unsigned char * buf, int num);
函数调用: 对象名.read(缓冲区首地址,读出字节数);
```

【例 12-4】 二进制文件的读写。

向二进制文件中写入一组数据，数据包括一个字符串、一个字符、两个整型数、两个单精度浮点数和两个双精度浮点数，然后把它们再按照对应数据类型以二进制形式读出，对照输入和输出是否一致。

```
#include <fstream.h>
#include <stdlib.h>
#include <string.h>
void main()
{
//*********************      二进制文件的写操作      *********************
    ofstream fout("test1.dat",ios::out| ios::binary);  //创建一个写文件对象
    char str1[] = "This is an example for binary file.",str2[80];
    char ch1 = 'A',ch2;
```

```
    int i1 = 255, i2;
    float f1 = 1.4e - 45f, f2;                          //f1 是绝对性最小的正单精度数
    double d1 = 4.9e - 324, d2;                         //d1 是绝对性最小的正双精度数
    i2 = - i1;
    f2 = - f1;
    d2 = - d1;
    if(!fout)                                           //对文件打开失败进行处理
    {   cout <<"Can't open the file\n";
        exit(1);
    }
    fout.write(str1, strlen(str1) + 1);                 //写入字符串
    fout.write((char * )&ch1, sizeof(char));            //写入单字符
    fout.write((char * )&i1, sizeof(int));              //写入一个正整数
    fout.write((char * )&i2, sizeof(int));              //写入一个负整数
    fout.write((char * )&f1, sizeof(float));            //写入一个正单精度浮点数
    fout.write((char * )&f2, sizeof(float));            //写入一个负单精度浮点数
    fout.write((char * )&d1, sizeof(double));           //写入一个正双精度浮点数
    fout.write((char * )&d2, sizeof(double));           //写入一个负双精度浮点数
    fout.close();                                       //文件关闭
// ********************        二进制文件的读操作        ********************
    ifstream fin("test1.dat", ios::in| ios::binary);    //创建一个读文件对象
    if(!fin)                                            //对文件打开失败进行处理
    {   cerr <<"Error open the file\n";                 //使用 cerr 对象直接将错误信息输出
        exit(1);
    }
    fin.read(str2, strlen(str1) + 1);                   //读出字符串到 str2
    fin.read((char * )&ch2, sizeof(ch2));               //读出单字符到 ch2
    fin.read((char * )&i2, sizeof(i2));                 //读出一个正整数到 i2
    fin.read((char * )&i1, sizeof(i1));                 //读出一个正整数到 i1
    fin.read((char * )&f2, sizeof(f2));                 //读出一个正单精度数到 f2
    fin.read((char * )&f1, sizeof(f1));                 //读出一个负单精度数到 f1
    fin.read((char * )&d2, sizeof(d2));                 //读出一个正双精度数到 d2
    fin.read((char * )&d1, sizeof(d1));                 //读出一个负双精度数到 d1
    fin.close();                                        //文件关闭
    cout << str2 << endl;                               //显示字符串 str2
    cout << ch2 << endl;                                //显示字符 ch2
    cout << i2 <<"\t\t"<< i1 << endl;                   //显示 i2,i1
    cout << f2 <<"\t"<< f1 << endl;                     //显示 f2,f1
    cout << d2 <<"\t"<< d1 << endl;                     //显示 d2,d1
}
```

运行结果：

```
This is an example for binary file.
A
255             -255
1.4013e-045     -1.4013e-045
4.94066e-324    -4.94066e-324
```

A..	Hexadecimal	Text (ASCII)
000	54 68 69 73 20 69 73 20 61 6E 20 65 78 61 6D 70	This is an examp
016	6C 65 20 66 6F 72 20 62 69 6E 61 72 79 20 66 69	le for binary fi
032	6C 65 2E 00 41 FF 00 00 00 01 FF FF FF 01 00 00	le..A...........
048	00 01 00 00 80 01 00 00 00 00 00 00 00 01 00 00	....
064	00 00 00 00 80	.....

从程序运行结果来看,显示器上显示的内容和程序设想是一致的。磁盘上的数据文件不能再用笔记本查看了,要用专门的二进制文件查看软件,运行结果的下一个图就是该文件的二进制内容。

文件的前34个字节是字符串(以0结束),然后是一个字符'A'的ASCII码(0x41),然后是4个字节的整型数255(0x000000FF),4个字节的整型数-255(0xFFFFFF01),2个4字节的单精度浮点数1.4e-45(0x00000001)和-1.4e-45(0x80000001),2个8字节的双精度浮点数4.9e-324(0x0000000000000001)和-4.9e-324(0x8000000000000001)。感兴趣的话,可以深究一下整型数和浮点数的数据格式。

12.3.3 随机文件的读写

前面介绍的文件操作都是按照一定顺序进行读写的,因此称为顺序文件。对于顺序文件,只能按实际排列的顺序,一个个地访问文件中的各个元素。在文件中有一个指针,它指向当前读写的位置。当顺序读写一个文件时,每次读写一个字节,并在读完后指针自动移动,指向下一个字节。这种读写有时候很不方便,为此,C++又提供了文件的随机读写。

为了进行随机存取,必须先确定文件指针的位置。在C++中提供了一些函数来确定指针位置。

(1) seekg()和seekp()函数,从指定位置开始移动文件指针。

```
seekg(pos,origin);        //用于输入文件,将读指针从 origin 移动 pos 个字节
seekp(pos,origin);        //用于输出文件,将写指针从 origin 移动 pos 个字节
```

origin表示文件指针的起始位置,它的取值有如下三种。

ios::beg:表示从文件头开始。

ios::cur:表示从当前位置开始。

ios::end:表示从文件尾开始。

(2) tellg()和tellp()函数,返回文件指针的当前位置,其中tellg用于输入文件,tellp用于输出文件。

【例 12-5】 随机文件的读写。

向二进制文件写入一组整型数:①先写入15个数0~14,记录当前文件指针位置pos1并显示;②再继续写入30个数15~44,记录当前文件指针位置pos2并显示,再显示pos1位置的内容;③让指针回到文件开始,写入20个数80~99,记录当前文件指针位置pos2并显示,再显示pos1位置的内容。

```
#include <fstream.h>
#include <stdlib.h>
void main()
{   fstream file("test2.dat",ios::in|ios::out|ios::binary);  //创建文件对象
    if(!file)                                                 //对文件打开失败进行处理
    {   cout <<"Can't open the file\n";
        exit(1);
    }
```

```
    int i,si = sizeof(int);
    cout<<"整型变量 i 字节数: "<<si<<endl;
    for(i = 0;i<15;i++)                              //文件中写入 15 个整型数
        file.write((char * )&i,si);
    streampos pos1 = file.tellp();                   //pos1 是当前指针位置
    cout<<"第一次从开始写 15 个数据后指针 pos1 位置: "<<pos1<<endl;
    for(i = 15;i<45;i++)                             //再写入 30 个整型数
        file.write((char * )&i,si);
    streampos pos2 = file.tellp();                   //pos2 是当前指针位置
    cout<<"第二次继续写 30 个数据后指针位置: "<<pos2<<"\t";
    file.seekg(pos1);                                //将指针定位到 pos1 位置
    file.read((char * )&i,si);                       //读一个数据到 i
    cout<<"pos1 位置的数据: "<<i<<endl;
    file.seekp(0,ios::beg);                          //将文件指针移至文件头
    for(i = 80;i<100,i++)                            //从文件头再次写入 20 个数据
        file.write((char * )&i,si);
    pos2 = file.tellp();                             //pos2 是当前指针位置
    cout<<"第三次从开始再写 20 个数据后指针位置: "<<pos2<<"\t";
    file.seekg(pos1);                                //将指针定位到 pos1 位置
    file.read((char * )&i,si);                       //读一个数据到 i
    cout<<"pos1 位置的数据: "<<i<<endl;
     file.close();
}
```

运行结果：

```
整型变量i字节数: 4
第一次从开始写15个数据后指针pos1位置: 60
第二次继续写30个数据后指针位置: 180      pos1位置的数据: 15
第三次从开始再写20个数据后指针位置: 80    pos1位置的数据: 95
```

A..	UInt8 (1-byte)															
000	080	000	000	000	081	000	000	000	082	000	000	000	083	000	000	00
016	084	000	000	000	085	000	000	000	086	000	000	000	087	000	000	00
032	088	000	000	000	089	000	000	000	090	000	000	000	091	000	000	00
048	092	000	000	000	093	000	000	000	094	000	000	000	095	000	000	00
064	096	000	000	000	097	000	000	000	098	000	000	000	099	000	000	00
080	020	000	000	000	021	000	000	000	022	000	000	000	023	000	000	00
096	024	000	000	000	025	000	000	000	026	000	000	000	027	000	000	00
112	028	000	000	000	029	000	000	000	030	000	000	000	031	000	000	00
128	032	000	000	000	033	000	000	000	034	000	000	000	035	000	000	00
144	036	000	000	000	037	000	000	000	038	000	000	000	039	000	000	00
160	040	000	000	000	041	000	000	000	042	000	000	000	043	000	000	00
176	044	000	000	000												

在 VC++ 中，一个整型变量占据 4 个字节的空间，因此在看数据时要把 4 个字节作为一个数据来看，好在我们的举例数据比较小，只看最后一个字节就可以。第一次写入时，15 个数据共 60 个字节，所以 pos1 数值是 60。第二次继续写入 30 个数是 120 个字节，所以 pos2 是 60＋120＝180，而 pos1 位置内容正是第二次所写的第一个数 15。此时共写入了 45 个数，其内容是 0～44。第三次写数据前，让指针重新回到文件开始，再写 20 个数，实际上用 80～99 覆盖了先前所写的头 20 个数 0～19。写完后的 pos2 自然是 80，此时 pos1 位置的内容已被改写成了 95。

12.4 本章知识要点和常见错误

文件和流是C/C++输入和输出中的重要组成部分。文件是大型应用系统开发必然要用到的数据存储形式。但其概念在全书中显得“孤立”,学习者需要用心体会例题并上机实践。

本章知识要点如下,

(1) 文件的分类{设备文件:通常把标准输入和输出设备也称为设备文件。
磁盘文件:存储在外部介质上的相关数据的集合。

(2) 在程序设计中,主要用到两种磁盘文件。

磁盘文件{程序文件:内容为程序代码的文件。
数据文件:程序运行时可读写的数据文件

(3) 本章的主要讨论对象是数据文件。数据文件按其存储方式不同,可分为文本文件(又称ASCII码文件)和二进制文件;按其读写方式的不同,可划分为顺序读/写文件和随机读写文件。

(4) C/C++中文件是以“流”的方式操作的。“流”是一个处于传输状态的字节序列,是字节的“流动”。“流”的引入使编程者不需要考虑具体系统和硬件的细节,使C/C++程序的设计、维护和移植更为方便。

(5) 对于任意一个文件的操作,都必须先打开文件。C++中用ostream ex("test. txt");定义一个输出流类对象ex,打开一个名为“test. txt”的磁盘文件,即建立了一个通往test. txt文件的输出数据流,然后进行文件的读写操作,最后关闭文件,切断数据流,防止数据丢失。

(6) 文本文件的输出可以用插入操作符<<和成员函数put()完成;输入可以用提取操作符>>和成员函数get()完成。二进制文件的输入和输出可以使用函数read和write完成读写。

文件对于学习者是比较难建立的一个概念,因为它与前面的内容大不同,常见错误如下。

(1) 文件读写操作完成后,忘了关闭文件。

文件的编程要记住固定的步骤,每个文件都要打开-操作-关闭。

(2) 文件的读写操作与打开的方式不符。

比如欲读一个文件,却以写的方式打开。

(3) 打开文件时,指定的文件名找不到。

写文件时,可以直接创建一个文件备写,但读文件时,必须确保能找到文件,若文件不在当前目录下,应当在指出文件名时加上文件所在路径,如ifstream ex3("d:\shuju\test. dat")。

(4) 文件的读写格式未控制好,导致读出不正确。

至此全书结束,为便于复习,我们做了如下两个线索总结。

① C/C++数据类型的演变线索,如图12-6所示。

② 计算机语言的类型虽然前面讲过,但现在学完后再来看如图12-7所示的总结图,会有更深的体会。

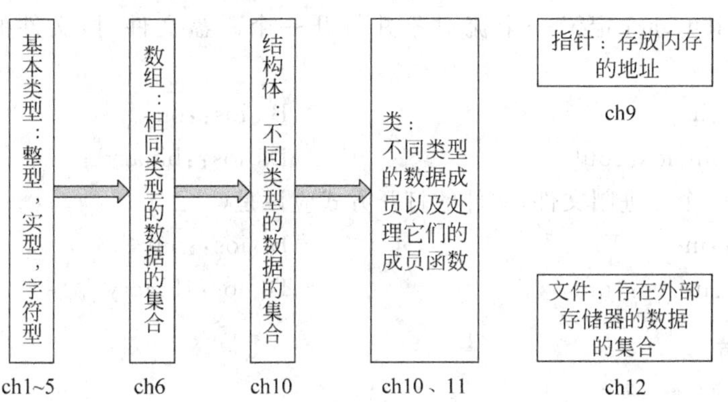

图 12-6 全书数据类型总结图

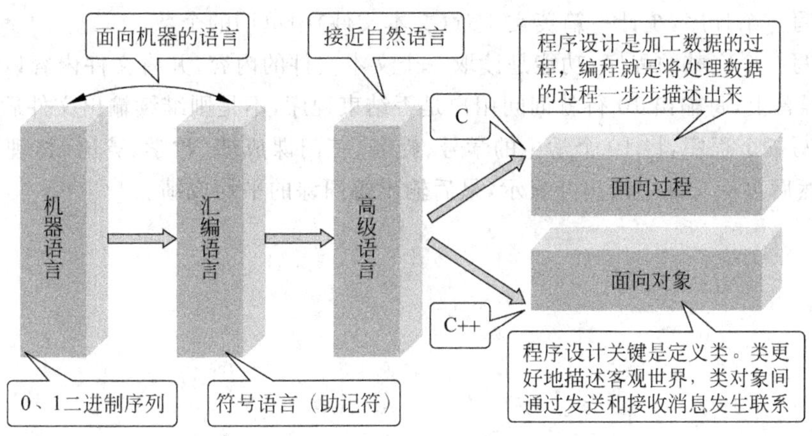

图 12-7 编程语言类型总结图

习题

一、选择题

1. 下列有关文件的描述，(　　)是错误的。
   A. 文件既指通常所说的磁盘文件，也指设备文件
   B. 可运行的程序代码一般是以文本形式存储
   C. 文件按其存储方式不同，可分为文本文件和二进制文件
   D. “流”的引入使编程者不需要考虑具体系统和硬件的细节，使C/C++程序的设计、维护和移植更为方便
2. 要进行文件的输出，要包含头文件(　　)。
   A. ifstream　　B. fstream　　C. ostream　　D. cstdio

3. 下列函数中,(　　)是对文件进行写操作的。

A. get　　B. read　　C. seekg　　D. put

4. 当使用 ifstream 定义一个流对象并打开一个磁盘文件时,文件的隐含打开方式为(　　)。

A. ios::in　　B. ios::out

C. ios::in|ios::out　　D. ios::binary

5. 要读写一个二进制文件,文件的打开方式应该是(　　)。

A. ios::in　　B. ios::out

C. ios::in|ios::out　　D. ios::binary

二、编程题

1. 编写一个程序,建立一个 d12.txt 文本文件,向其中写入"this is a test.",然后在 Windows 文本编辑器或 Word 中显示该文件的内容。

2. 编写一个程序,统计一篇英文文章(文本文件)中单词的个数。

3. 编写一个完整的程序,功能是读取一个文本文件的内容,并将文件内容以 10 行为单位输出到屏幕上,每输出 10 行就询问用户是否结束程序,不是则继续输出文件后面的内容。

4. 编写一个程序,将 10 个学生的学号、姓名、三门课成绩(数学、英语、物理)存入 file.dat 文件,然后再从文件中读出并显示,最后输出每门课的平均成绩。

ASCII码表

附表 A　ASCII 码表

ASCII 值	控制字符	ASCII 值	控制字符	ASCII 值	控制字符	ASCII 值	控制字符
0	NUT	32	(space)	64	@	96	、
1	SOH	33	!	65	A	97	a
2	STX	34	”	66	B	98	b
3	ETX	35	#	67	C	99	c
4	EOT	36	$	68	D	100	d
5	ENQ	37	%	69	E	101	e
6	ACK	38	&	70	F	102	f
7	BEL	39	,	71	G	103	g
8	BS	40	(	72	H	104	h
9	HT	41	)	73	I	105	i
10	LF	42	*	74	J	106	j
11	VT	43	+	75	K	107	k
12	FF	44	,	76	L	108	l
13	CR	45	—	77	M	109	m
14	SO	46	.	78	N	110	n
15	SI	47	/	79	O	111	o
16	DLE	48	0	80	P	112	p
17	DCI	49	1	81	Q	113	q
18	DC2	50	2	82	R	114	r
19	DC3	51	3	83	S	115	s
20	DC4	52	4	84	T	116	t
21	NAK	53	5	85	U	117	u
22	SYN	54	6	86	V	118	v
23	TB	55	7	87	W	119	w
24	CAN	56	8	88	X	120	x
25	EM	57	9	89	Y	121	y
26	SUB	58	:	90	Z	122	z
27	ESC	59	;	91	[	123	{
28	FS	60	<	92	/	124	|
29	GS	61	=	93	]	125	}
30	RS	62	>	94	^	126	～
31	US	63	?	95	—	127	DEL

VC++ 6.0常见错误列表

VC++系统在编译、链接程序的过程中,会检查各种错误,给出提示。以错误代号为序,如附表 B-1 所示,以备上机时辅助查错、改错。

附表 B-1　VC++6.0 常见错误列表

1	fatal error C1004	unexpected end of file found 源文件的'{'与'}'不匹配
2	fatal error C1010	unexpected end of file while looking for precompiled header directive 寻找预编译头文件路径时遇到了不该遇到的文件尾。(一般是没有 # include "iostream. h")
3	fatal error C1083	Cannot open include file: 'R……. h': No such file or directory 不能打开包含文件“R……. h”: 没有这样的文件或目录
4	error C2001	newline in constant 在常量中出现了换行。其实是该行可能隐含着看不见的怪字符,最有效的改法是:注释掉这一行,回车在新的位置重新输入同样的代码
5	error C2011	'C……': 'class' type redefinition 类“C……”重定义
6	error C2015	too many characters in constant 字符常量中的字符太多了。错误处比语法要求多了些字符,也可能由于缺少符号所致,如: if (x == 'x || x == 'y') { … }
7	error C2137	empty character constant 两个单引号之间不加任何内容会引发错误
8	errorC2018	unknown character '0xa3' 不认识的字符'0xa3'(一般是汉字或中文标点符号),实在看不出来错误,也可以注释掉这一行,回车在新的位置重新输入同样的代码。从不同编辑器复制过来的程序常出现这样的错误,可能夹杂一些看不到的格式符,一行行删除所有空白处,可以解决这个问题
9	error C2041	illegal digit '#' for base '8' 在八进制中出现了非法的数字'***': 如果某个数字常量以“0”开头(单纯的数字 0 除外),那么编译器会认为这是一个八进制数字,其后只能出现 0～7。例如:“089”、“078”、“093”都非法,而“071”合法
10	error C2057	expected constant expression 希望是常量表达式(一般出现在 switch 语句的 case 分支中)
11	error C2065	'XXX' : undeclared identifier “XXX”: 未声明过的标识符。标识符遵循“先定义、后使用”原则。所以,无论是变量、函数名、类名,都必须先定义,后使用。如使用在前,声明或定义在后,或某处有拼写错误,都会引发这个错误

续表

12	error C2082	redefinition of formal parameter 'bReset' 函数参数“bReset”在函数体中重定义
13	error C2143/46	missing ';' before (identifier)'xxx' 在(标识符)“xxxx”前缺少分号。这是 VC++6 的编译期最常见的误报，当出现这个错误时，往往所指的语句并没有错误，而是它的上一句的尾部缺少分号。或上一句语句不完整
14	error C2196	case value '69' already used 值 69 已经用过(一般出现在 switch 语句的 case 分支中)
15	error C2374	'xxx' : redefinition; multiple initialization “xxx”重复申明，多次初始化。 变量“xxx”在同一作用域中定义了多次，并且进行了多次初始化
16	error C2511	'reset': overloaded member function 'void (int)' not found in 'B' 重载的函数“void reset(int)”在类“B”中找不到
17	error C2555	'B::f1': overriding virtual function differs from 'A::f1' only by return (type or calling convention) 类 B 对类 A 中同名函数 f1 的重载仅根据返回值或调用约定上的区别
18	error C2660	'SetTimer' : function does not take 2 parameters “SetTimer”函数不传递两个参数。形参和实参个数不匹配
19	warning C4035	'f……': no return value “f……”函数的 return 语句没有返回值
20	warning C4553	'==': operator has no effect; did you intend '='? 没有效果的运算符“==”；是否改为“=”?
21	warning C4700	local variable 'bReset' used without having been initialized 局部变量“bReset”没有初始化就使用
22	error C4716	'CMyApp::InitInstance' : must return a value “CMyApp::InitInstance”函数必须返回一个值
23	LINK 1168	cannot open Debug/P1. exe for writing 链接错误：不能打开 P1. exe 文件，以改写内容(一般是 P1. exe 还在运行，未关闭)
24	LINK 2001	unresolved external symbol "xxx" 链接程序不能在所有的库和目标文件内找到所引用 xxx(函数、变量或标签等)。有两种情况：一是调用了库函数，但没有把它的头文件包含进来；二是调用了用户自己定义的函数 sort，但函数名写成了 srot
25	LINK 2005	_main already defined in xxxx. obj _main 已经存在于 xxxx. obj 中了。 直接的原因是该程序中有多个(不止一个)main 函数(在管理窗口中可以看到)。这是 C++的学习者编程时经常犯的错误。这个错误通常在一个 project(项目)中包含多个 cpp 文件，而每个 cpp 文件中都有一个 main 函数。注意操作的条理性：做完一道题后，先关闭工作空间(或退出 VC++系统)，再新建或打开下一个题即可避免。 一个任务做成一个 Project(项目)，一个 Project 可以编译为一个应用程序(＊. exe)，或者一个动态链接库(＊. dll)。通常，每个 Project 下面可以包含多个. cpp 文件，. h 文件，以及其他资源文件。在这些文件中，只能有一个 main 函数。Workspace(工作区)是 Project 的集合。在调试复杂的程序时，一个 Workspace 可能包含多个 Project，但对于初学者的简单的程序，一个 Workspace 只包含一个 Project，一个 Project 中只有一个 cpp 文件、一个 main 函数

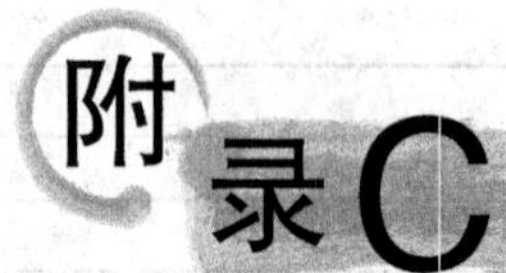

C语言常用库函数表

标准 C 提供了数百个库函数，本附录仅从教学角度列出最基本的一些函数，如附表 C-1～附表 C-6 所示。读者如有需要，请查阅有关手册。

附表 C-1　math. h 中的数学函数

函数原型说明	功　　能	返回值	说　　明
int abs(int x)	求整数 x 的绝对值	计算结果	
double acos(double x)	计算 arccos(x)的值	计算结果	x 在 －1～1 范围内
double asin(double x)	计算 arcsin(x)的值	计算结果	x 在 －1～1 范围内
double atan(double x)	计算 arctan(x)的值	计算结果	
double atan2(double x,double y)	计算 arctan(y/x)的值，$-\pi \sim \pi$	计算结果	
double cos(double x)	计算 cos(x)的值	计算结果	x——弧度
double cosh(double x)	计算双曲余弦 cosh(x)的值	计算结果	
double exp(double x)	求 e^x 的值	计算结果	
double fabs(double x)	求实数 x 的绝对值	计算结果	
double floor(double x)	求不大于实数 x 的最大整数	计算结果	
double fmod(double x,double y)	求 x/y 整除后的双精度余数	计算结果	
double frexp(double val,int * exp)	把 val 分解成尾数和以 2 为底的指数 n，即 val＝x×2^n，n 存放在 exp 所指的变量中	返回尾数 x，$0.5 \leqslant x < 1$	
double log(double x)	求 lnx	计算结果	$x>0$
double log10(double x)	求 $\log_{10} x$	计算结果	$x>0$
double modf(double val,double * ip)	把双精度 val 分解成整数部分和小数部分，整数部分存放在 ip 所指的变量中	返回小数部分	
double pow(double x,double y)	计算 x^y 的值	计算结果	
double sin(double x)	计算 sin(x)的值	计算结果	x 的单位为弧度
double sinh(double x)	计算 x 的双曲正弦函数 sinh(x)的值	计算结果	
double sqrt(double x)	计算 x 的平方根	计算结果	$x \geqslant 0$
double tan(double x)	计算 tan(x)	计算结果	
double tanh(double x)	计算 x 的双曲正切函数 tanh(x)的值	计算结果	

附表 C-2　string.h 中的字符串函数

函数原型说明	功　能	返　回　值
char * strcat(char * s1,char * s2)	把字符串 s2 接到 s1 后面	s1 所指地址
char * strchr(char * s,int ch)	在 s 所指字符串中,找出第一次出现字符 ch 的位置	返回找到的字符的地址,找不到返回 NULL
int strcmp(char * s1,char * s2)	对 s1 和 s2 所指字符串进行比较	s1<s2,返回负数; s1==s2,返回 0; s1>s2,返回正数
char * strcpy(char * s1,char * s2)	把 s2 指向的串复制到 s1 指向的空间	s1 所指地址
unsigned int strlen(char * s)	求字符串 s 的长度	返回串中字符(不计最后的'\0')个数
char * strstr(char * s1,char * s2)	在 s1 所指字符串中,找出字符串 s2 第一次出现的位置	返回找到的字符串的地址,找不到返回 NULL

附表 C-3　stdio.h 中的输入输出函数

函数原型说明	功　能	返　回　值
char * gets(char * s)	从标准设备读取一行字符串放入 s 所指存储区,用'\0'替换读入的换行符	返回 s,出错返回 NULL
int printf(char * format,args,…)	把 args 的值以 format 指定的格式输出到标准输出设备	输出字符的个数
int putc (int ch, FILE * fp)	向 fp 所指文件中写入一个 ch 中的字符	成功返回该字符,否则返回 EOF
int putchar(int ch)	把 ch 的低 8 位输出到标准输出设备	返回输出的字符,若出错则返回 EOF
int puts(char * str)	把 str 所指字符串输出到标准设备,将'\0'转成回车换行符	返回非负值,若出错,返回 EOF
int rename(char * oldname,char * newname)	把 oldname 所指文件名改为 newname 所指文件名	成功返回 0,出错返回 -1
void rewind(FILE * fp)	将文件位置指针置于文件开头	无
int scanf(char * format,args,…)	从标准输入设备按 format 指定的格式把输入数据存入到 args 所指的内存中	已输入数据的个数

附表 C-4　stdlib.h 中的函数

函数原型说明	功　能	返　回　值
void * calloc(unsigned n, unsigned size)	分配 n 个数据项的内存空间,每个数据项的大小为 size 个字节	分配内存单元的起始地址;如不成功,返回 0
void * free(void * p)	释放 p 所指的内存区	无
void * malloc(unsigned size)	分配 size 个字节的存储空间	分配内存空间的地址;如不成功,返回 0
void * realloc(void * p, unsigned size)	把 p 所指内存区的大小改为 size 个字节	新分配内存空间的地址;如不成功,返回 0
int rand(void)	产生 0～32 767 的伪随机整数	返回一个伪随机整数
void srand(unsigned seed);	srand 是对 rand 函数进行初始化操作,设置随机数种子	无
void exit(int state)	程序终止执行,一般来说,state 为 0 正常终止,非 0 非正常终止	无

附表 C-5　istream.h 中的成员函数

函　数	功　能
read	无格式输入指定字节数
get	从流中提取字符,包括空格
getline	从流中提取一行字符
ignore	提取并丢弃流中指定字符
peek	返回流中下一个字符,但不从流中删除
gcount	统计最后输入的字符个数
eatwhite	忽略前导空格
seekg	移动输入流指针
tellg	返回输入流中指定位置的指针值
>>	提取运算符

附表 C-6　ostream.h 中的成员函数

函　数	功　能
put	无格式,插入一个字节
write	无格式,插入一字节序列
flush	刷新输出流
seekp	移动输出流指针
tellp	返回输出流中指定位置的指针值
<<	插入运算符

附录D 各章习题部分答案

第 1 章：一、1. C　2. B　3. B　4. D　5. B

第 2 章：一、1. C　2. D　3. B　4. C　5. C

二、1. 1

2.
```
#include <iostream.h>
void  main()
{    int  x,y;
     cin>>x>>y;
     if(x>y)
          cout<<x<<endl;
     else
          cout<<y<<endl;
}
```

3. x>=0　x<amin

三、8.
```
temp=a;a=b; b=temp;
cout<<"a="<<a<<c"  b="<<b;
```

9.
```
round=2*3.14159*r;
area=3.14159*r*r;
cout<<"圆周长="<<round<<endl;
cout<<"圆面积="<<area<<endl;
```

10.
```
int  i=1,sum=0;
while(i<=50)
{   sum=sum+i;
    i++;
}
cout<<"和="<<sum<<endl;
```

第 3 章：一、1. C　2. A　3. B　4. C　5. C

6. B　7. A　8. C　9. B　10. C

11. C　12. B　13. D　14. A　15. B

三、T T F F F　T T T T F

第 4 章：一、1. B　2. D　3. C　4. A　5. D

6. D　7. D　8. C　9. C　10. B

二、1. 42　84　2. 3　6　2　36　3. a=12　y=12

4. `c = (c >='A' && c<='Z') ? c +32 : c ;`

第 5 章：一、1. A　2. C　3. D　4. A　5. B

6. D　7. B　8. D　9. B　10. C

二、1. 20　2. 8　3. 3　1　−1　3　1　−1

4. n!=0　x=2*x+t;　5. n=n/10

三、10.

```
r = n % 10;
value * = r;
n = n/10;
```

第6章：一、1. B　2. B　3. B　4. C　5. A

6. C　7. D　8. B　9. C　10. D

11. C　12. B　13. D　14. B　15. A

二、12.

```
for(i = 0;i < 6;i++)
if(str1[i]!= str[i])
{   flag = 1;
    break;
}
```

13.
```
a[i] = b[i];
a[i] = '\0';
```

第7章：一、1. A　2. B　3. C　4. D　5. B

6. A　7. A　8. D　9. B　10. B

11. A　12. C　13. B　14. D　15. B

第8章：一、1. B　2. C　3. A　4. A　5. A

第9章：一、1. D　2. D　3. B　4. A　5. D

6. B　7. D　8. C　9. C　10. C

11. D　12. A　13. A　14. C　15. B

二、

7.
```
int  i = 0,j = 0;
while(s[i]!= '\0')
{   if(i % 2 =  = 0)
    {   t[j] = s[i];
        j++;
    }
    i++;
}
t[j] = '\0';
```

8. check 判断回文

```
p1 = p2 = s;
n = 1;
while( * p2!= '\0')
    p2++;
p2 -- ;
for(;p1 < = p2;p1++,p2 -- )
```

```
{   if( * p2!= * p1)
    {   n = 0;
        break;
    }
}
return n;
```

第 10 章：一、1. B　2. C　3. D　4. B　5. B

第 11 章：一、1. B　2. D　3. C　4. D　5. A

6. C　7. B　8. A　9. A　10. D

11. D　12. B　13. C　14. B　15. D

16. A　17. C　18. D　19. A　20. D

21. B　22. A　23. A　24. C　25. B

第 12 章：1. B　2. B　3. D　4. B　5. D

附录 E 模拟题训练

模 拟 题 1

一、单选题(20 小题,每小题 1 分,共 20 分)

1. 以下程序段(　　)。

```
x = 0;
do
{     x = x * x;
}while(!x);
```

A. 循环执行一次　　B. 循环执行两次　　C. 是死循环　　D. 有语法错误

2. 下面程序段的输出结果是(　　)。

```
char str[] = "abcde";
cout << * (str + 4)<< endl;
```

A. d　　B. e

C. 输出语句有错,无结果输出　　D. '\0'

3. 下列程序的运行结果是(　　)。

```
#include < iostream.h >
void main()
{     char str[10] = "abcde", * p = str, * q;
      q = p++;
      cout << p <<","<< q << endl;
}
```

A. bcde, abcde　　B. bcde, b　　C. bcde, bcde　　D. abcde, abcde

4. 逻辑运算符两侧运算对象的数据类型(　　)。

A. 只能是整型或字符型数据　　B. 可以是任何类型的数据

C. 只能是 0 或非 0 数　　D. 只能是 0 或 1

5. 下面叙述中不正确的是(　　)。

A. 局部变量若不初始化,则系统默认它的值为 0

B. 使用全局变量可以从被调用函数中获取更多个操作结果

C. 全局变量若不初始化,则系统默认它的值为 0

D. 当函数调用完后，静态局部变量的值不会消失

6. 下面程序的输出结果是(　　)。

```
#include <iostream.h>
void main()
{   int x,y;
    for(x = 1,y = 1;x <= 100;x++)
    {   if(y >= 10)     break;
        if(y % 3 == 1)
        {   y += 3;
            continue;
        }
        y -= 3;
    }
    cout << x << endl;
}
```

A. 4　　B. 1　　C. 10　　D. 3

7. 若有下面的程序片段：

```
int a[12] = {0}, * p[3],i;
for(i = 0;i < 3;i++)
    p[i] = &a[i * 4];
```

则对数组元素的错误引用是(　　)。

A. a[0]　　B. p[0]　　C. *(*p+0)　　D. *p[0]

8. 下面程序段的运行结果是(　　)。

```
char n[] = "12345", * p;
int s = 0;
for(p = n; * p!= '\0';p++)      s = 10 * s + * p - '\0';
cout << s << endl;
```

A. 有语法错误，无输出结果　　B. 123450

C. 12345　　D. 54321

9. 已知有如下共用体变量 data，则 data 所占的字节数是(　　)。

```
union
{   char a[4];
    int b[4];
    float c[2];
}data;
```

A. 16　　B. 给出的答案都不对

C. 8　　D. 28

10. 下面叙述中不正确的是(　　)。

A. 在一个函数内定义的变量只在本函数范围内有效

B. 函数中的形参是局部变量

C. 在一个函数内的复合语句中定义的变量在本函数范围内有效

D. 在不同的函数中可以使用相同名字的变量

11. 下面程序运行时,若从键盘上输入 3.6　2.4 并回车,则输出结果是(　　)。

```
#include <iostream.h>
#include <math.h>
void main()
{    float x,y,z;
     cin>>x>>y;
     z = x/y;
     while(1)
     {    if(fabs(z)>1.0)
          {    x = y;    y = z;    z = x/y;    }
          else break;
     }
cout<<y;
}
```

A. 1.5　　B. 1.6　　C. 2.4　　D. 2.0

12. 派生类的对象对它的基类成员中(　　)是可以访问的。

A. 公有继承的私有成员　　B. 私有继承的公有成员

C. 保护继承的公有成员　　D. 私有继承的保护成员

13. 有如下类定义:

```
class Foo {int br;}
```

则 Foo 类的成员 br 是(　　)。

A. 公有成员函数　B. 私有成员函数　C. 私有数据成员　D. 公有数据成员

14. C++语言程序从 main(　　)函数开始执行,所以这个函数要写在(　　)。

A. 程序文件的任何位置　　B. 程序文件的开始

C. 程序文件的最后　　D. 它所调用的函数的前面

15. 在 int x=20, *p=&x;语句中,p 的值是(　　)。

A. 变量 x 的地址值　　B. 无确定值

C. 变量 p 的地址值　　D. 20

16. 若有以下函数调用语句(　　)。

```
f(m+n, x+y, f(m,n, x+y));
```

在此函数调用语句中的实参的个数是(　　)。

A. 5　　B. 3　　C. 4　　D. 6

17. 可以赋给指针变量的唯一整数是(　　)。

A. 3　　B. 0　　C. 1　　D. 2

18. C++源程序文件经过编译后,生成的目标文件扩展名是(　　)。

A. obj　　B. c　　C. cpp　　D. exe

19. 以下不能对数组 x 进行正确初始化的语句是(　　)。

A. int x[5]={1,2,3};　　B. int x[]={1,2,3,4,5};

C. int x[]={};　　D. int x[5]={1,2,3,4,5};

20. C++语言的跳转语句中，对 break 和 continue 说法正确的是(　　)。

A. continue 语句只应用于循环体中

B. break 和 continue 的跳转范围不够明确，容易产生问题

C. break 语句只应用于循环语句中

D. break 是无条件跳转语句，continue 不是

二、操作题

1.【简单操作题】打开 proj1. cpp，按照以下要求，完成操作：

(1) 编写程序，求 1+1/(1+2)+1/(1+2+3)+…+1/(1+2+3+…+m)的值，其中 m 的值由键盘输入(提示：当 m 小于 1 时，输出值为 0)；

(2) 请按照注释的要求在程序的"____"部分填适当的内容并去掉程序中的"____"，使程序能正确运行，保存文件。(15 分)

```
#include <iostream.h>
void main()
{
    ________;            //#1 定义整型变量 s1,表示分母
    cout<<"请输入 m 的值"<<endl;
    cin>>m;
    ________;            //#2 定义单精度变量 s
    i=1;
    while(i<=m)
    {
        s1 = ________;   //#3 求每一项分母
        s = ________;    //#4 求多项式的值
        ________;        //#5
    }
    cout<<s<<"  ";
}
```

2.【简单操作题】打开 proj2. cpp，按照以下要求，完成操作：

(1) 请补充函数 fun，该函数的功能是：根据整型参数 m 的值，计算如下公式的值，$s=\sqrt{\ln(1)+\ln(2)+\cdots+\ln(m)}$，在 C++中可调用 log(n)函数求 ln(n)；例如，若 m 的值为 20，则 fun 函数的值为 6.50658；

(2) 请按照注释的要求在程序的"____"部分填适当的内容并去掉程序中的"____"，使程序能正确运行，保存文件。(20 分)

```
#include <iostream.h>
#include <math.h>
double fun(int m)
{   int i;
    double s = ________;                     //#1
    for(________;________;________) //#2 以下循环计算 ln(1) + ln(2) + … + ln(m)的值
        s = ________;                        //#3
    return ________;                         //#4 返回 s 的平方根的值
}
```

```
void main()
{
    cout << fun(20)<<"  ";
}
```

3.【简单操作题】打开 proj3.cpp,按照以下要求,完成操作:

(1) 编写一函数 fun(),函数 fun(char *str, char ch)的功能是:判断字符 ch 是否与字符串 str 中的某个字符相同,若相同,则什么也不做;若不同,则插在字符串的最后;

(2) 请将程序补充完整,但不要改变已有的程序,使程序能正确运行,保存文件。在编写程序时,不得使用 C++语言提供的字符串函数。(20 分)

```
#include <iostream.h>
#include <string.h>
void fun(char *str, char ch)
{
//请在两条星线之间填入相应的代码
/*******************************************/

/*******************************************/
}
void main()
{
    char s[81],c;
    cout <<"请输入字符串"<< endl;
    cin.getline(s,81);
    cout <<"请输入一个字符"<< endl;
    cin >> c;
    fun(s,c);
    cout << s;
}
```

4.【综合应用题】打开 proj4.cpp,按照以下要求,完成操作:

已知一个源程序文件 proj4.cpp,程序通过继承关系,实现对姓名的控制。类 NameCtrl 是对名字访问的接口。AnimalName 实现对动物名字的设置和输出。程序运行结果如图示:

这个程序不完整,请按照以下要求将程序补充完整:

(1) 在类 NameCtrl 中定义函数 GetName 为虚函数,请在注释// *** 1 *** 之后添加适当语句;

(2) 定义函数 GetName2()实现获得动物名字的缓冲。但只获得允许操作这个常成员函数,请在注释// *** 2 *** 之后添加适当语句;

(3) 实现 AnimalName 的构造函数,请在注释// *** 3 *** 之后添加适当语句;

(4) 完成 AnimalName 的构造函数,实现对名字的处理,请在注释// *** 4 *** 之后添加适当语句。(25 分)

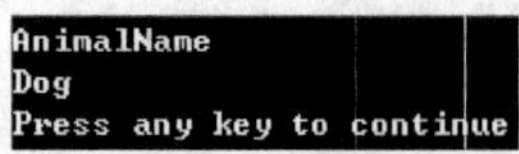


```
#include <iostream.h>
```

```
class NameCtrl
{
 public:
   //***1***
};
class AnimalName:public NameCtrl
{
 public:
    void GetName()
    {
         cout <<"AnimalName"<< endl;
    }
    //***2***
    {   return m_str;
    }
    //***3***
    {    int i;
         for(i = 0;str[i]!= 0;i++)
              m_str[i] = str[i];
    //***4***
    }
 private:
    char m_str[32];
};
void main()
{
    NameCtrl *p;
    AnimalName Obj1("Dog");
    p = &Obj1;
    p -> GetName();
    cout << Obj1.GetName2()<< endl;
    return;
}
```

模拟题 2

一、选择题(20 小题,每小题 1 分,共 20 分)

1. C++源程序文件的默认扩展名为(　　)。
   A. cc　　B. cpp　　C. c++　　D. c
2. 用逻辑表达式表示“大于 60 且小于 100 的数”,正确的是(　　)。
   A. !(x<=60||x>=100)　　B. 60<x<100
   C. x>60&x<100　　D. x>60||x<100
3. 下列运算符中优先级最高的是(　　)。
   A. &&　　B. %　　C. !　　D. >
4. 执行下列语句后,y 的值是(　　)。

```
int x = 1,y = 1;
++x||++y;
```

A. 1　　B. 不确定　　C. 2　　D. 0

5. 已知 int x=3;,下面的 do…while 语句执行时循环次数是(　　)。

```
do { -- x;}while(x!= 0);
```

A. 无限　　B. 1　　C. 3　　D. 2

6. 可以赋给指针变量的唯一整数是(　　)。

A. 3　　B. 1　　C. 0　　D. 2

7. 以下程序的运行结果是(　　)。

```
#include <iostream.h>
void main()
{    int a = 0,b = 1,c = 0,d = 20;
     if(a)     d -= 10;
     else if(!b)
          if(!c)d = 25;
     cout << d << endl;
}
```

A. 25　　B. 10　　C. 15　　D. 20

8. 下列关于数组初始化的说法不正确的是(　　)。

A. "char s[10]={'a','b','c'};"是不合法的,因为数组长度为 10,且初始值仅有三个

B. 对于"char s[10];"它的元素初值是不确定的

C. "char s[10]= {'a','b','c', 'd','e','f', 'g','h','i'};"表示 s[9]元素值为空字符

D. 若对数组 s 定义:"static char s[10];",则数组元素值均为空字符

9. 若有下面函数调用语句:

```
fun(a + b,(x,y),fun(n + k, d, (a + b)));
```

则在此函数调用语句中实参的个数是(　　)。

A. 3　　B. 5　　C. 4　　D. 6

10. 若已定义,int a[10], * pp=a;,则不能表示 a[1]地址的表达式是(　　)。

A. a+1　　B. ++a　　C. pp++　　D. pp+1

11. 在 C++中,不是输出流类的是(　　)。

A. ostream　　B. cout　　C. ofstream　　D. ostrstream

12. 以下说法中,不正确的是(　　)。

A. 重载运算符的优先级和原来未重载的运算符的优先级相同

B. 重载不能改变运算符的结合律和操作数的个数

C. 只能重载已有的运算符

D. 运算符函数必须是成员函数

13. 面向对象程序设计思想的主要特征不包括(　　)。

A. 封装性　　B. 逐步求精　　C. 继承性　　D. 多态性

14. 设有以下说明语句：

```
struct student
{    int x;
     float y;
} stu;
```

则下面的叙述不正确的是(　　)。

A. struct student 是用户定义的结构体类型

B. stu 是用户定义的结构体类型名

C. struct 是结构体类型的关键字

D. x 和 y 都是结构体成员名

15. 有关类和对象的说法不正确的是(　　)。

A. 一个类只能有一个对象

B. 对象是类的一个实例

C. 任何一个对象只能属于一个具体的类

D. 类与对象的关系与数据类型和变量的关系类似

16. 以下选项中，(　　)不是类成员的访问权限关键字。

A. protected　　B. private　　C. public　　D. class

17. 若有如下的定义：

```
class ty
{  public:
      int n;
      void print( )     {cout << n;}
}x, * p = &x;
```

则下列表达式中，(　　)是错误的。

A. (＊p). print( )　B. p－＞n－5　　C. p. n　　D. x. n＝5;

18. 有关构造函数的说法不正确的是(　　)。

A. 系统可以提供默认的构造函数

B. 构造函数可以重载

C. 构造函数可以有参数，所以也可以有返回值

D. 构造函数可以设置默认参数；

19. 在类定义的外部，可以被访问的成员有(　　)。

A. private 或 protected 的类成员　　B. 所有类成员

C. public 或 private 的类成员　　D. public 的类成员

20. 用(　　)可对 C 程序中的任何部分做注释。

A. ＊　　B. "　　C. //　　D. ?

二、编程题

1.【简单编程题】打开 proj1. cpp，程序的功能是统计一个字符串包含英文字母的个数，在两条星线间填入相应的内容，使得程序完成该功能。(注意：不要改动其他代码，不得更

改程序的结构。)(15 分)

```
#include <iostream.h>
#include <stdio.h>
void main()
{    char text[200];     int n = 0;
     cout <<"输入一个字符串: "<< endl;
     gets(text);
     //********** 请在两条星线间填入相应的内容 *******

     //********** 请在两条星线间填入相应的内容 *******
     cout <<"英文字母的个数是: "<< n << endl;
}
```

2.【简单编程题】打开 proj2.cpp,编写 count 函数,计算个人所得税,月收入 5000 元以上部分需缴纳 20%的税,800 元以上 5000 元之间部分需缴纳 3%的税,800 元以下部分免税。在两条星线之间填入相应的代码,使程序完成该功能。(20 分)

```
//编写代码完成 count 函数功能: 计算个人所得税,并使用 return 语句把结果返回主函数
//例如: 小张月收入为 6000 元,则她需缴税(6000 - 5000) × 20 % + (5000 - 800) × 3 % = 326 元。
//注意: 除在指定位置添加语句之外,请不要改动程序中的其他内容.补充语句不限一句,可多句。
#include <iostream.h>
double count(float temf)
{    //请在两条星线之间填入相应的代码,完成应缴税款的计算
     /*******************************************/
    /*******************************************/
}
void main()
{    float tax, income;
     cout <<"请输入你的收入: ";
     cin >> income;
     tax = count(income);
     cout <<"应缴税: "<< tax << endl;
}
```

3.【简单编程题】打开 proj3.cpp,用递归函数求 t=1×3×5×7×…×(2n−1)的值,用键盘输入 n 值(n≥1),调用递归函数求出 t 值,最后输出 t 值。在两条星线之间填入相应的代码,使程序完成该功能。(20 分)

```
//编写代码完成 fun 函数功能,求 t = 1 × 3 × 5 × 7 × … × (2n - 1)的值,并使用 return 语句把结果返回主函数
//注意: 除在指定位置添加语句之外,请不要改动程序中的其他内容。补充语句处可写多条语句。
#include <iostream.h>
long fun(int n)
{   static long s = 1;
    //请在两条星线之间填入相应的代码(注: 要使用递归算法)
    /**********************************************/

    /**********************************************/
}
void main()
```

```
{	long t;
	int n;
	cout <<"求 t = 1 * 3 * 5 * 7 * … * (2n - 1)的值"<< endl;
	cout <<"请输入 n 的值: ";
	cin >> n;
	t = fun(2 * n - 1);
	cout <<"1 * 3 * 5 * 7 * … * "<<(2 * n - 1)<<"的值"<< t << endl;
}
```

4.【综合应用题】打开 proj4. cpp,其中定义了类 square,但类 square 的定义并不完整。请按要求完成下列操作,将类 square 的定义补充完整。

(1) 完成构造函数 square 的定义,使 square 对象的默认值为: length=0,width=0,label(0,0),请在注释"***1***"之后添加适当的语句。

(2) 完成重载构造函数 square(int l,int w,int x,int y)的定义,把数据成员 length,width 和对象 label 分别初始化为参数 l,w,x 和 y 的值,请在注释"***2***"之后添加适当的语句。

(3) 完成成员函数 get_area()的类定义,此函数的功能是返回此长方形的面积,即返回 length×width 的值。请在注释"***3***"之后添加适当的语句。(25 分)

```
#include <iostream.h>
class point
{
 private:
	int x,y;
 public:
	void set(int i,int j)
	{	x = i;	y = j;
	}
	int get_y()
	{	return y;
	}
};
class square
{
 private:
	int length,width;
	point label;
 public:
	//请在两条星线之间填入相应的代码 ***1***
	//完成构造函数 square 的定义,使 square 对象的默认值为: length = 0,width = 0, label(0,0)
	/********************************/

	/********************************/
	square(int l,int w,int x,int y)
	{
	//请在两条星线之间填入相应的代码 ***2***
	//重载构造函数 square(int l,int w,int x,int y)的定义,把数据成员 length,width
	//和对象 label 分别初始化为参数 l,w,x 和 y 的值
	/********************************/
```

```
        /*********************************/
        }
        void set(int i,int w)
        {     length = i;
              width = w;
        }
        int square::get_area() const
        {
        //请在两条星线之间填入相应的代码 *** 3 ***
        //完成成员函数 get_area()的类定义,此函数的功能是返回此长方形的面积,即返回
        //length * width 的值
        /*********************************/

        /*********************************/
        }
void main()
{    square small(2,4,1,35);
     cout <<"长方形的面积是: "<< small.get_area()<< endl;
}
```

模拟题 3

一、选择题(20 小题,每小题 1 分,共 20 分)

1. 逻辑运算符两侧运算对象的数据类型(　　)。

A. 只能是整型或字符型数据　　B. 只能是 0 或 1

C. 可以是任何类型的数据　　D. 只能是 0 或 −−0 数

2. 若有条件表达式(exp)? x++ : y−−,则以下表达式中能完全等价于表达式(exp)的是(　　)。

A. (exp==0)　　B. (exp!=1)　　C. (exp==1)　　D. (exp!=0)

3. 以下(　　)是正确的标识符。

A. #define　　B. _123　　C. \n　　D. %d

4. 若变量 x 和 y 均为 int 类型,且 x=y=1,则表达式 y==x+1 的值为(　　)。

A. 无正确结果　　B. 0　　C. 1　　D. 2

5. 下面程序的运行结果是(　　)。

```
#include <iostream.h>
#include <string.h>
void main()
{   char s[] = "abc", * p = s;
    int i;
    for(i = strlen(p) - 1;i > 0;i -- )
        cout << p[i];
}
```

A. cb　　B. cbabc　　C. cba　　D. abcbc

6. 下面程序的运行结果是(　　)。

```
#include < iostream.h >
#define sub(x,y)  (x) * x + y
void main()
{
    int a = 3,b = 4;
    cout << sub(a++,b++)<< endl;
}
```

A. 20　　B. 13　　C. 21　　D. 6

7. 若变量 x 和 y 均为 double 类型,且 x=1,则合法的语句是(　　)。

A. x=y++=1　　B. x=y++;　　C. y=x%2;　　D. x=x&y;

8. 每个 C++程序都必须有且仅有一个(　　)。

A. 主函数　　B. 函数　　C. 预处理命令　　D. 语句

9. 以下程序的运行结果是(　　)。

```
#include < iostream.h >
void main()
{     int x = 1,y = -1,z = 2;
      if(x > y)
          if(y > 0)     z = 0;
          else     z++;
      else x++;
      cout << x << z << endl;
}
```

A. 12　　B. 22　　C. 13　　D. 23

10. int a[2][3]={2,4,6,8,10,12},则 a[1][0]的值是(　　)。

A. 8　　B. 2　　C. 6　　D. 4

11. 已有定义:int x=10; int * px1, * px2;,且 px1 和 px2 均已指向变量 x,下面不能正确执行的赋值语句是(　　)。

A. px1=px2;　　B. x= * px1 * (* px2);

C. px2=x;　　D. x= * px1+(* px2);

12. 下列程序的输出结果是(　　)。

```
#include < iostream.h >
void main()
{   char * a[] = {"hello","the","world"};
    char ** pa = a;
    pa++;
    cout << * pa << endl;
}
```

A. hello　　B. 2　　C. the　　D. world

13. 执行语句 int a=20; * p=&a;后,下列描述错误的是(　　)。

A. * p 表示变量 a 的值　　B. p 的值是变量 a 的地址

C. p 的值为 20　　D. p 的值指向整型变量 a

14. 若有下面的程序段：

```
int a[12] = {0}, * p[3],i;
for(i = 0;i < 3;i++) p[i] = &a[i + 4];
```

则对数组元素的错误引用是(　　)。

A. ＊p[0]　　B. p[0]　　C. ＊(＊p+0)　　D. a[0]

15. 下面叙述中不正确的是(　　)。

A. 当函数调用完后,静态局部变量的值不会消失

B. 全局变量若不初始化,则系统默认它的值为 0

C. 使用全局变量可以从被调用函数中获取更多个操作结果

D. 局部变量若不初始化,则系统默认它的值为 0

16. cout 是 I/O 流库预定义的(　　)。

A. 函数　　B. 类　　C. 对象　　D. 变量

17. 下列关于构造函数的描述中,(　　)是错误的。

A. 构造函数要有返回值　　B. 创建对象时,系统自动调用构造函数

C. 构造函数名与类同名　　D. 构造函数不能有返回类型 void

18. 在 C++中,要实现动态联编,必须使用(　　)调用虚函数。

A. 基类指针　　B. 类名　　C. 对象名　　D. 派生类指针

19. 下面程序的输出结果是(　　)。

```
#include <iostream.h>
int f1(int a,int b)
{   int c;
    c = b % 2;
    return a + c;
}
int f2(int a,int b)
{   int c;
    a += a;     b += b;
    c = f1(a + b,++b);
    return c;
}
void main()
{   int a = 3,b = 4;
    cout << f2(a,b)<< endl;
}
```

A. 16　　B. 15　　C. 20　　D. 21

20. 某结构体变量定义如下,对此结构体变量中元素的引用,形式正确的是(　　)。

```
struct a
{   int a;      char c;      }b, * p;
p = &b;
```

A. p.c　　B. b－>a　　C. (＊p).c　　D. ＊p.a

二、编程题

1.【简单编程题】打开 proj1.cpp，编写程序，输入 2010 年的一个月份，输出这个月份的天数(2010 年为平年)，若输入的月份小于 1 或大于 12，则输出“输入错误”。完成后请保存文件。(15 分)

```
#include <iostream.h>
void main()
{    int month,days;
     cout<<"请输入月份"<<endl;
     cin>>month;
     //请在两条星线之间填入相应的代码,提示: 使用 switch 语句判断月份
     /***********************************************************/

     /***********************************************************/
     if(days= =1)
          cout<<"输入错误"<<endl;
     else
          cout<<"2010 年"<<month<<"月有"<<days<<"天。"<<endl;
}
```

2.【简单编程题】打开 proj2.cpp，编写程序完成以下任务，从键盘输入由 5 个字符组成的单词，判断此单词是不是 hello，并显示结果。完成后请保存文件。(20 分)

```
#include <iostream.h>
void main()
{    static char str[]={'h','e','l','l','o'};
     char str1[5];
     int i,flag;
     cin>>str1;
     flag=0;
     //请在两条星线之间填入相应的代码,判断输入的单词是否为 hello,使用已有的变量编程,
     //不能创建其他变量
     /***********************************************************/

     /***********************************************************/
     if(flag)
          cout<<"this word is not hello";
     else
          cout<<"this word is hello";
}
```

3.【简单编程题】打开 proj3.cpp，fun 函数的功能是：先从键盘上输入一个三行三列的矩阵的各个元素的值，然后输出主对角线上元素之积。编写程序实现函数 fun 的功能。(20 分)

```
#include <iostream.h>
void fun()
{    int a[3][3],sum,i,j;
//请在两条星线之间填入相应代码,从键盘上输入三行三列的矩阵,并求主对角线上元素之积
```

```
    /******************************************/

    /******************************************/
    cout <<"sum = "<< sum << endl;
}
void main()
{     fun();
}
```

4.【综合应用题】打开 proj4.cpp,其中定义了类 planet,earth 类是在 planet 类的基础上按公有继承的方式产生的派生类。请按要求完成下列操作,将类 planet 和 earth 的定义补充完整。

(1) 定义类 planet 的保护数据成员 distance 和 revolve,它们分别表示行星距太阳的距离和行星的公转周期。其中,distance 为 double 型,revolve 为 int 型。请在注释"// ** 1 ** "之后添加适当的语句。

(2) 定义类 earth 的构造函数 earth(double d,int r),并在其中计算地球绕太阳公转的轨道周长。假定:circumference=2×d×3.1416。请在注释"// ** 2 ** "之后添加适当的语句。

(3) 定义类 earth 的成员 show(),用于显示所有信息。包括地球距太阳的距离、地球的公转周期,以及地球绕太阳公转的轨道周长。请在注释"// ** 3 ** "之后添加适当的语句。

完成后的程序运行结果是:(25 分)

```
9.3e+006,365,5.84338e+007
Press any key to continue
```

```
#include <iostream.h>
class planet
{
protected:
    //请在两条星线之间填入相应的代码, ** 1 **
    //定义 planet 类的保护成员 distance 和 revolve
    /********************************/
    /********************************/
public:
    planet(double d, int r)
    {     distance = d;
          revolve = r;
    }
};
class earth:public planet
{
private:
    double circumference;
public:
    //请在两条星线之间填入相应的代码, ** 2 **
    //定义构造函数 earth(double d, int r)
    /****************************/
    /****************************/
    //请在两条星线之间填入相应的代码,用于显示信息 ** 3 **
```

```
    //定义 earth 的成员 show()
    /******************************/
    /******************************/
};
int main()
{
    earth obj(9300000,365);
    obj.show();
    return 0;
}
```

参考文献

[1] 谭浩强.程序设计(第四版)[M].北京：清华大学出版社,2010.
[2] 王敬华.C语言程序设计教程(第二版)[M].北京：清华大学出版社,2010.
[3] 冯·诺依曼.计算机与人脑[M].北京：北京大学出版社,2010.
[4] 杨峰.妙趣横生的算法(C语言实现)[M].北京：清华大学出版社,2010.
[5] 王晓东.算法设计与分析[M].北京：清华大学出版社,2008.
[6] 王丽娟.C程序设计[M].西安：西安电子科技大学出版社,2005.
[7] Bradley L Jones.21天学通C++[M].北京：人民邮电出版社,2005.

图书资源支持

感谢您一直以来对清华版图书的支持和爱护。为了配合本书的使用，本书提供配套的素材，有需求的用户请到清华大学出版社主页(http://www.tup.com.cn)上查询和下载，也可以拨打电话或发送电子邮件咨询。

如果您在使用本书的过程中遇到了什么问题，或者有相关图书出版计划，也请您发邮件告诉我们，以便我们更好地为您服务。

我们的联系方式：

地　　址：北京海淀区双清路学研大厦 A 座 707

邮　　编：100084

电　　话：010－62770175－4604

资源下载：http://www.tup.com.cn

电子邮件：weijj@tup.tsinghua.edu.cn

QQ：883604(请写明您的单位和姓名)

扫一扫

资源下载、样书申请

新书推荐、技术交流

用微信扫一扫右边的二维码，即可关注清华大学出版社公众号“书圈”。